高等职业教育电气类“十三五”系列教材

新能源发电技术

（第2版）

主编 李家坤

中国水利水电出版社
www.waterpub.com.cn
·北京·

内 容 提 要

《新能源发电技术》是根据高职高专电力类“新能源发电技术”课程教学要求编写的教材，全书采用项目式编写法，适合项目式教学。内容共分为8个项目，每个项目又包含多个工作任务，8个项目分别为了解新能源、太阳能光伏发电系统的组成及案例分析、太阳能热发电系统的组成及案例分析、风力发电系统的组成及案例分析、地热发电系统的组成及案例分析、潮汐能发电技术系统的组成及案例分析、生物质能发电系统的组成及案例分析和燃料电池的组成及案例分析。

本教材内容简明扼要，难度适宜，紧扣“应知应会”，突出实用性，强调操作性和通用性，文字通俗易懂，图文并茂。

本教材主要适用于高职高专发电厂及电力系统、新能源发电技术等专业的教学，也可供从事电力系统工作的工程技术人员参考。

图书在版编目（CIP）数据

新能源发电技术 / 李家坤主编. -- 2版. -- 北京 : 中国水利水电出版社, 2019.1(2024.1重印)
高等职业教育电气类“十三五”系列教材
ISBN 978-7-5170-7374-1

Ⅰ. ①新… Ⅱ. ①李… Ⅲ. ①新能源—发电—高等职业教育—教材 Ⅳ. ①TM61

中国版本图书馆CIP数据核字(2019)第016697号

书　　名	高等职业教育电气类“十三五”系列教材 **新能源发电技术（第2版）** XINNENGYUAN FADIAN JISHU
作　　者	主编　李家坤
出版发行	中国水利水电出版社 （北京市海淀区玉渊潭南路1号D座　100038） 网址：www.waterpub.com.cn E-mail：sales@mwr.gov.cn 电话：(010) 68545888（营销中心）
经　　售	北京科水图书销售有限公司 电话：(010) 68545874、63202643 全国各地新华书店和相关出版物销售网点
排　　版	中国水利水电出版社微机排版中心
印　　刷	北京印匠彩色印刷有限公司
规　　格	184mm×260mm　16开本　12印张　285千字
版　　次	2015年7月第1版第1次印刷 2019年1月第2版　2024年1月第6次印刷
印　　数	18001—24000册
定　　价	**43.50元**

第 1 版前言

新能源发电技术是未来解决能源与环境问题的重要科学技术，“新能源发电技术”是高等职业教育发电厂及电力系统、新能源发电技术等专业的一门专业课程，通过本课程的教学，使学生了解太阳能、风能、地热能、潮汐能、生物质能等可再生能源发电及燃料电池发电技术，了解国内外新能源发电工程现状等。

本教材特点如下：

（1）本教材为校企合作开发教材，集中了学校与企业优势，体现工学结合。

（2）本教材采用项目式编写法，便于开展项目式教学，通俗易懂。

（3）提供翔实的最新数据，配有大量的照片和图解，内容丰富、图文并茂。

（4）对传统教学内容进行了大胆的取舍，紧密联系工程实际，以实用为原则，体现了实用性、应用性等特点。

本教材由长江工程职业技术学院李家坤教授、浙江同济科技职业学院黄莉副教授任主编，长江工程职业技术学院王卫卫、夏勇、张争、程天龙以及福建水利电力职业技术学院茹反反、安徽水利水电职业技术学院余茂全、三峡电力职业学院陈春海任副主编。在编写过程中，得到了武汉凯迪电力股份有限公司、武汉日新科技股份有限公司、武汉绿色环保能源有限公司、武汉汉口绿色能源有限公司、晶科能源有限公司等企业工程技术人员的热心帮助，在此表示衷心的感谢。同时，编者参阅了许多同行专家编著的教材和资料，从中得到了不少启发和教益，在此致以诚挚的谢意！

由于编者水平有限，不足之处，敬请读者指正并提出宝贵意见。

编者

2015 年 4 月

第 2 版前言

教材事关国家和民族的前途命运，教材建设必须坚持正确的政治方向和价值导向。本书坚持党的二十大精神，全面贯彻党的教育方针，落实立德树人根本任务，为党育人，为国育才，弘扬劳动光荣、技能宝贵、创造伟大的时代风尚。

新能源发电技术是未来解决能源与环境问题的重要科学技术。“新能源发电技术”是高等职业教育发电厂及电力系统、新能源发电技术等专业的一门专业课程，通过本课程的教学，使学生了解太阳光伏、太阳热能、风能、潮汐能、地热能、生物质能等可再生能源发电及燃料电池发电技术，了解国内外新能源发电工程现状等。

本书特点如下：

（1）本教材为校企合作开发教材，集中了学校与企业优势，体现工学结合。

（2）本教材采用项目式编写法，便于开展项目式教学，通俗易懂。

（3）提供翔实的最新数据，配有大量的照片和图解，内容丰富、图文并茂。

（4）对传统教学内容进行了大胆的取舍，紧密联系工程实际，以实用为原则，体现了实用性、应用性等特点。

本书在第 1 版的基础上，主要做了如下改进：①删减了部分章节的内容；②编入了国内外新能源发电最新发展技术和案例；③引入了我国《国民经济和社会发展第十三个五年规划纲要》和《可再生能源发展“十三五”规划》关于新能源发电规划的部分内容。

本书由长江工程职业技术学院李家坤执笔改编，浙江同济科技职业学院黄莉，长江工程职业技术学院王卫卫、夏勇、张争、程天龙，福建水利电力职业技术学院茹反反，安徽水利水电职业技术学院余茂全参与本书的改编工作。

由于编者水平有限，不足之处，敬请读者指正并提出宝贵意见。

编者

2019 年 1 月

目录

项目1　了 解 新 能 源

【项目说明】

在科学技术迅猛发展的今天，能源已经成了生产生活中必不可少的资源，而在众多能源中，人们利用最多的就是电能。人们发明了很多方法将其他能源转化为电能，目前使用最广泛的仍然是火力发电，而新兴能源发电技术包括太阳能光伏发电技术、太阳能热发电技术、风力发电技术、核能发电技术、洁净煤发电技术、生物质能发电技术、地热发电技术、海洋能发电技术、燃料电池发电技术等。随着国民经济的迅猛发展以及人民生活水平的飞速提高，人们对电能的需求也呈现出膨胀性增长的趋势，大力推广发展新能源发电技术势在必行。

本项目的主要目的是了解能源和新能源的概念，了解新能源发电技术的分类，了解世界以及中国的新能源战略。

任务1.1　了解能源的含义及分类

【任务目标】

（1）了解能源的含义。

（2）掌握能源的分类方法。

（3）了解新能源发电方式。

【相关知识】

1.1.1　能源的含义

能源亦称能量资源或能源资源，是指可产生各种能量（如热量、电能、光能和机械能等）或可做功的物质的统称，是指能够直接取得或者通过加工、转换而取得有用能的各种资源，包括煤炭、原油、天然气、煤层气、水能、核能、风能、太阳能、地热能、生物质能等一次能源和电力、热力、成品油等二次能源，以及其他新能源和可再生能源。

1.1.2　能源的分类

能源种类繁多，而且经过人类不断地开发与研究，更多新型能源已经开始能够满足需求。根据不同的划分方式，能源也可分为不同的类型，主要有以下几种分类方法。

1. 按照能源的生成方式分类

按照能源的生成方式可分为一次能源和二次能源。一次能源是自然界中以天然形态存在的能源，是直接来自自然而未经加工转换的能源，故又称为自然资源。煤炭、石油、天然气、水能、风能、生物质能、太阳能、地热能、海洋能等都是一次能源。通常我们所说的能源是指一次能源。二次能源是指在一次能源的基础上经过转换以符合人们使用要求的能源。电能、汽油、柴油、焦炭、煤气、蒸汽、氢能等都是二次能源。随着科学技术的发展和社会现代化程度的提高，二次能源在整个能源消费系统中的比重将日益增大。

2. 按照能源在社会经济生活中的地位分类

按照能源在社会经济生活中的地位可分为常规能源和新能源。常规能源是指那些普遍使用的、技术成熟的、在生产和生活中起着重要作用的能源，目前主要是煤炭、石油、天然气、水能和核能等。新能源是指尚未被人类大规模利用、正在研究开发和探索的能源，如风能、太阳能、地热能、海洋能及核聚变能等。所谓新能源，是相对而言的。

3. 按照一次能源能否再生而循环使用分类

按照一次能源能否再生而循环使用可分为可再生能源和非再生能源。可再生能源是不会随其本身的转化或人类的利用而减少的能源，具有自然恢复的能力，如太阳能、风能、水能、生物质能、地热能以及海洋能等。非再生能源是指那些随着人类的利用而逐渐减少的能源，如化石燃料和核燃料等。

4. 按照一次能源来源的不同分类

按照一次能源来源的不同可分为来自地球以外天体的能源、来自地球内部的能源和地球与其他天体相互作用产生的能源。来自地球以外天体的能源，主要是指太阳能及其作为太阳能固化形式的煤、石油、天然气和生物质能，以及作为太阳能转化形式的风能、水能、海水温差能等。来自地球内部的能源，主要是指地下热水、地下蒸汽、岩浆等地热能和铀、钍等核燃料所具有的核能。地球与其他天体相互作用产生的能源，主要是指由于地球、月亮和太阳之间的引力作用导致海水有规律的涨落而形成的潮汐能。

5. 按照能源性质分类

按照能源性质可分为燃料型能源（煤炭、石油、天然气、泥炭、木材）和非燃料型能源（水能、风能、地热能、海洋能）。人类利用自己体力以外的能源是从使用火开始的，最早的燃料是木材，之后使用各种化石燃料，如煤炭、石油、天然气、泥炭等，现在正在研究利用太阳能、地热能、风能、潮汐能等新能源。当前化石燃料消耗量很大，而且地球上这些燃料的储量有限。未来铀和钍将提供世界所需的大部分能量。一旦控制核聚变的技术问题得到解决，人类实际上将获得无尽的能源。

6. 按照能否流通分类

按照能否流通可分为商品能源和非商品能源。凡进入能源市场作为商品销售的，如煤、石油、天然气和电等均为商品能源。国际上的统计数字均限于商品能源，非商品能源主要指薪柴和农作物残余（秸秆等）。

1.1.3 新能源发电技术

人类进入21世纪，一场新的能源革命正在悄悄进行。根据经济社会可持续发展的需要，人们迫切呼唤建立以清洁、可再生能源为主的能源结构逐渐取代以污染严重、资源有限的化石能源为主的能源结构。

新兴能源发电技术包括太阳能光伏发电技术、太阳能热发电技术、风力发电技术、核能发电技术、洁净煤发电技术、生物质能发电技术、地热发电技术、海洋能发电技术、燃料电池发电技术等。

【任务实施】

（1）上网查资料，了解能源的定义和能源危机的概念。

（2）分组讨论能源如何分类。

任务 1.2　了解世界能源消费现状及发展趋势

【任务目标】

（1）了解世界能源消费现状。

（2）了解世界能源消费发展趋势。

【相关知识】

1.2.1　世界能源消费现状

受经济发展和人口增长的影响，世界一次能源消费量不断增加。随着世界经济规模的不断扩大，世界能源消费量持续增长。根据统计，1973 年世界一次能源消费量仅为 57.3 亿 t 油当量，而 2007 年已达到 111.0 亿 t 油当量。30 多年内能源消费总量翻了一番，年均增长率为 1.8%左右。

世界能源消费呈现不同的增长模式，发达国家增长速率明显低于发展中国家。

过去 30 多年来，北美洲、中南美洲、欧洲、中东、非洲及亚太等六大地区的能源消费总量均有所增加，但是与经济、科技与社会比较发达的北美洲和欧洲两大地区相比，增长速度非常缓慢，其消费量占世界总消费量的比例也逐年下降，北美洲由 1973 年的 35.1%下降到 2007 年的 25.6%，欧洲地区则由 1973 年的 42.8%下降到 2003 年的 26.9%，其主要原因：一是发达国家的经济发展已进入到后工业化阶段，经济向低能耗、高产出的产业结构发展，高能耗的制造业逐步转向发展中国家；二是发达国家高度重视节能与提高能源使用效率。

由于中东地区油气资源最为丰富、开采成本极低，故中东能源消费的 97%左右为石油和天然气，该比例明显高于世界平均水平，居世界之首。在亚太地区，中国、印度等国家煤炭资源丰富，煤炭在能源消费结构中所占比例相对较高，其中中国能源结构中煤炭所占比例高达 68%左右，所以在亚太地区的能源结构中，石油和天然气的比例偏低（约为 47%），明显低于世界平均水平。除亚太地区以外，其他地区石油、天然气所占比例均高于 60%。

1.2.2　世界能源供应及消费趋势

随着世界经济、社会的发展，未来世界能源需求量将继续增加。伴随着世界能源储量分布日益集中，对能源资源的争夺将日趋激烈，争夺的方式也更加复杂，由能源争夺而引发冲突或战争的可能性依然存在。

随着世界能源消费量的增大，二氧化碳、氮氧化物、灰尘颗粒物等环境污染物的排放量逐年增大，化石能源对环境的污染和全球气候的影响将日趋严重。面对以上挑战，未来世界能源供应和消费将向多元化、清洁化、高效化、全球化和市场化方向发展。

1. 多元化

世界能源结构先后经历了以薪柴为主、以煤为主和以石油为主的时代，现在正在向以天然气为主转变，同时水能、核能、风能、太阳能也正得到更广泛的利用。可持续发展、环境保护、能源供应成本和可供应能源的结构变化决定了全球能源多样化发展的格局。未来，在发展常规能源的同时，新能源和可再生能源将受到重视。

2. 清洁化

随着世界能源新技术的进步及环保标准的日益严格，未来世界能源将进一步向清洁化的方向发展，不仅能源的生产过程要实现清洁化，而且能源工业要不断生产出更多、更好的清洁能源，清洁能源在能源总消费中的比例也将逐步增大。同时，过去被认为是“脏”能源的煤炭和传统能源薪柴、秸秆、粪便的利用将向清洁化方面发展，洁净煤技术、沼气技术、生物柴油技术等将取得突破并得到广泛应用。一些国家，如法国、奥地利、比利时、荷兰等国，已经关闭其国内所有煤矿而发展核电，它们认为核电是高效、清洁的能源，能够解决温室气体的排放问题。

3. 高效化

世界能源加工和消费的效率差别较大，能源利用效率提高的潜力巨大。随着世界能源新技术的进步，未来世界能源利用效率将日趋提高，能源强度将逐步降低。发展中国家与发达国家的能源强度差距较大，节能潜力巨大。

4. 全球化

由于世界能源资源分布及需求分布的不均衡性，许多国家和地区越来越需要依靠其他国家或地区的资源供应，主要能源生产国和能源消费国将积极加入到能源供需市场全球化的进程中，世界贸易量将越来越大。

5. 市场化

世界能源利用的市场化程度越来越高，世界各国政府直接干涉能源利用的行为将越来越少，政府为能源市场服务的作用在相应增大，在完善各国、各地区的能源法律法规并提供良好的能源市场环境方面，将更好地发挥作用。

【任务实施】

（1）上网查阅资料，了解世界能源消费现状。

（2）分组讨论世界能源消费趋势。

任务 1.3　了解中国的能源现状与未来发展对策

【任务目标】

（1）了解中国的能源现状。

（2）了解中国的能源未来发展对策。

（3）了解中国新能源与可再生能源的发展前景。

【相关知识】

1.3.1　中国的能源现状

1953—1978 年和 1979—2005 年两个不同历史阶段，中国 GDP 的年均增长速度分别为

5.78%、9.47%，能源消费量年均增长速度分别为 9.89%、5.26%。中国的人均能源消费量也在不断上升，2005 年相当于 1953 年的 19 倍。但是中国的能源消费从整体上讲还属于粗放型能源利用方式，能源消费强度很高，与现代集约经济发展的要求还有很大的差距。从能源消费结构上讲，我国是世界上为数不多的几个以煤炭为基础的国家，煤炭消费的平均比重在 70%以上，能源消费结构不合理。在中国经济发展过程中应逐步减少煤炭的消费比重，不断增加石油、天然气资源的国际贸易和对外直接投资，充分利用国际能源资源，提高石油、天然气资源的使用比例，保持能源、经济和社会的可持续发展。

1. 能源需求持续快增

虽然我国能源资源总量丰富，但人均能源资源贫乏，能源问题将面临长期的挑战。近年来，我国在优质能源的消费方面，如煤炭、石油、天然气、水力等都处于上升趋势。并且，随着我国工业化、城镇化进程的加快，国民经济的快速增长，内外需求的强劲拉动，新形成的生产能力必然对能源消费产生很大拉动，能源供需矛盾仍将持续存在。

2. 能源技术相对落后

不可否认，我国能源技术近年来取得了较大进步，但与经济发展的要求相比还有相当大的差距。可再生能源、清洁能源、替代能源等技术的开发相对滞后，节能降耗、污染治理等技术的应用还不够广泛，一些重大能源技术装备自主设计制造水平还不高，这直接导致了我国的能源利用效率和产出经济效率一直处在比较低的水平。

3. 能源资源赋存分布不均衡

我国能源资源分布广泛但不均衡。煤炭资源主要赋存在华北、西北地区，水力资源主要分布在西南地区，石油、天然气资源主要赋存在东、中、西部地区和海域。我国主要的能源消费地区集中在东南沿海经济发达地区，资源赋存与能源消费地域存在明显差别。大规模、长距离的北煤南运、北油南运、西气东输、西电东送，是我国能源流向的显著特征和能源运输的基本格局。

4. 能源资源开发难度较大

与世界相比，中国煤炭资源地质开采条件较差，大部分储量需要井下开采，极少量可供露天开采。石油、天然气资源地质条件复杂，埋藏深，勘探开发技术要求较高。未开发的水力资源多集中在西南部的高山深谷，远离负荷中心，开发难度和成本较大。非常规能源资源勘探程度低，经济性较差，缺乏竞争力。

5. 能源安全问题严峻

根据目前有关机构的估计，2050 年我国国内一次能源最大可能的获得量约为 35 亿～40 亿 t 标准煤，与 50 亿 t 标准煤的需求相比有相当大的缺口。依靠从国际市场上进口来解决如此巨大的供应缺口并不现实可行，因为这既要受国际市场供应能力限制，又将承受供应安全保障的巨大政治风险。

1.3.2 中国能源未来的发展对策

《中华人民共和国国民经济和社会发展第十三个五年规划纲要》指出：深入推进能源革命，着力推动能源生产利用方式变革，优化能源供给结构，提高能源利用效率，建设清洁低碳、安全高效的现代能源体系，维护国家能源安全。统筹水电开发与生态保护，坚持生态优先，以重要流域龙头水电站建设为重点，科学开发西南水电资源。继续推进风电、光伏发电发展，积极支持光热发电。以沿海核电带为重点，安全建设自主核电示范工程和项目。加快发展生物质能、地热能，积极开发沿海潮汐能资源。完善风能、太阳能、生物质能发电扶持政策。优化建设国家综合能源基地，大力推进煤炭清洁高效利用。限制东部、控制中部和东北、优化西部地区煤炭资源开发，推进大型煤炭基地绿色化开采和改造，鼓励采用新技术发展煤电。加强陆上和海上油气勘探开发，有序开放矿业权，积极开发天然气、煤层气、页岩油（气）。推进炼油产业转型升级，开展成品油质量升级行动计划，拓展生物燃料等新的清洁油品来源。

1. 提高能源利用效率

与发达国家相比，我国的能源利用效率很低，关键在于产业结构低度化，高耗能产业如钢铁、电解铝、水泥等比重过高，而低耗能、高附加值产业如电子信息、精密制造和第三产业比重过低。高能耗产品产量的高速扩张，并不是建立在充分提高技术和效率的基础之上。

在形成世界最大产业的过程中，我国的高耗能行业并没有形成国际领先的生产技术，单位产品能耗和工艺能耗比国际先进水平仍有很大差距。为此，必须通过转变增长方式和结构调整，改变以高投入、高消耗来实现经济快速增长的局面，坚持走科技含量高、经济效益好、资源消耗低、环境污染少的新型工业化之路。

2. 大力发展替代技术

我国煤炭储量丰富，煤多油少是能源结构的基本特点。目前，在我国的一次能源结构中，煤炭占67%。解决石油储量不足和燃料油供给问题，要立足于从煤炭液化技术找出路。根据目前国际石油价格暴涨和我国石油进口剧增的新形势，应当进一步抓紧发展煤制油产业的有关工作，从而使我国油品供应建立在主要依靠国内生产的基础之上。

3. 调整优化能源结构

我国高度依赖煤炭资源，这种以煤为主的能源消费结构，是客观上造成我国与国外相比，能源经济利用效率低、污染严重、产品能源成本高、市场竞争能力差的根本原因。目前，世界能源消费结构在经过第二次世界大战后几十年的发展，完成由煤炭向石油的转换后，正朝着高效、清洁、低碳或无碳的天然气、核能、太阳能、风能方向发展。

4. 积极发展洁净煤技术

由于自身资源特点、经济发展水平和历史等因素，中国一直保持着以煤炭为主要能源的能源结构，煤炭在未来几十年内仍将是中国的主要能源。因此，积极发展洁净煤技术，高效清洁地开发利用煤炭资源，努力降低燃煤对于环境的污染，应成为中国能源发展的重大措施之一。

5. 大力开发利用新能源和可再生能源

近年来，新能源与可再生能源发展飞速，技术上逐步成熟，经济上也逐步为人们所接受。今后一段时期，我国将扩大可再生能源的应用规模，促进可再生能源与常规能源体系的融合，显著提高可再生能源在能源消费中的比重；全面提升可再生能源技术创新能力，掌握可再生能源核心技术，建立体系完善和竞争力强的可再生能源产业。

1.3.3 中国新能源与可再生能源的发展前景

截至2017年年底，全国可再生能源发电装机容量约6.5亿kW，占全部电力装机容量的 36.6%，其中水电装机容量（含抽水蓄能）3.41 亿 kW，风电装机容量 1.64 亿 kW，光伏发电装机容量 1.30 亿 kW，生物质发电装机容量 1476 万 kW。

2017 年，可再生能源发电量 16979 亿 kW·h，占全部发电量的 26.5%，其中，水电发电量 11945 亿 kW·h，占全部发电量的 18.6%；风电发电量 3057 亿 kW·h，占全部发电量的 4.8%；光伏发电量 1182 亿 kW·h，占全部发电量的 1.8%；生物质发电量 795 亿 kW·h，占全部发电量的 1.2%。

新能源与可再生能源是中国能源优先发展的领域。新能源与可再生能源的开发利用，对增加能源供应、改善能源结构、促进环境保护具有重要作用，是解决能源供需矛盾和实现可持续发展的战略选择。我国《可再生能源发展“十三五”规划》提出以下目标。

1. 主要指标

（1）可再生能源总量指标。到 2020 年，全部可再生能源年利用量 7.3 亿 t 标准煤。其中，商品化可再生能源利用量 5.8 亿 t 标准煤。

（2）可再生能源发电指标。到 2020 年，全部可再生能源发电装机容量 6.8 亿 kW，发电量 1.9 万亿 kW·h，占全部发电量的 27%。

（3）可再生能源供热和燃料利用指标。到 2020 年，各类可再生能源供热和民用燃料总计约替代化石能源 1.5 亿 t 标准煤。

（4）可再生能源经济性指标。到 2020 年，风电项目电价可与当地燃煤发电同平台竞争，光伏项目电价可与电网销售电价相当。

（5）可再生能源并网运行和消纳指标。结合电力市场化改革，到 2020 年，基本解决水电弃水问题，限电地区的风电、太阳能发电年度利用小时数全面达到全额保障性收购的要求。

（6）可再生能源指标考核约束机制指标。建立各省（自治区、直辖市）一次能源消费总量中可再生能源比重及全社会用电量中消纳可再生能源电力比重的指标管理体系。到 2020 年，各发电企业的非水电可再生能源发电量与燃煤发电量的比重应显著提高。

2. 主要任务

“十三五”时期，要通过不断完善可再生能源扶持政策，创新可再生能源发展方式和优化发展布局，加快促进可再生能源技术进步和成本降低，进一步扩大可再生能源应用规模，提高可再生能源在能源消费中的比重，推动我国能源结构优化升级。

（1）积极稳妥发展水电。积极推进水电发展理念创新，坚持开发与保护、建设与管理并重，不断完善水能资源评价，加快推进水电规划研究论证，统筹水电开发进度与电力市场发展，以西南地区主要河流为重点，积极有序推进大型水电基地建设，合理优化控制中小流域开发，确保水电有序建设、有效消纳。统筹规划，合理布局，加快抽水蓄能电站建设。

（2）全面协调推进风电开发。按照“统筹规划、集散并举、陆海齐进、有效利用”的原则，严格开发建设与市场消纳相统筹，着力推进风电的就地开发和高效利用，积极支持中东部分散风能资源的开发，在消纳市场、送出条件有保障的前提下，有序推进大型风电基地建设，积极稳妥开展海上风电开发建设，完善产业服务体系。到 2020 年年底，全国风电并网装机容量确保达到 2.1 亿 kW 以上。加快开发中东部和南方地区风电，有序建设

“三北”大型风电基地，积极稳妥推进海上风电开发，切实提高风电消纳能力。

(3) 推动太阳能多元化利用。按照“技术进步、成本降低、扩大市场、完善体系”的原则，促进光伏发电规模化应用及成本降低，推动太阳能热发电产业化发展，继续推进太阳能热利用在城乡应用。到2020年年底，全国太阳能发电并网装机容量确保实现1.1亿kW以上。全面推进分布式光伏和“光伏+”综合利用工程，有序推进大型光伏电站建设，因地制宜推进太阳能热发电示范工程建设，大力推广太阳能热利用的多元化发展；积极推进光伏扶贫工程。

(4) 加快发展生物质能。按照因地制宜、统筹兼顾、综合利用、提高效率的思路，建立健全资源收集、加工转化、就近利用的分布式生产消费体系，加快生物天然气、生物质能供热等非电利用的产业化发展步伐，提高生物质能利用效率和效益。加快生物天然气示范和产业化发展，积极发展生物质能供热，稳步发展生物质发电，推进生物液体燃料产业化发展，完善促进生物质能发展的政策体系。

(5) 加快地热能开发利用。坚持“清洁、高效、可持续”的原则，按照“技术先进、环境友好、经济可行”的总体要求，加快地热能开发利用，加强全过程管理，创新开发利用模式，全面促进地热能资源的合理有效利用。积极推广地热能热利用，有序推进地热发电，加大地热资源潜力勘察和评价。

(6) 推进海洋能发电技术示范应用。结合我国海洋能资源分布及地方区位优势，妥善协调海岸和海岛资源开发利用方案，因地制宜开展海洋能开发利用，使我国海洋能技术和产业迈向国际领先水平。

(7) 推动储能技术示范应用配合国家能源战略行动计划，推动储能技术在可再生能源领域的示范应用，实现储能产业在市场规模、应用领域和核心技术等方面的突破。开展可再生能源领域储能示范应用；提升可再生能源领域储能技术的技术经济性。

(8) 加强可再生能源产业国际合作结合经济全球化及国际能源转型趋势，充分发挥我国可再生能源产业比较优势，紧密结合“一带一路”倡议，推进可再生能源产业链全面国际化发展，提升我国可再生能源产业国际竞争水平，积极参与并推动全球能源转型。

【任务实施】

(1) 分组讨论中国的能源现状及能源发展对策。

(2) 查阅资料，了解我国《可再生能源发展“十三五”规划》的全文内容。

【思考与练习】

(1) 简述能源的分类方法。

(2) 中国能源发展对策有哪些？

(3) 新能源发电技术有哪些？

项目2　太阳能光伏发电系统的组成及案例分析

【项目说明】

太阳能是由太阳中的氢气经过聚变而产生的一种能源，它取之不尽、用之不竭，是目前人类可以依赖的能源之一。本项目的主要目的：了解光伏发电系统的组成，掌握太阳能电池的发电原理，掌握光伏发电系统的各部分的作用、原理，掌握太阳能电池的制造与工艺，了解太阳能光伏发电系统应用实例。

任务2.1　光伏发电系统的组成及分析

【任务目标】

(1) 了解光伏发电系统的组成。

(2) 掌握太阳能电池的发电原理。

(3) 掌握光伏发电系统各部分的作用。

【相关知识】

2.1.1　光伏发电系统的组成

光伏发电系统通常由太阳能电池组件、蓄电池组、控制器、逆变器等几部分组成，如图2.1所示。

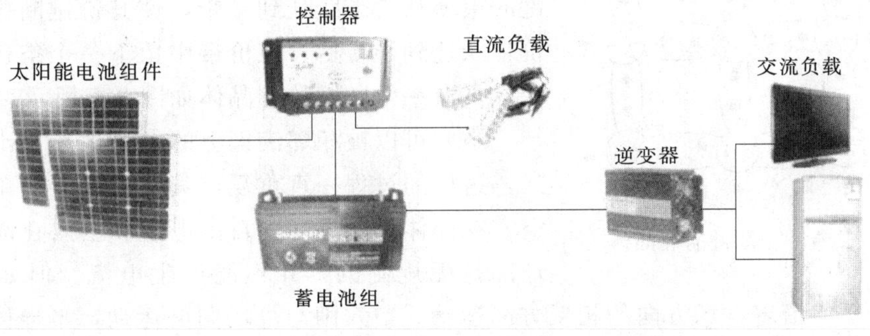

图2.1　光伏发电系统的组成

1. 太阳能电池组件

太阳能电池组件也称为太阳能电池板，是太阳能发电系统中的核心部分，是能量转换的器件，其作用是将光能转换成电能。当发电电压、容量较大时，就需要将多块电池组件串、并联后构成太阳能组件方阵。太阳能电池一般为硅电池，分为单晶硅太阳能电池、多晶硅太阳能电池和非晶硅太阳能电池3种。

2. 蓄电池组

蓄电池的作用是储存太阳能电池方阵受光照时发出的电能，并可随时向负载供电。光伏发电系统对所用蓄电池组的基本要求是使用寿命长，深放电能力强，充电效率高，维护少或免维护，价格低廉。

3. 控制器

控制器的作用是使太阳能电池和蓄电池高效、安全、可靠工作，以获得最高效率并延长蓄电池的使用寿命，能自动防止蓄电池过充电和过放电。由于蓄电池的循环充放电次数及放电深度是决定蓄电池使用寿命的重要因素，因此能控制蓄电池组过充电或过放电的充放电控制器是必不可少的设备。

4. 逆变器

逆变器是将直流电转换成交流电的设备。由于太阳能电池和蓄电池是直流电源，当负载是交流负载时，逆变器是必不可少的。逆变器按运行方式可分为独立运行逆变器和并网逆变器。独立运行逆变器用于独立运行的光伏发电系统，为独立负载供电。并网逆变器用于并网运行的光伏发电系统。逆变器按输出波形可分为方波逆变器和正弦波逆变器。方波逆变器电路简单，造价低，但谐波分量大，一般用于几百瓦以下和对谐波要求不高的系统。正弦波逆变器成本高，但可以适用于各种负载。

2.1.2　太阳能电池的工作原理

1. 太阳能电池的物理基础

(1) 本征半导体和掺杂半导体。

1) 本征半导体。晶格完整且不含杂质的半导体称为本征半导体。半导体在热力学温度为0℃时，电子填满价带，导带是空的。此时的半导体和绝缘体的情况相同，不能导电。当温度高于热力学温度零度时，价电子在热激发下有可能克服共价键的束缚从价带跃迁到导带，使其价键断裂。电子从价带跃迁到导带后，在价带中留下一个空位，称为空穴，具有一个断键的硅晶体如图 2.2 所示。

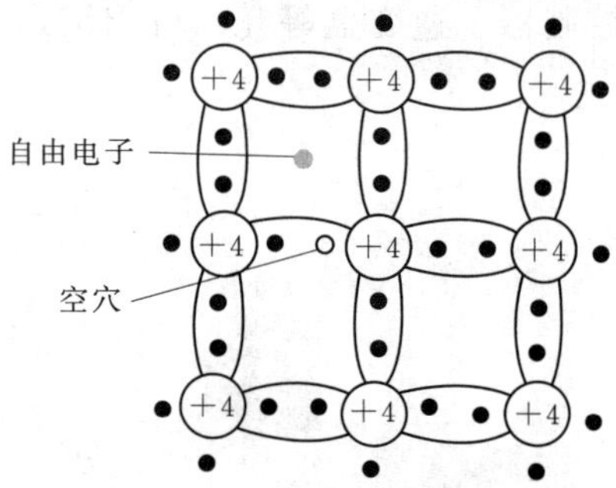

图 2.2　具有一个断键的硅晶体

空穴可以被相邻满键上的电子填充而出现新的空穴，这样的过程一直重复，其结果可以简单地描述成空穴在晶体中的移动。自由电子和空穴在晶体内的运动都是无规则的，并不能产生电流。但如果存在电场，自由电子将沿着电场方向的相反方向运动，空穴则与电场同向运动，半导体就是靠电子和空穴的定向移动来形成电流的，电子和空穴都被称为载流子。晶体中的电子浓度 n 等于空穴浓度 p。这个浓度称为本征载流子浓度 n_i。实验表明，n_i 的值随晶体温度的升高而增大，而随晶体禁带宽度的增大而减小。在室温条件下，半导体硅的本征载流子浓度约为 $1\times10^{10}/cm^3$。

2) 掺杂半导体。在本征半导体中掺入其他元素后就得到掺杂半导体。所谓掺杂，是指在一定的温度下，将一种元素作为杂质掺透到另一种主体元素中。晶体硅太阳能电池的主体元素就是本征硅。

高纯本征半导体具有很高的电阻率，若将一定数量的杂质掺入到半导体内，则会在它的禁带中产生附加的能级。当半导体受激发产生电子跃迁时，电子就有可能首先跳到这些附加的能级上，然后再跃迁到导带中去，这显然要比电子从价带直接跃迁到导带要容易得多。尽管掺杂很小，却会很明显地改变导带中的电子数和价带中的空穴数，从而显著地影响半导体的电阻率。因此，在实际的半导体技术中，有选择地掺杂，可得到所需要的半导体导电类型。适量的掺杂可得到所需要的导电率，不适当地掺杂则会使半导体成为废料。

a. N 型半导体。硅的最外层有 4 个价电子，若掺入少量的五价元素磷，这时在硅的晶格中，一个磷原子中的 4 个价电子与其周围 4 个硅原子的价电子形成共价键，还剩下 1 个价电子。这个多余的价电子因不能被安排在硅原子晶格的正规结构中而游离，致使磷原子电离，其电离能约为 0.44eV。硅中掺杂的元素磷，在室温下全部电离，同时提供等量的自由电子，从而产生自由电子导电运动。如图 2.3（a）所示。这种在掺杂半导体中提供电子的杂质称为施主型杂质，这里指的是掺入的磷元素，其浓度用符号 N_D 表示。在掺有五价元素（施主型杂质）的半导体中，存在着大量带负电荷的自由电子，以及等量带正电荷的磷原子和少量空穴，平衡状态下呈电中性。这样的半导体称为电子型或 N 型半导体。在这种半导体中，自由电子的浓度远远大于空穴的浓度，自由电子是多数载流子，简称多子，空穴是少数载流子，简称少子。半导体主要依靠自由电子导电，导电方向与电场方向相反。

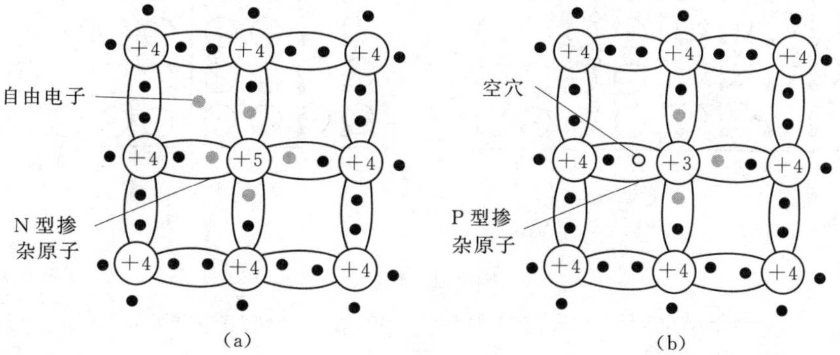

图 2.3　N 型和 P 型硅晶体结构
（a）N 型硅晶体结构；（b）P 型硅晶体结构

b. P 型半导体。同理，若在纯净的硅中掺入少量的三价元素硼，这时在硅的晶格中，一个硼原子的 3 个价电子与其周围 4 个硅原子的价电子形成共价键，还缺少了 1 个电子，要从其中一个硅原子的价键中获取一个电子填补。这样就在硅中产生了一个空穴，而硼原子由于接受了一个电子而成为带负电的硼离子，如图 2.3（b）所示。这就是说，掺入硅的硼原子带着一个很容易电离的空穴，其电离能为 0.45eV。硅中掺杂的元素硼，在室温下将全部电离，同时提供等数量的空穴。硼原子在晶体中起着接受电子而产生空穴的作用，所以称为受主型杂质，其浓度用符号 N_A 表示。在含有三价元素（即受主型杂质）的半导体中，存在着大量带正电荷的空穴，以及等量的带负电荷的硼原子和少量电子，平衡状态下呈电中性。这样的半导体称为空穴型或P型半导体。在这种半导体中，空穴的浓度远远超过电子的浓度，空穴是多数载流子，即多子，电子为少数载流子，即少子。半导体主要依靠空穴来导电，导电方向与电场方向相同。

(2) PN结。

1) PN结的形成。当P型半导体和N型半导体紧密结合成一起时，在其交界面处即形成所谓的PN结。PN结有同质结和异质结两种，用同一种半导体材料制成的PN结称为同质结，由禁带宽度不同的两种半导体材料制成的PN结称为异质结。PN结是构成太阳能电池、二极管、三极管、可控硅等多种半导体器件的基础。因此，讨论PN结的形成和它的导电性是十分必要的。

如图2.4 (a) 所示，把一块P型半导体和一块N型半导体接触之后，在其交界处，由于P区空穴浓度大于N区，N区电子浓度大于P区，因此N区中的电子要向P区扩散，而P区中的空穴则要向N区扩散。这样扩散的结果是在PN结交界面的N型一侧，留下带正电荷的不能移动的电离施主，形成一层很薄的正电荷区；而在交界面的P型一侧，则留下带负电荷的不能移动的电离受主，形成一层很薄的负电荷区。半导体这个N区和P区交界面两侧的正、负电荷薄层区域称为“空间电荷区”，即通常所说的PN结，也称阻挡层或耗尽层，如图2.4 (b) 所示。

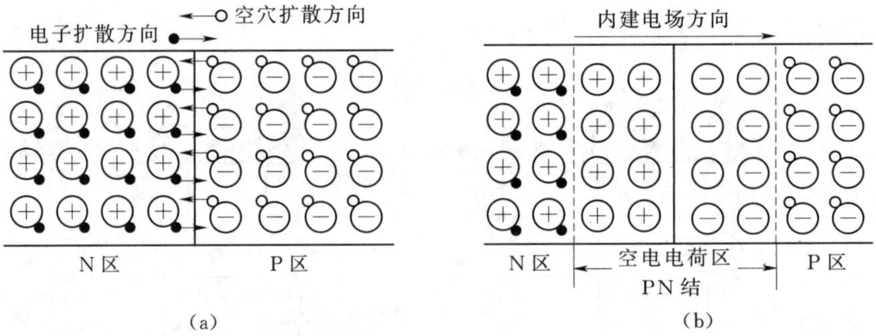

图2.4　PN结

(a) 形成PN结前载流子的扩散过程；(b) PN结空间电荷区和内建电场

在空间电荷区内，有一个从N区指向P区的电场，称为“内建电场”或“自建电场”。内建电场一方面阻止N型区的电子继续向P型区扩散，以及P型区的空穴向N型区扩散，也就是对多数载流子的扩散运动起阻碍作用。另一方面又促使P型区中含量极少的电子（P型半导体中的少数电子载流子）向N区漂移，N型区中含量极少的空穴（N型半导体中的少数空穴载流子）向P区漂移，也就是内建电场在这里对少数载流子起着协助漂移的作用。漂移运动与由于浓度差所产生的扩散运动的方向正好相反。

综上所述，在PN结内部存在着两个方向相反的扩散运动和漂移运动，在开始时扩散运动占优势，空间电荷区内两侧的正电荷的正负电荷逐渐增加，空间电荷区增宽，内建电场增强。随着内部电场的增强，漂移运动也随之增强，阻止扩散运动的进行，使其逐步减弱。最后，扩散运动和漂移运动趋向平衡，扩散和漂移的载流子数目相等而运动方向相反，达到动态平衡。此时，内建电场中 N 区的电势高于 P 区的电势，这个电势差称为 PN 结势垒，也称为内建电势差或接触电势差，用符号 U_D 表示。由电子从 N 区流向 P 区可知，P 区相对于 N 区的电势差为负值。由于 P 区相对于 N 区具有电势 $-U_D$（取 N 区电势为 0），所以 P 区中所有电势差都具有一个附加电势能，其值为

$$电势能=电荷\times电势=(-q)(-U_D)=qU_D \tag{2.1}$$

式中 q——电子电荷；

qU_D——势垒高度。

2）PN 结的单向导电性。给 PN 结加上正向电压（外部电压正极接 P 区，负极接 N 区），如图 2.5（a）所示，这时外加电场的方向与内建电场的方向相反，外电场使 N 区的电子向左移动，使 P 区的空穴向右移动，从而使原来的空间电荷区的正电荷和负电荷得到中和，电荷区的电荷量减少，空间电荷区变窄，即阻挡层变窄。因此外电场起削弱内电场的作用，使载流子的扩散运动超过漂移运动，于是，多数载流子在外电场的作用下顺利通过阻挡层，同时外部电源又源源不断地向半导体提供空穴和电子，所以电路出现较大的电流，称为正向电流。因此，PN 结在正向导通时的电阻是很小的。

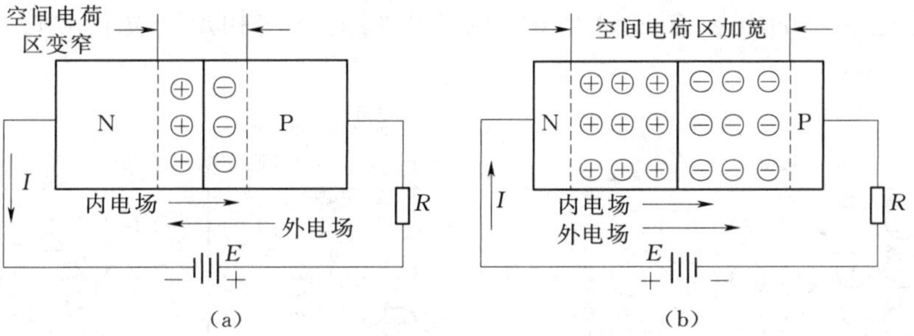

图 2.5 PN 结的单向导电特性

（a）加正向电压，PN 结导通；（b）加反向电压，PN 结截止

相反，给 PN 结加上反向电压（外部电压负极接 P 区，正极接 N 区），如图 2.5（b）所示，这时外加电场的方向与内建电场的方向相同，增强了空间电荷区中的电场，使空间电荷区加宽，即阻挡层加宽。这样，多数载流子的扩散运动便无法进行下去。不过漂移运动会因内电场的增大而加强，但漂移电流是半导体中少数载流子形成的，它的数量很小，因此 PN 结加反向电压时，反向电流极小，呈现很大的反向电阻，基本上可以认为没有电流通过，将这种现象称为“截止”。

由于 PN 结具有上述单向导电特性，所以半导体二极管被广泛应用于整流、检波等电路方面。

2. 太阳能电池的工作原理、特性

（1）太阳能电池的工作原理。当 PN 结受到光照时，根据光量子理论，照射光的能量满足下式：

$$E=h\nu=hc/\lambda\geqslant E_g \tag{2.2}$$

式中 h——普朗克常数；

ν——照射光频率；

c——光速；

E_g——禁带宽度，Si 材料 $E_g=1.12\text{eV}$。

价带电子就会吸收这个照射光而被激发到导带，产生一个自由电子和一个空穴。辐射所激发的电子或空穴，在进入导带或满带后，也具有迁移率。因而辐照的结果就是使半导体中的载流子浓度增加。比热平衡载流子浓度增加出来的这部分载流子称为光生载流子，由此而增加的电导率则称为光电导。

由于入射光强度从表面到太阳能电池体内成指数衰减，在各处产生光生载流子的数量有差别，沿光强度衰减方向将形成光生载流子的浓度梯度，从而产生载流子的扩散运动。N 区中产生的光生载流子到达 PN 结的 N 侧边界时，由于内建电场的方向是从 N 区指向 P 区，静电力立即将光生空穴拉到 P 区，光生电子阻留在 N 区。同理，在 P 区中到达 PN 结区 P 侧边界的光生电子立即被内建电场拉向 N 区，空穴被阻留在 P 区。同样，空间电荷区中产生的光生电子——空穴对则被内建电场分别拉向 N 区和 P 区。PN 结及两边产生的光生载流子就被内建电场所分离，在 P 区聚集光生空穴，在 N 区聚集光生电子，使 P 区带正电，N 区带负电，在 PN 结两端产生光生电动势，这种现象就称为光生伏特效应或光伏效应。光生电动势的电场方向和 PN 结内建电场的方向相反，光伏效应原理如图 2.6 所示。

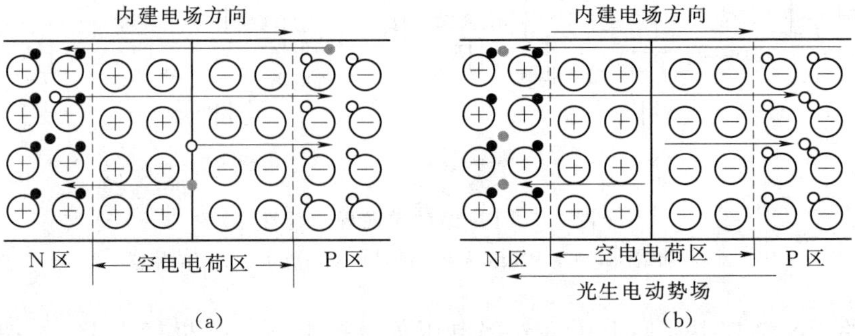

图 2.6 光伏效应示意图

当在太阳能电池的两端接入负载，在持续稳定的光照条件下，这些被分离的电荷就会在外回路中不断地流过电流，从而将太阳辐射能转换为电能，如图 2.7 所示，这就是太阳能电池的基本工作原理。

(2) 太阳能电池的技术参数。

1) 开路电压。受光照的太阳能电池处于开路状态，光生载流子只能积累于 PN 结两侧产生光生电动势，这时在太阳能电池两端测得的电势差称为开路电压，用符号 U_{oc}表示。

2) 短路电流。如果把太阳能电池从外部短路，测得的最大电流就称为短路电流，用符号 I_{sc}表示。

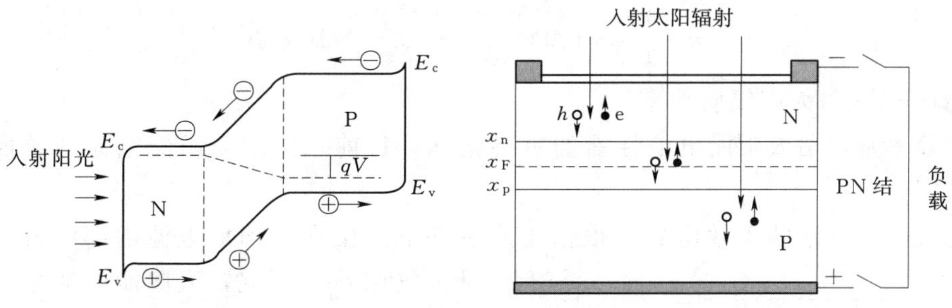

图 2.7　太阳能电池的工作原理

(a) 能带图；(b) 太阳能电池基本工作原理

硅太阳能电池开路电压和短路电流与光照度的关系如图 2.8 所示，由此可见，短路电流与光照强度成正比，开路电压则在开始时随光照强度的增大而增大，随后则几乎保持不变。

3）最大输出功率。把太阳能电池接上负载，负载电阻中便有电流流过，该电流称为太阳能电池的工作电流（I），也称负载电流或输出电流；负载两端的电压称为太阳能电池的工作电压（U）。负载两端的电压与通过负载的电流的乘积称为太阳能电池的输出功率（P，$P=UI$）。

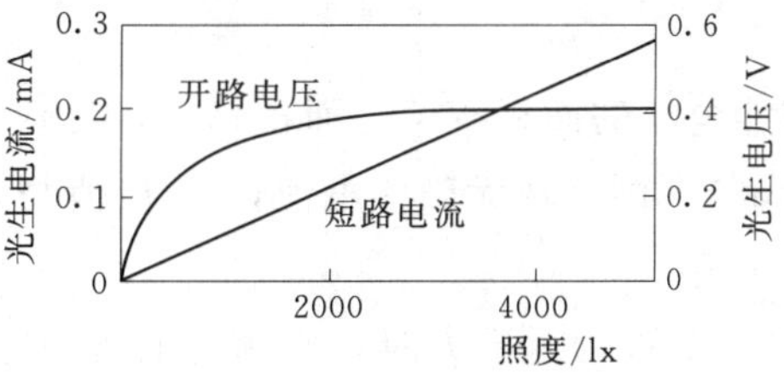

图 2.8　硅太阳能电池开路电压和短路电流与光照度的关系

太阳能电池的工作电压和电流是随负载电阻而变化的，将不同阻值所对应的工作电压和电流值做成曲线，就得到太阳能电池的伏安特性曲线。如果选择的负载电阻值能使输出电压和电流的乘积最大，即可获得最大输出功率，用符号 P_m 表示。最大输出工况也就是最佳输出工况，此时的工作电压和工作电流分别称为最佳工作电压和最佳工作电流，分别用符号 U_m 和 I_m 表示，$P_m=U_mI_m$。

4）填充因子。最大输出功率与开路电压和短路电流乘积之比称为填充因子，是评估太阳能电池带负载能力的重要指标。

$$FF=\frac{P_m}{U_{oc}I_{sc}}=\frac{U_mI_m}{U_{oc}I_{sc}} \tag{2.3}$$

式中　I_{sc}——短路电流；

U_{oc}——开路电压；

I_m——最佳工作电流；

U_m——最佳工作电压。

太阳能电池的功率输出能力与其面积大小密切相关，面积越大，在相同光照条件下的输出功率也越大。太阳能电池的优劣主要由开路电压和短路电流这两项指标来衡量。

5）转换效率。太阳能电池的转换效率（η）是指，在外部回路上连接最佳负载电阻时的最大能量转换效率，等于太阳能电池的最大输出功率 P_m 与入射到太阳能电池表面的能量之比

$$n=\frac{P_m}{P_{in}}\times 100\%=FF\frac{U_{oc}I_{sc}}{P_{in}}\times 100\% \quad (2.4)$$

式中　P_{in}——入射太阳辐射功率。

转换效率是评估太阳能电池性能的重要指标，目前，实用太阳能电池的转换效率为15%左右。

（3）太阳能电池的等效电路。根据光照条件下发生在太阳能电池内部的各种物理过程，从电气回路上研究，太阳能电池是一个能够稳定地产生光生电流的恒流源，端点跨接一个处于正偏置的二极管，以及并联电阻 R_{sh}，再经串联电阻 R_s，接至外负载 R_L，如图 2.9 所示，称为太阳能电池的等效电路。

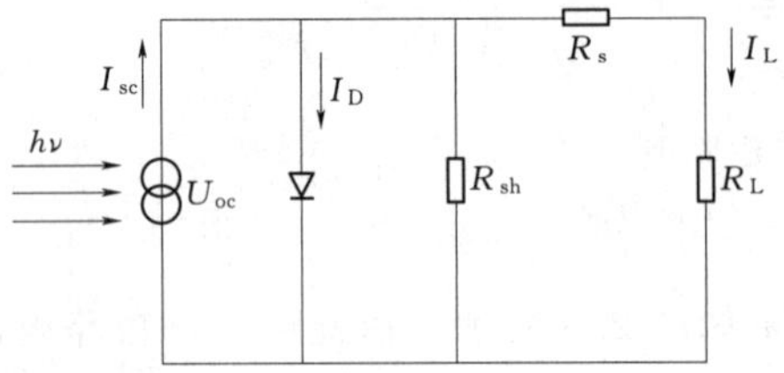

图 2.9　太阳能电池的等效电路

当 $R_L=0$ 时，所测得电流为电池的短路电流 I_{sc}。测量短路电流的方法是用内阻小于 1Ω 的电流表接在太阳能电池的两端进行测量。I_{sc} 值与太阳能电池的面积有关，面积越大，I_{sc} 值越大。一般来说，1cm^2 太阳能电池的 I_{sc} 值为 16～30mA。同一块太阳能电池，其 I_{sc} 值与入射光的辐照度成正比；当环境温度升高时，I_{sc} 略有上升。

当 R_L 为无穷大时，所测得电压为电池的开路电压 U_{oc}。I_D（二极管电流）为通过 PN 结的总扩散电流，其方向与 I_{sc} 相反。串联电阻 R_s 主要由电池的体电阻、表面电阻、电极导体电阻和电极与硅表面接触电阻所组成。R_{sh} 为旁路电阻，它是由硅片的边缘不清洁或体内的缺陷引起的。一个理想的太阳能电池，串联电阻 R_s 很小，而并联电阻 R_{sh} 很大，所以在进行电路计算时，可以忽略不计。

2.1.3　光伏发电系统的分类及原理分析

光伏发电系统是利用太阳能电池组件和其他辅助设备将太阳能转换成电能的系统。一般将光伏发电系统分为独立光伏发电系统和并网光伏发电系统。

1. 独立光伏发电系统

独立光伏发电也称为离网光伏发电。通常将它建设在远离电网的偏远地区或作为野外移动式便携电源。独立光伏发电系统主要由太阳能电池组件、控制器和蓄电池组成，若要为交流负载供电，则还需要配置交流逆变器，系统示意图如图 2.10 所示。其工作原理：

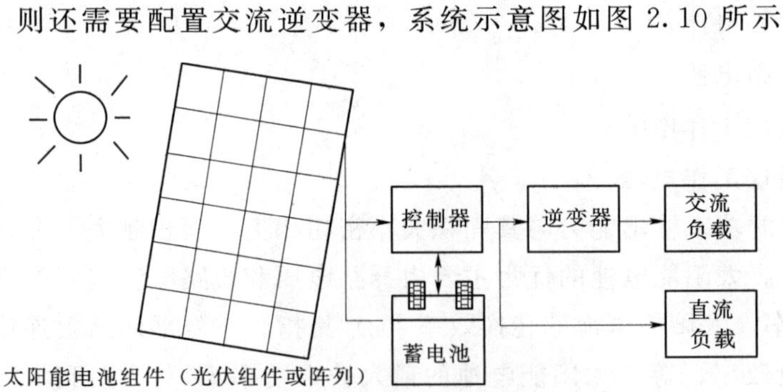

图 2.10　独立光伏发电系统示意图

白天在太阳光的照射下，通过控制器的控制太阳能电池组件产生的直流电一部分经逆变器转化为交流电，另一部分对蓄电池进行充电；当阳光不足时，蓄电池向逆变器送电，经逆变器转化为交流电供交流负载使用。

2. 并网光伏发电系统

太阳能并网光伏发电系统是将光伏阵列产生的直流电经过并网逆变器转换成符合公共电网要求的交流电，之后直接接入公共电网，直接将电能输入电网，免除了配置蓄电池，省掉了蓄电池储能和释放的过程，可以充分利用光伏阵列所发的电力，从而减小了能量的损耗，降低了系统的成本。但是系统中需要专用的并网逆变器，以保证输出的电力满足电网对电压、频率等指标的要求。因为逆变器效率的问题，还是会有部分能量损失。

并网光伏发电系统有集中式大型并网光伏系统，也有分布式中小型并网发电系统。集中式大型并网光伏电站一般都是国家级电站，主要特点是将所发电能直接输送到电网，由电网统一调配向用户供电。但这种电站投资大、建设周期长、占地面积大。而分布式小型并网光伏，特别是光伏建筑一体化光伏发电，由于投资小，建设快，占地面积小，国家政策支持力度大等优点，是目前并网光伏发电的主流。

常见并网光伏发电系统一般有以下几种形式。

(1) 有逆流并网发电系统。有逆流并网发电系统示意图如图 2.11 所示。当太阳能光伏发电系统发出的电能充裕时，可将剩余的电能送入公共电网；当太阳能光伏发电系统提供的电力不足时，由电网向负载供电。由于向电网供电时与电网供电的方向相反，所以称为有逆流光伏发电系统。

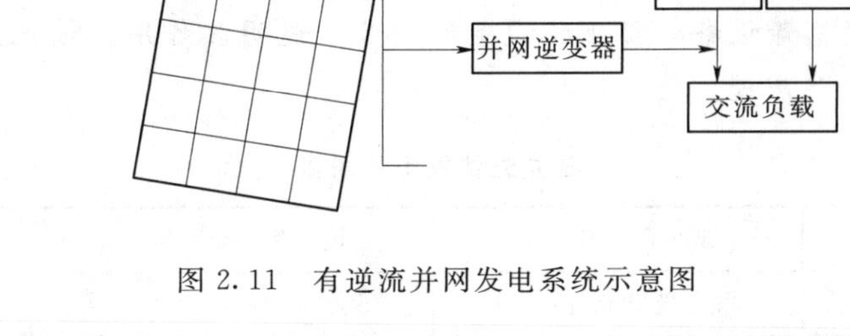

图 2.11　有逆流并网发电系统示意图

(2) 无逆流并网发电系统。无逆流并网发电系统示意图如图 2.12 所示。即使太阳能光伏发电系统发电充裕时，也不向公共电网供电，但当太阳能光伏发电系统供电不足时，则由公共电网负载供电。

(3) 切换型并网光伏发电系统。切换型并网光伏发电系统示意图如图 2.13 所示。它具有自动运行双向切换的功能：一是当光伏发电系统因天气及自身故障等原因导致发电量不足时，切换器能自动切换到公共电网供电侧，由公共电网向负载供电；二是当公共电网因某种原因突然停电时，光伏发电系统可以自动切换使电网与光伏发电系统分离，成为独

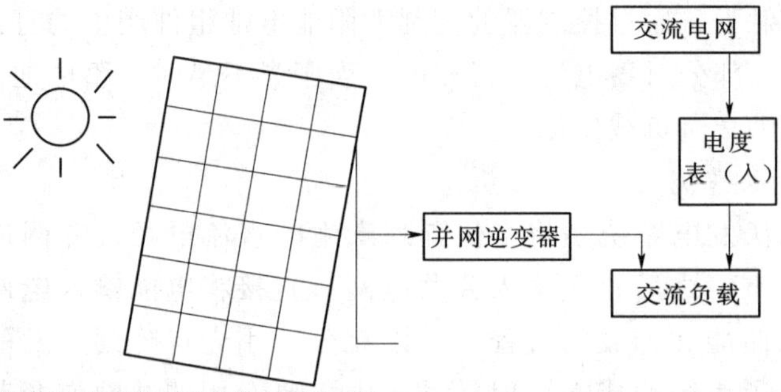

图 2.12　无逆流并网发电系统示意图

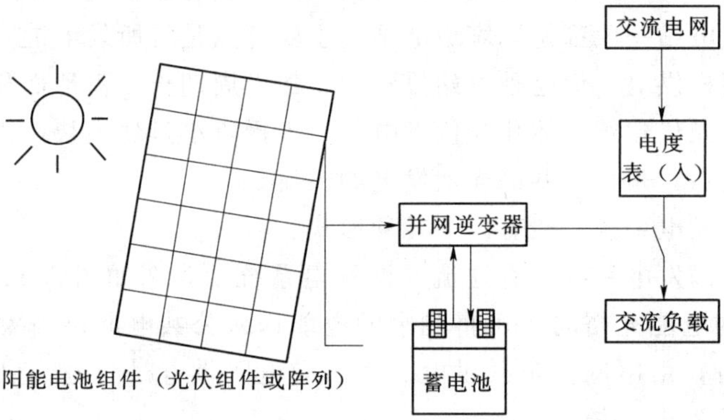

图 2.13　切换型并网光伏发电系统示意图

立光伏发电系统工作状态。一般切换型并网光伏发电系统都带有储能装置。

【任务实施】

（1）认识独立光伏发电系统。结合一个实际的独立光伏发电系统，识别光伏组件、控制器、蓄电池和逆变器等设备，记下该设备的型号，说明其作用，填入表 2.1 中，分析独立光伏发电系统的工作原理。

表 2.1　　独立光伏发电系统表

序　　号	设 备 名 称	设 备 型 号	设 备 作 用
1	光伏组件		
2	控制器		
3	蓄电池		
4	逆变器		

（2）认识并网光伏发电系统。结合一个实际的并网光伏发电系统，识别光伏组件、并网逆变器等设备，记下该设备的型号，说明其作用，填入表 2.2 中，分析并网光伏发电系统的工作原理。

表 2.2 并网立光伏发电系统表

序号	设备名称	设备型号	设备作用
1	光伏组件		
2	并网逆变器		

任务 2.2 太阳能电池的制造与工艺

【任务目标】

(1) 了解太阳能电池、光伏组件的分类。

(2) 了解光伏组件的制作工序。

(3) 能识别太阳能电池片、光伏组件的基本结构。

(4) 能对太阳能电池片、光伏组件进行检测。

【相关知识】

2.2.1 太阳能电池的分类

1. 硅太阳能电池

目前，硅太阳能电池是太阳能光伏发电装置中应用最成熟、最广泛的太阳能电池材料，占光伏产业的85%以上。按照硅材料的晶体结构不同，可将硅太阳能电池分为单晶硅太阳能电池、多晶硅太阳能电池和非晶硅太阳能电池三种。

(1) 单晶硅太阳能电池。单晶硅是晶格取向基本完全相同的晶体，如图 2.14 所示。它具有金刚石晶格，晶体硬而脆，有金属光泽，能导电，但导电率不及金属，且随着温度的升高而增加，是一种良好的半导体材料。

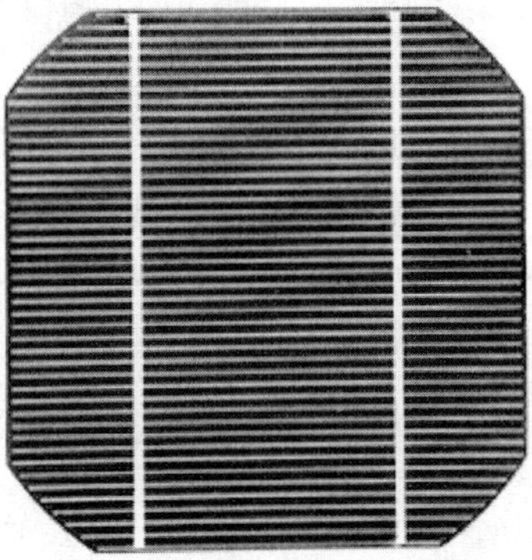

图 2.14 单晶硅太阳能电池

单晶硅太阳能电池制造过程花费成本高，所以单晶硅价格昂贵。为了节省高质量材料，现在发展了薄膜太阳能电池，其中多晶硅薄膜太阳能电池和非晶硅薄膜太阳能电池就是典型代表。

(2) 多晶硅太阳能电池。多晶硅太阳能电池产量基本上与单晶硅电池相当，甚至更大，是光伏电池市场主要产品之一。与单晶硅电池相比，多晶硅价格较低，商用多晶硅电池组件转换效率一般为12%～14%，目前已制出转换效率达17%～19.8%的多晶硅。

多晶硅具有灰色金属光泽，如图 2.15 所示，具有半导体性质，是极为重要的优良半导体材料，但微量的杂质即可大大影响其导电性。

(3) 非晶硅太阳能电池。非晶硅电池价格低廉，易形成大规模生产，但光电转换效率低，稳定性不如晶体硅，如图 2.16 所示。

非晶硅太阳能电池选用四氢化硅（SiH_4）为材料，虽然该材料吸光效果和光导效果很

图 2.15　多晶硅太阳能电池

好，但其结晶构造比多晶硅差，悬浮键较多，自由电子与空穴复合的速率非常快；结晶构造的不规则阻碍了电子、空穴移动，使得扩散范围变窄，所以电池的效率低且随时间衰减。广泛应用于小功率市场，如太阳能发电系统、太阳能照明灯具、太阳能手机充电器、汽车太阳能换气扇、汽车电池充电器、太阳能草坪灯等。

图 2.16　非晶硅太阳能电池

2. 多元化合物薄膜太阳能电池

多元化合物薄膜太阳能电池材料为无机盐，其主要包括砷化镓Ⅲ-Ⅴ族化合物、硫化镉、碲化镉及铜铟硒薄膜电池等。由于化合物半导体或多或少有毒性，容易造成环境污染，因此产量少，常使用在一些特殊场合。

砷化镓Ⅲ-Ⅴ化合物电池的转换效率可达 28%，砷化镓化合物材料具有十分理想的光学带隙以及较高的吸收效率，抗辐照能力强，对热不敏感，适合于制造高效单结电池。但是砷化镓材料的价格昂贵，因而在很大程度上限制了砷化镓电池的应用。砷化镓异质面太阳能电池的结构如图 2.17 所示。

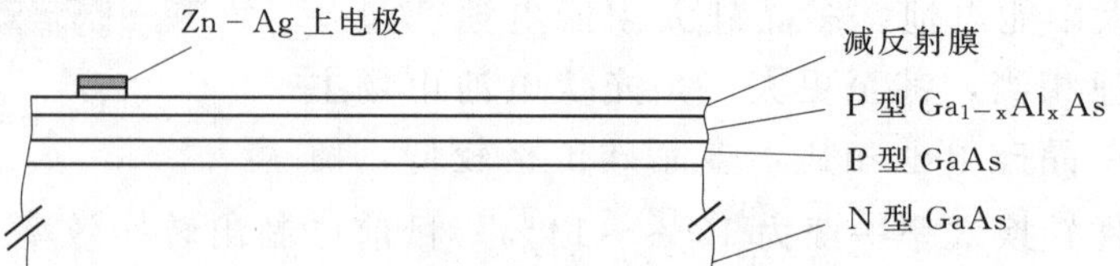

图 2.17　砷化镓异质面太阳能电池的结构

铜铟硒薄膜电池（简称 CIS）适合光电转换，不存在光致衰退效应的问题，转换效率和多晶硅一样。具有价格低廉、性能良好和工艺简单等优点，将成为今后发展太阳能电池的一个重要方向。唯一的问题是材料的来源，由于铟和硒都是比较稀有的元素，因此这类电池的发展又必然受到限制。

3. 有机化合物太阳能电池

有机太阳能电池以有光敏性质的有机物作为半导体材料，以光伏效应而产生电压形成电流。有机太阳能电池按照半导体的材料可以分为单质结结构、PN 异质结结构和染料敏化纳米晶结构。

根据有关调查数据目前市场上的有机太阳能电池的光电转换效率最高只有 10%，这是制约其全面推广的主要问题。

4. 敏化纳米晶太阳能电池

敏化纳米晶太阳能电池实际上是一种光电化学电池。纳米晶 TiO_2 太阳能电池的优点在于它廉价的成本和简单的工艺及稳定的性能。其光电效率稳定在 10%以上，制作成本仅为硅太阳能电池的 1/10～1/5，寿命能达到 20 年以上。但此类电池的研究和开发刚刚起步，估计不久的将来会逐步走上市场。

5. 聚合物多层修饰电极型太阳能电池

以有机聚合物代替无机材料是刚刚开始的一个太阳能电池制造的研究方向。由于有机材料具有柔性好、制作容易、材料来源广泛、成本低等优点，因此对大规模利用太阳能，提供廉价电能具有重要的意义。以有机材料制备的太阳能电池，不论是使用寿命，还是电池效率都不能和无机材料特别是硅电池相比。能否发展为具有实用意义的产品，还有待于进一步研究和探索。

各类太阳能电池转换效率如图 2.18 所示。

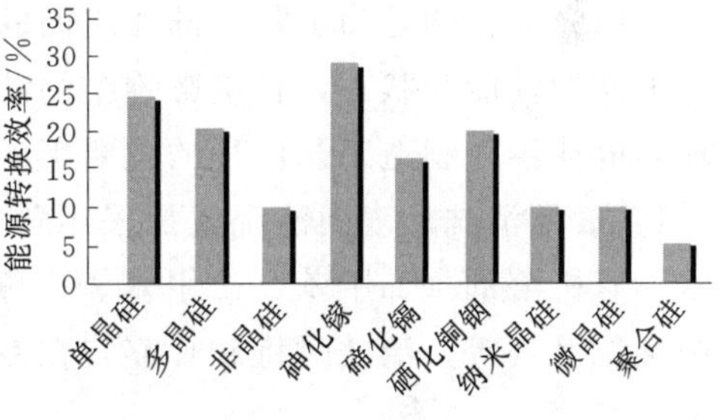

图 2.18 各类太阳能电池转换效率

2.2.2 太阳能电池的生产工艺

常规太阳能电池生产工艺流程框图如图 2.19 所示。

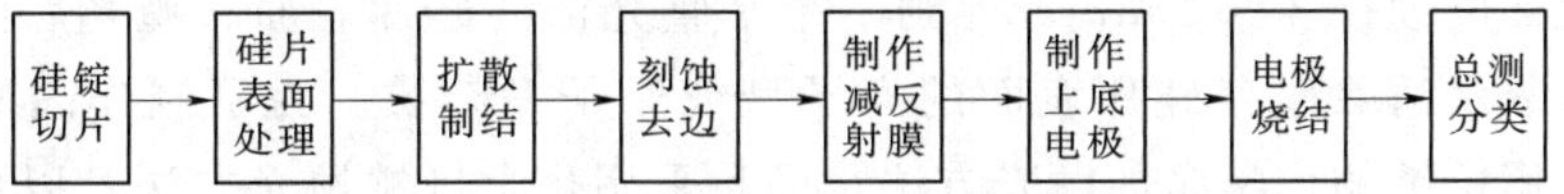

图 2.19 常规太阳能电池生产工艺流程框图

1. 硅片的加工

硅片的加工是将硅锭经表面整形、定向、切割、研磨、腐蚀、抛光、清洗等工艺，加工成具有一定直径、厚度、晶向、高度、表面平行度、平整度、粗糙度，表面无缺陷、无崩边、无损伤层，高度完整、均匀、光洁的镜面硅片。硅片加工的一般工艺流程如图 2.20 所示。

2. 硅太阳能电池的生产工艺

通过上述方法生产出来的硅片，还必须经过以下工艺流程才能制成产生光伏效应的电池片。

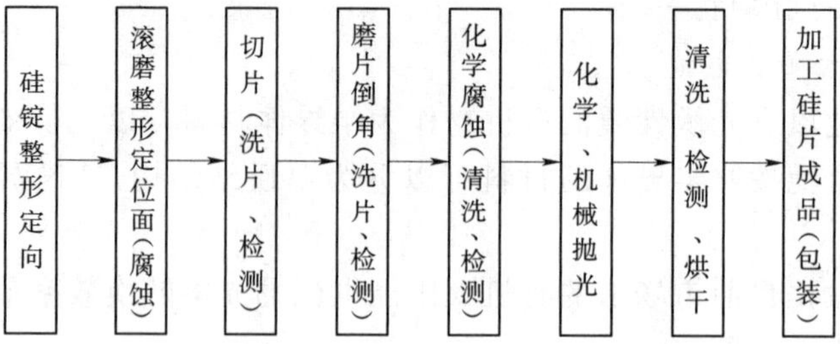

图 2.20　硅片的加工工艺流程

（1）硅片的选择。硅片的选择就是把性能一致的硅片选择出来，若将性能不同的硅片组合起来形成单体太阳能电池，其输出功率就会降低。硅片的主要性能有硅材料的导电类型、电阻率、晶向、位错、寿命等。

（2）硅片的表面处理。硅锭在切割成硅片的过程中，表面必定受到不同程度的污染，有油污、金属和尘埃等，混杂地附着在硅片表面，同时硅片表面留下切割制成的机械损伤。硅片的表面处理包括表面清洗和表面抛光。表面清洗是为了除去沾污在硅片上的各种杂质，抛光的目的是为了除去硅片表面的切割损伤，获得适合制结要求的硅表面。制结前硅片表面的性能和状态，直接影响结的特性，从而影响成品电池的性能，因此硅片的表面处理是电池生产制造工艺流程的重要工序。

1）表面清洗。表面清洗就是采用化学清洗剂去除各种杂质。常用的化学清洗剂有离子水、有机溶剂（如甲苯、二甲苯、丙酮、三氯乙烯、四氯化碳等）、浓酸、强碱以及高纯中性洗涤剂等。清洗时将硅片盛装在专用片篮中，浸泡在加热至100℃的洗涤液中进行溢流超声清洗。

2）表面抛光。切割后的硅片表面留有晶格高度扭曲层和较深的弹性变形层，通称损伤层，其厚度大约为18～26μm。这些损伤层中具有无穷多个载流子复合中心，必须在硅片表面制作绒面之前彻底清除。常规单晶硅太阳能电池生产工艺，多采用化学腐蚀方法将粗糙的切割表面腐蚀掉30～50μm，得到一个平整光洁的硅片表面。抛光后的硅片，再用王水或酸性双氧水清除残存硅片表面的离子型或原子型杂质。为了制作高效硅太阳能电池，一般不采用单纯的化学腐蚀抛光方法，而是采用化学机械抛光方法，以便将硅表面加工成光亮平整的镜面。

3）绒面制作。纯净硅片表面的阳光反射率很高，为了降低其表面反射率，将硅片表面结构化，以增加表面对太阳辐射的吸收，也就是降低表面对太阳辐射的反射，在太阳能电池电池生产工艺中，将这个结构化的硅片表面称为绒面。

（3）扩散制结。采用扩散的方法制作PN结，称为扩散制结。PN结是晶体硅太阳能电池的核心部分，因此，扩散制结是太阳能电池生产工艺中最关键的一道工序。

扩散制结的方法很多，主要有热扩散法、离子注入法、薄膜生长法、合金法、激光法和高频电注入法等。常规单晶硅太阳能电池的制结都采用热扩散法。

扩散制结的工艺条件要求表面不产生“死层”，整个扩散区都有负的杂质浓度梯度，合适的表面杂质浓度和均匀性，能满足后续工序对欧姆接触电极的制备。

(4) 刻蚀去边。硅片在扩散制结过程中，其周边表面也将同时形成扩散层。这个扩散层实际构成了电池上、下电极之间的短路环，必须去除。目前的硅太阳能工业化生产中，都采用周边刻蚀装置，利用等离子体对扩散后的电池片边缘进行干法刻蚀，去除周边表面扩散层。

去除背结的常用方法主要有化学腐蚀法、磨片法和丝网印刷铝浆烧结法等。

(5) 制作减反射膜。通过绒面制作的硅片虽然可使入射光的反射率减少到10%以内，但为了能够更多地减少反射损失，一般还要在其表面镀一层减反射膜。减反射膜又称增透膜，主要功能是减少或消除表面的反射光，从而增加透光量。制作太阳能电池生产工艺多采用常压化学气相沉积二氧化钛减反射膜。

(6) 制作上、下电极。太阳能电池的电极就是在电池PN结两端形成紧密接触的连接导体，以接通电池的PN结，构成可向外供电的电回路。通常将在电池受光面上的连接导体称为上电极，而将制作在电池背面的连接导体称为下电极或背电极，也称底电极。上电极通常制成窄细的栅线状，这有利于对光生电流的收集，并使电池有较大的受光面积。下电极则布满全部或绝大部分电池的背面，以减小电池的串联电阻。

制作太阳能电池电极的方法主要有真空蒸镀法、化学镀镍法、丝网印刷烧结法等，所用金属材料主要有铝、钛、银、镍等。真空蒸镀法和化学镀镍法是制作太阳能电池电极的传统工艺方法，具有生产工艺成本高、能耗大和不适应工业化生产等缺点，目前工业化生产中已不采用。

3. 太阳能电池片的检测

(1) 电池片的电性能测试和分选。太阳能电池分选仪是专门用于电池片分选的设备，可记录并显示测试（$U-I$ 曲线、P 曲线）曲线和测试参数（U_{oc}、I_{sc}、P_{max}、U_{opt}、I_{opt}、FF 和 E_{FF}）。

测试仪误差不超过±0.01W，测量过程如下：①打开电源后，预热2min，按下“量程”按钮；②用标准电池片将各参数调到标准值；③把待测电池片有栅线的一面向上，放在测试台上，调节铜电极位置使之恰好压在电池片的主栅极上，踩下脚阀，开始测试。合格电池片按每0.05W为一个挡次放置。

(2) 电池片表面特征。可使用电子显微镜观察单晶硅和多晶硅电池片的表面特征，检查电池片是否存在隐裂等缺陷。步骤如下：开启显微镜→对光→放置→调距→调节物像→观察等。

2.2.3 太阳能电池组件的结构

1. 晶体硅太阳能电池组件的结构

晶体硅太阳能电池组件的典型封装结构如图2.21所示。

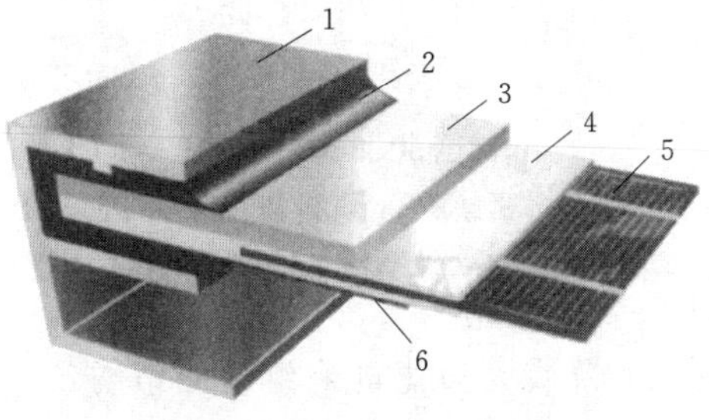

图2.21 太阳能电池的典型封装结构示意图

1—铝边框；2—密封带；3—玻璃；4—EVA；5—电池；6—背板

常规的太阳能电池组件结构形式有下列几种：玻璃壳体式结构、底盒式组件、平板式组件、无盖板的全胶密封组件，其结构示意图如

图2.22～图2.25所示。目前还出现较新的双面钢化玻璃封装组件。

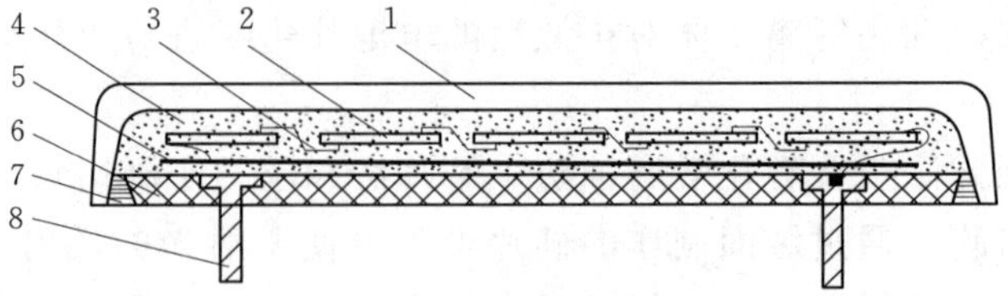

图2.22 玻璃壳体式太阳能电池组件示意图

1—玻璃壳体；2—硅太阳能电池；3—互连条；4—黏结剂；
5—衬底；6—下底板；7—边框线；8—电极接线柱

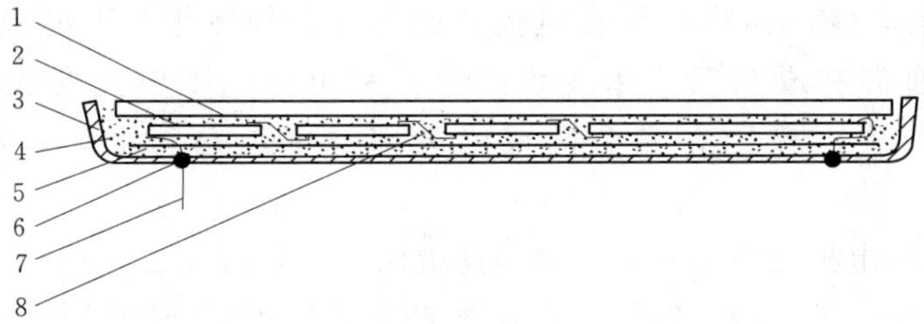

图2.23 底盒式太阳能电池组件示意图

1—玻璃盖板；2—硅太阳能电池；3—盒式下底板；4—黏结剂；
5—衬底；6—固定绝缘胶；7—电极引线；8—互连条

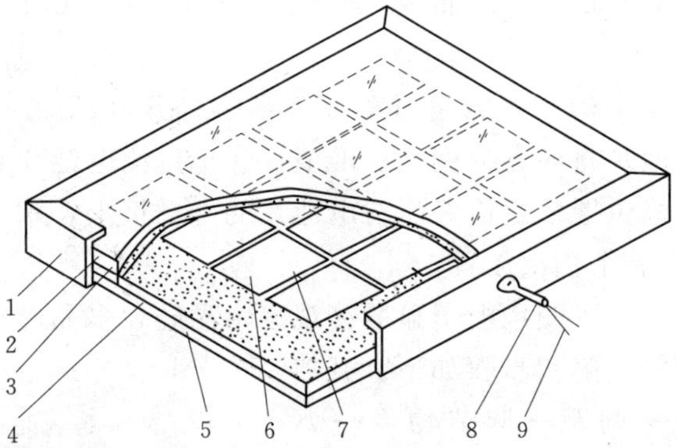

图2.24 平板式太阳能电池组件示意图

1—边框；2—边框封装胶；3—玻璃盖板；4—黏结剂；5—下底板；
6—硅太阳能电池；7—互连条；8—引线护套；9—电极引线

2. 薄膜太阳能电池组件的结构

薄膜光伏电池同晶体硅电池的封装有些不同，衬底的类型不同，封装的方式不同，半导体材料与衬底的相对位置不同将影响组件的结构。对于使用非钢化玻璃衬底的前壁型CdTe电池和大部分非晶硅电池，玻璃衬底可以作为上盖板保护电池，背面可以使用任何

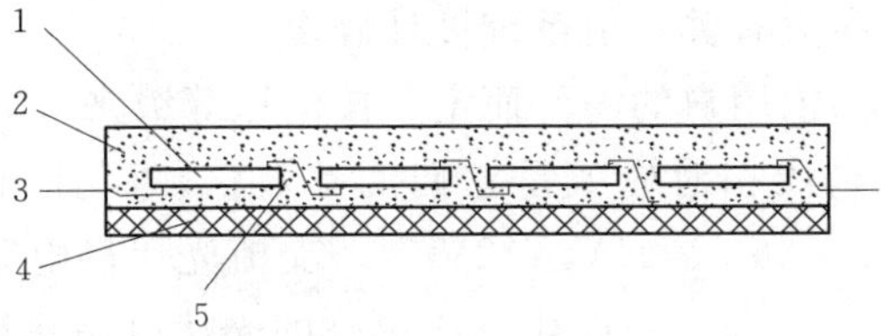

图 2.25 全胶密封太阳能电池组件示意图

1—硅太阳能电池；2—黏结剂；3—电极引线；4—下底板；5—互连条

类型的玻璃，如果有要求可以使用钢化安全玻璃，如图 2.26 所示。

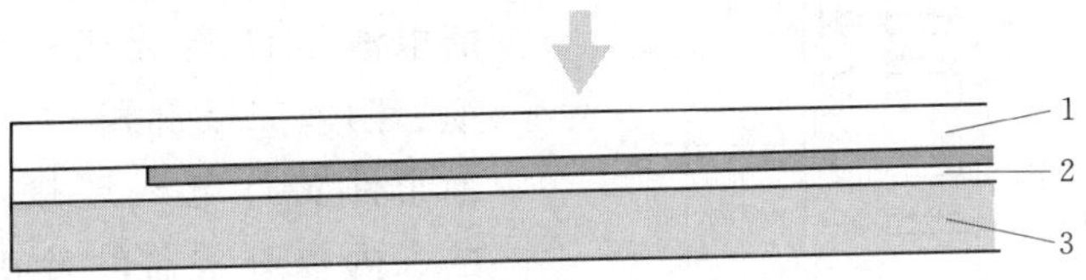

图 2.26 非钢化玻璃衬底的前壁型太阳能电池封装结构

1—非晶硅/CdTe 电池；2—EVA；3—玻璃

对于使用非钢化衬底的后壁型 CIS 电池和一部分非晶硅电池，需要在上加上盖板，保护电池，如图 2.27 所示。

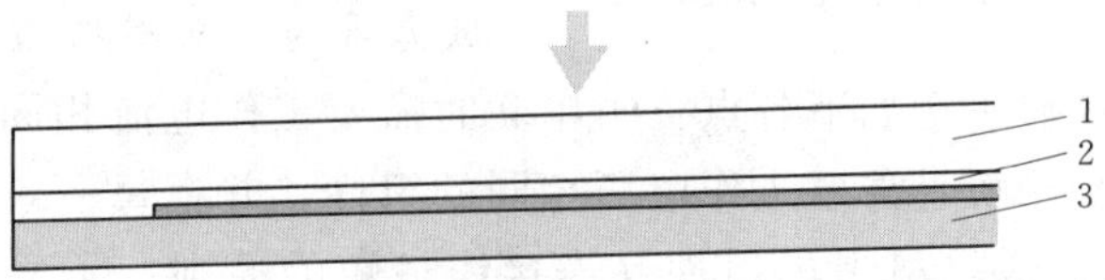

图 2.27 非钢化玻璃衬底的后壁型太阳能有电池封装结构

1—白玻璃；2—EVA；3—CIS 电池

除了上面两种结构之外，如果使用其他类型的衬底，使用另外一种封装方式，这种封装方式有三层，对于前壁型和后壁型的薄膜光伏电池都适用，如图 2.28 所示。

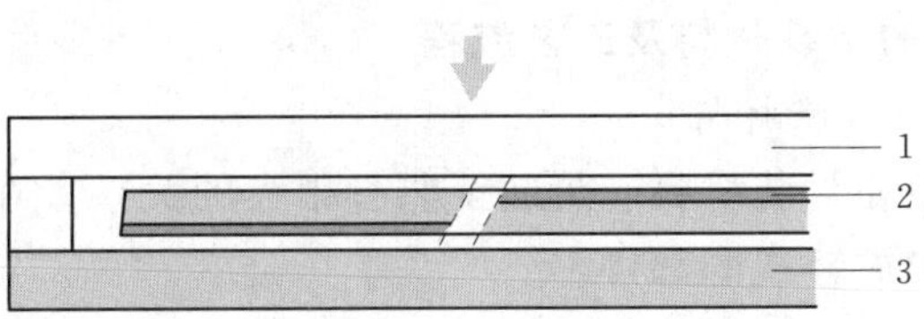

图 2.28 其他类型衬底的太阳能电池封装结构

1—白玻璃；2—非晶硅/CdTe/CIS；3—玻璃

3. 光伏方阵的结构

太阳能是一种低密度的平面能源，需要用大面积的太阳能电池方阵来采集。而太阳能电池组件的输出电压不高，需要用一定数量的太阳能电池组件经过串并联构成方阵。一个光伏阵列包含两个或两个以上的光伏组件，具体需要多少个组件及如何连接组件与所需电压（电流）及各个组件的参数有关，由系统设计确定。

平板式光伏方阵的结构依用户的需要而定。按电压等级来分，独立光伏系统电压往往被设计成与蓄电池的标称电压相对应或是它们的整数倍，而且与用电设备的电压等级一致，如220V、110V、48V、36V、24V、12V等。交流光伏供电系统和并网发电系统方阵的电压等级往往为110V或220V。对电压等级更高的光伏电站系统，则常用多个方阵进行串并联，组合成与电网等级相同的电压等级，如组合成600V、10kV等，再与电网连接。

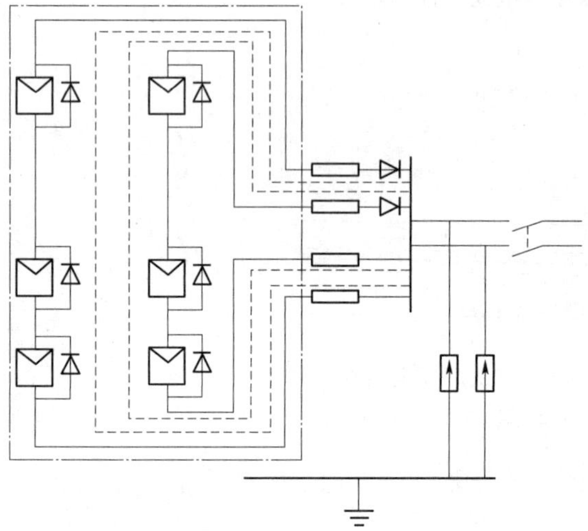

图2.29　太阳能电池方阵电气连接图

太阳能方阵除了需要支架将许多太阳能电池组件集合在一起以外，还需要电缆、阻塞二极管和旁路二极管对太阳能电池组件实行电气连接，并需要配备专用的、内装避雷器的分接线箱和总接线箱。有时为了防止鸟粪沾污太阳能电池方阵表面而引起的热斑效应，还需在方阵顶上特别安装驱鸟器。太阳能电池方阵的电气连接图如图2.29所示。

在将太阳能电池组件进行串并联组装成方阵时，应参考太阳能电池串并联所需要注意的原则，并应特别注意如下各点：①串联时需要工作电流相同的组件，并为每个组件并接旁路二极管；②并联时需要工作电压相同的组件，并在每一条并联线路串接阻塞二极管（防反充二极管）；③尽量考虑组件互连接线最短的原则；④要严格防止个别性能变坏的太阳能电池组件混入太阳能电池方阵。

图2.30为同样64块太阳能电池组件分别用4并8串方式组成的方阵，但有纵联横并和横联纵并两种不同的电气连接。在图2.30中可以看到，当遇到局部阴影时，图2.30（a）中连接的总线电压下降，输出电池也大幅下降，系统有可能不能正常工作；而图2.30（b）中连接的总线电压可保持不变，虽然少了一组电流，但系统仍能正常工作。

2.2.4　太阳能电池组件的封装材料及工艺流程

1. 太阳能电池组件的封装材料

组件工作寿命的长短和封装材料、封装工艺有很大的关系，在组件中封装材料易被忽视，但在实用中是决不能被轻视的部件。

（1）上盖板。上盖板覆盖在太阳能电池组件的正面，构成组件的最外层，它既要透光率高，又要坚固，起到长期保护电池的作用。作上盖板的材料：钢化玻璃、聚丙烯酸类树脂、氟化乙烯丙烯、透明聚酯、聚碳酸酯等。目前，低铁钢化玻璃是最为普遍的上盖板材料。

（2）黏结剂。主要有室温固化硅橡胶、氟化乙烯丙烯、聚乙烯醇缩丁醛、透明双氧树脂、聚醋酸乙烯等。一般要求：①在可见光范围内具有高透光性；②具有弹性；③具有良好的电绝缘性能；④能适用自动化的组件封装。

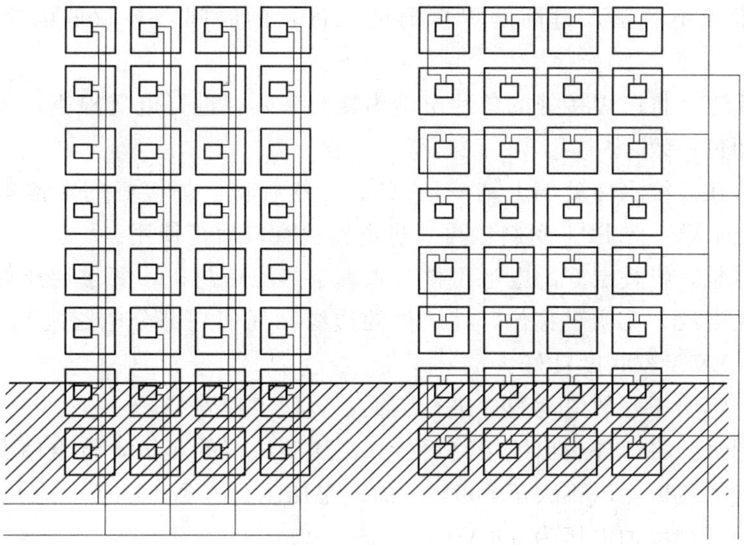

图 2.30　太阳能电池组件方阵

(a) 纵联横并；(b) 横联纵并

(3) 底板。一般为钢化玻璃、铝合金、有机玻璃、聚氟乙烯复合膜（TPT）等。目前较多应用的是 TPT 复合膜，一般要求：①具有良好的耐气候性能；②层压温度下不起任何变化；③与黏结材料结合牢固。

(4) 边框平板。组件必须有边框，以保护组件和组件与方阵的连接固定。边框为黏结剂构成对组件边缘的密封，主要材料：不锈钢、铝合金、橡胶、增强塑料等。

2. 晶体硅太阳能电池组件的封装工艺流程

晶体硅太阳能电池组件制造主要是将晶体硅太阳能电池进行单片互连、封装，以保护电极接触，防止互连线受到腐蚀，避免电池碎裂。封装质量直接影响晶体硅太阳能电池组件的使用寿命。其工艺流程如图 2.31 所示。

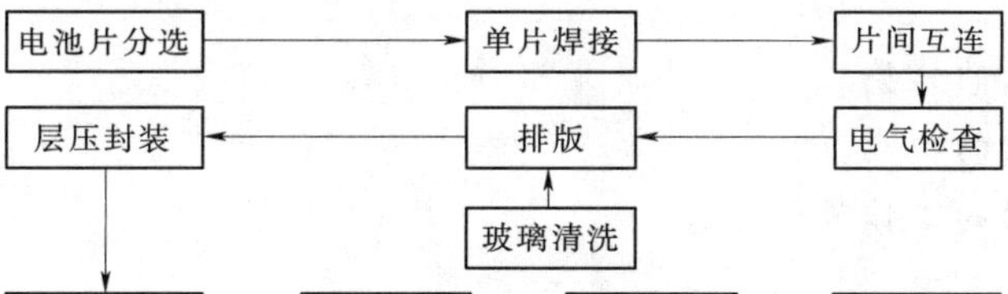

图 2.31　晶体硅太阳能电池组件制造工艺流程图

晶体硅太阳能电池组件制造工艺流程的各道工序表述如下：

(1) 电池片分选。将性能相近的单体电池组合成组件，最大限度地降低串并联损失，通常一片低功率的电池将会使整个组件的输出功率降低。外观分选是看颜色、栅线尺寸是否正常。

(2) 单片焊接。将互连带焊接在电池的负极上，要求焊接平直、牢固，用手沿 45°左右方向轻提焊带条不脱落，过高的焊接温度和过长的时间会导致低的撕拉强度或电池碎裂。

(3) 片间互连。将已焊接好的单片电池串接起来，并进行电气检查，要求串接的电池片间距均匀、颜色一致。

(4) 排版。在布纹水白玻璃上铺一层EVA，然后将已焊接好的电池串用汇流带连接起来，再铺一层EVA及TPT塑料，再引进电器检查以后，待用。

(5) 层压封装。将叠层好的电池组件放入真空热压密封机，要求层压好的组件内单片电池无碎裂、无裂纹、无明显移位，在组件的边缘和任何一部分电路之间的EVA均无气泡或脱层通道，EVA胶联度良好。

(6) 装框。将层压好的电池组件进行装框，以便工程安装。

(7) 高压测试。将组件引出线短路后接到高压测试仪的正极，将组件暴露的金属部分接到高压测试仪的负极，以不大于500V/s的速率加压，直到1000V，维持1min，如果开路电压小于50V，则所加电压为500V。

(8) 性能检测。按工艺标准检测分选太阳能电池组件。

国际IEC标准测试条件为AM 1.5、100MW/m^2、25℃。要求检测并列出以下参数：开路电压、短路电流、工作电压、工作电流、最大输出功率、填充因子、光电转换效率、串联电阻、并联电阻及$I-V$曲线等。

(9) 装接线盒。给已测好的电池组件安装接线盒，以便电气连接。

(10) 贴标牌。按测试分档结果分贴标牌后，光伏组件即可包装入库出售。

【任务实施】

(1) 观看太阳能电池片的生产工艺过程的相关视频。

(2) 现场参观太阳能电池、光伏组件的生产工艺流程。

任务2.3　光伏控制器的功能、分类及原理分析

【任务目标】

(1) 了解控制器的分类。

(2) 掌握控制器的功能。

(3) 掌握控制器的工作原理。

【相关知识】

太阳能电池组件在太阳光照射下，可以直接对直流负载供电，也可以将产生的电能储存在储能装置中，当发电不足或负载用电量大时，由储能装置向负载补充电能。储能装置尤其是蓄电池，在充电和放电过程中需加以控制，频繁地过充电和过放电，都会影响蓄电池的使用寿命，为保护蓄电池不受过充电和过放电的损害，必须有一套控制系统来防止蓄电池的过充电和过放电，这套系统称为充放电控制器，充放电控制器是离网型光伏系统中最基本的控制电路。控制器可以单独使用，也可以和逆变器等合为一体。光伏控制器外形如图2.32所示。

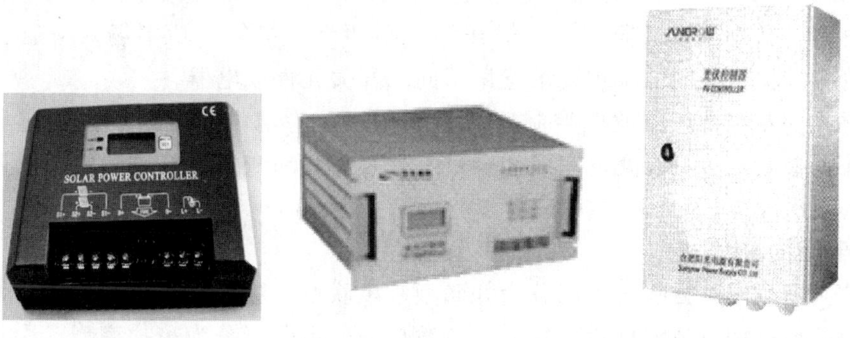

(a)　　　　(b)　　　　(c)

图 2.32　光伏控制器外形图

(a) 小功率控制器；(b) 中功率控制器；(c) 大功率控制器

2.3.1　控制器功能

控制器应具有以下功能：

(1) 防止蓄电池过充电和过放电，延长蓄电池寿命。

(2) 防止太阳能电池板或电池方阵、蓄电池极性接反。

(3) 防止负载、控制器、逆变器和其他设备内部短路。

(4) 具有防雷击引起的击穿保护。

(5) 具有温度补偿的功能。

(6) 显示光伏发电系统的各种工作状态，包括蓄电池（组）电压、负载状态、电池方阵工作状态、辅助电源状态、环境温度状态、故障报警等。

2.3.2　控制器的基本工作原理

控制电路根据光伏系统的不同，其复杂程度也是不一样的，但其基本原理都相同，图 2.33 是一个最基本的充放电控制器的工作原理图，在该电路原理图中，由太阳能光伏组件、蓄电池控制器电路和负载组成一个基本的光伏应用系统，这里 K1 和 K2 分别为充电开关和放电开关。K1 闭合时，由太阳能光伏组件给蓄电池充电；K2 闭合时，由蓄电池给负载供电。当蓄电池充满电或出现过充电时，K1 将断开，光伏组件不再对蓄电池充电；当电压回落到预定值时，K1 再自动闭合，恢复对蓄电池充电。当蓄电池出现过放电时，K2 将断开，停止向负载供电；当蓄电池再次充电，电压回升到预设值后，K2 再次闭合，自动恢复对负载供电。开关 K1 与 K2 的闭合和断开是由控制电路根据系统充放电状态决

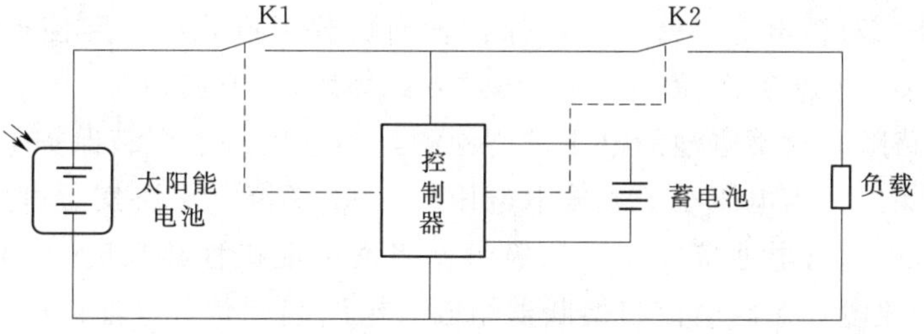

图 2.33　充放电控制器的工作原理

定，开关K1和K2是广义的开关，它包括各种开关元件，如机械开关、电子开关。机械开关如继电器、交直流接触器等，电子开关如小功率三极管、功率场效应管、固态继电器、晶闸管等。根据不同的系统要求选用不同的开关元件或电器。

在独立光伏系统中，充放电控制器的基本作用是为蓄电池提供最佳的充电电流和电压，同时保护蓄电池，具有充电完成和容量不足时断开和恢复充放电功能，以避免过充电和过放电现象的发生。

2.3.3　控制器的分类

光伏控制器按电路方式的不同分为并联型、串联型、脉宽调制型、智能型控制型和最大功率点跟踪型；按电池组件输入功率和负载功率的不同可分为小功率型、中功率型、大功率型及专用控制器（如草坪灯控制器）等。对于应用了微处理器的电路，实现了软件编程和智能控制，并附带有自动数据采集、数据显示和远程通信功能的控制器，称之为智能控制器。

1. 并联型控制器

并联型控制器是利用并联在太阳能电池两端的机械或电子开关器件控制充电过程。当蓄电池充满电时，把太阳能电池的输出分流到旁路电阻器或功率模块上去，然后以热的形式消耗掉；当蓄电池电压回落到一定值时，再断开旁路恢复充电。由于这种方式消耗热能，所以一般用于小型、小功率系统。

并联控制器的电路原理如图2.34所示。并联型控制器电路中充电回路的开关器件K1并联在太阳能电池或电池组的输出端，控制器检测电路监控蓄电池的端电压，当充电电压超过蓄电池设定的充满断开电压值时，开关器件K1导通，同时防反充二极管VD1截止，使太阳能电池的输出电流直接通过K1旁路泄放，不再对蓄电池进行充电，从而保证蓄电池不被过充电，起到防止蓄电池过充电的保护作用。

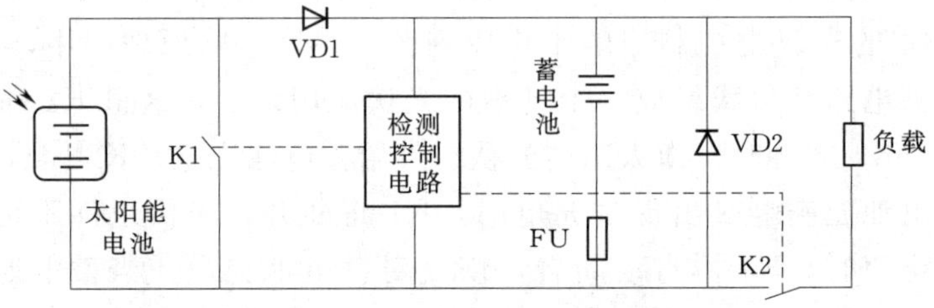

图2.34　并联控制器的电路原理图

开关器件K2为蓄电池放电控制开关，当蓄电池的供电电压低于蓄电池的过放保护电压值时，K2关断，对蓄电池进行过放电保护。当负载因过载或短路使电流大于额定工作电流时，控制开关K2也会关断，起到输出过载或短路保护的作用。

检测控制电路随时对蓄电池的电压进行检测，当电压大于充满保护电压时，K1导通，电路实行过充电保护；当电压小于过放电电压时，K2关断，电路实行过放电保护。

电路中的VD2为蓄电池接反保护二极管，当蓄电池极性接反时，VD2导通，蓄电池将通过VD2短路放电，短路电流将熔断器熔断，电路起到防蓄电池接反保护作用。

开关器件、VD1、VD2及熔断器FU等一般和检测控制电路共同组成控制器电路。该电路具有线路简单、价格便宜、充电回路损耗小、控制器效率高的特点。当防过充电保护电路动作时，开关器件要承受太阳能电池组件或方阵输出的最大电流，所以要选用功率较大的开关器件。

2. 串联型控制器

串联型控制器是利用串联在充电回路中的机械或电子开关器件控制充电过程。当蓄电池充满电时，开关器件断开充电回路，停止为蓄电池充电；当蓄电池电压回落到一定值时，充电电路再次接通，继续为蓄电池充电。串联型控制器同样具有结构简单、价格便宜等特点，但由于控制开关是串联在充电回路中，电路的电压损失较大，使充电效率有所降低。

串联型控制器的电路原理如图 2.35 所示。它的电路结构与并联型控制器的电路结构相似，区别仅仅是将开关器件 K1 由并联在太阳能电池输出端改为串联在蓄电池充电回路中。控制器检测电路监控蓄电池的端电压，当充电电压超过蓄电池设定的充满断开电压值时，K1 关断，使太阳能电池不在对蓄电池进行充电，从而保证蓄电池不被过充电，起到防止蓄电池过充电的保护作用。

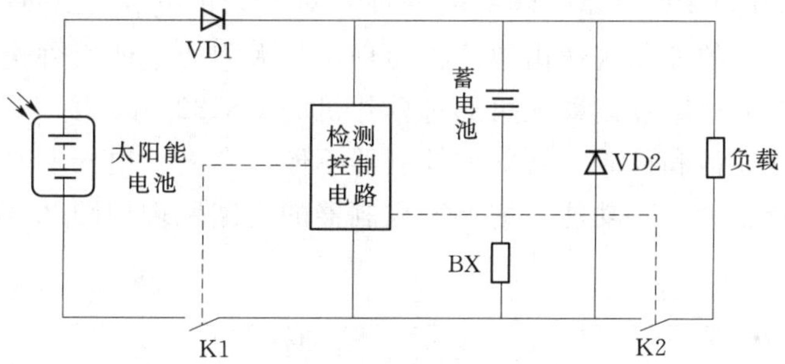

图 2.35　串联型控制器的电路原理图

3. 脉宽调制型控制器

脉宽调制（PWM）型控制器是以脉冲方式开关太阳能电池组件的输入，随着蓄电池的充满，脉冲的频率或占空比发生变化，使导通时间缩短，充电电流逐渐减小，当蓄电池电压由充满点向下降时，充电电流又会逐渐增大，符合蓄电池对于充放电过程的要求，能有效地消除极化，有利于完全恢复蓄电池的电量，延长蓄电池的循环使用寿命。另外，脉宽调制型控制器还可以实现光伏系统的最大功率跟踪功能，因此可作为大功率控制器用于大型光伏发电系统中。脉宽调制型控制器的缺点是控制器的自身工作有 4%～8%的功率损耗。

与串联控制器、并联控制器相比，脉宽调制型控制方式无固定的过充和过放电压点，但电路会控制蓄电池端电压达到过充/过放控制点附近时，其充放电电流趋近于 0，脉宽调制型充放电控制器的开关元件一般选用功率场效应晶体管（MOSFET），其电路原理如图 2.36 所示。

蓄电池的直流采样电压从比较器的负端输入，调制三角波从正端输入，用直流电压切割三角波，在比较器的输出端形成一组脉宽调制波，用这组脉冲控制开关晶体管的导通时

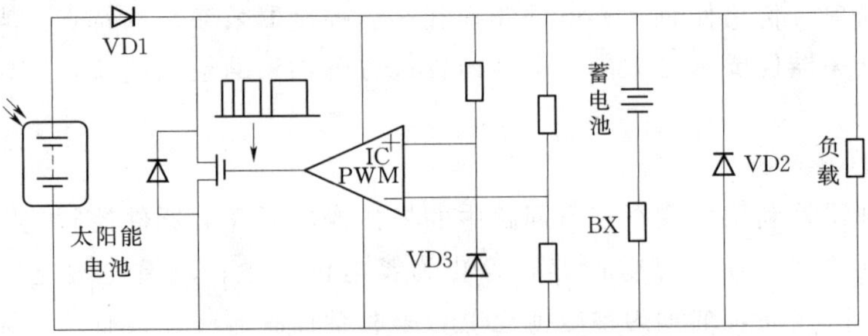

图 2.36　PWM 控制器的电路原理图

间，达到控制充电电流的目的。对于串联型控制器，当蓄电池的电压上升，脉冲宽度变窄，充电电流变小，当蓄电池的电压下降，脉冲宽度变宽，充电电流增大；而对于并联型控制器，蓄电池的直流采样电压和调制三角波在比较器的输入端与前面的相反，以实现随蓄电池电压的升高并联电流增大（充电电流减小），随电压下降并联电流减小（充电电流增大）。

4. 智能型控制器

智能型控制器采用 CPU 或 MCU 等微处理器对太阳能光伏系统的运行参数进行实时高速采集，并按照一定的控制规律由单片机内程序对太阳能电池组件进行接通与切断的智能控制，中、大功率的智能控制器还可通过单片机的 RS232/485 接口通过计算机控制和传输数据，并进行远程通信和控制，智能型控制器不但具有充放电控制功能，而且具有数据采集和存储、通信及温度补偿功能，智能型控制器的电路原理如图 2.37 所示。

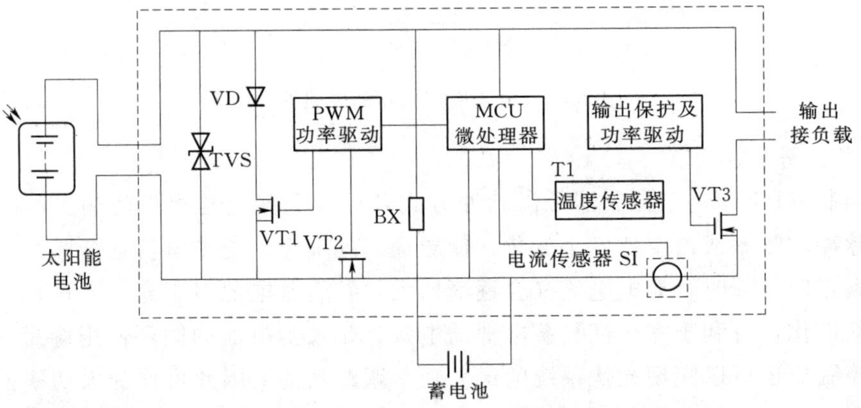

图 2.37　智能型控制器的电路原理图

5. 最大功率点跟踪型控制器

最大功率点跟踪型控制器（MPPT）的原理是将太阳能电池方阵的电压和电流检测后相乘得到的功率，判断太阳能电池方阵此时的输出功率是否达到最大，若不在最大功率点运行，则调整脉冲宽度、调制输出占空比、改变充电电流，再次进行实时采样，并做出是否改变占空比的判断。通过这样的寻优跟踪过程，可以保证太阳能电池方阵始终运行在最大功率点。最大功率点跟踪型控制器可以使太阳能电池方阵始终保持在最大功率点状态，以充分利用太阳能电池方阵的输出能量。同时，采用 PWM 调制方式，使充电电流成为脉冲电流，以减少蓄电池的极化，提高充电效率。

MPPT 的寻优方法有多种，如导纳增量法、间歇扫描法、模糊控制法、扰动观察法等。最大功率点跟踪型控制器主要由直流变换电路、测量电路和单片机及其控制采集软件等组成，其充放电控制器原理如图 2.38 所示。其中直流变换（DC/DC）电路一般为升压（BOOST）型或降压（BUCK）型斩波电路，测量电路主要是测 DC/DC 变换电路的输入侧电压和电流值、输出侧的电压值及温度等。

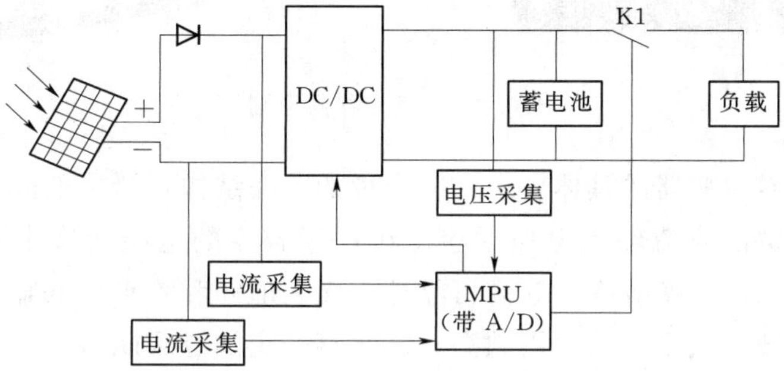

图 2.38　最大功率跟踪型控制器充放电控制原理图

将太阳能电池方阵的工作电压信号反馈到控制电路，控制开关的导通时间 T_{on}，使太阳能电池方阵的工作电压始终工作在某一恒定电压，同时将斩波电路的输出电流（蓄电池的充电电流）信号反馈到控制电路，控制开关的导通时间 T_{on}，则可使斩波电路具有最大的输出电流。

【任务实施】

（1）记录实验用的光伏控制器型号及铭牌上的参数，说明参数含义。

（2）结合光伏控制器使用说明书，说明控制器指示灯的亮灭的含义。

任务 2.4　光伏逆变器的功能、分类及原理分析

【任务目标】

（1）了解光伏逆变器的分类。

（2）掌握光伏逆变器的功能。

（3）掌握光伏逆变器的工作原理。

【相关知识】

2.4.1　光伏逆变器的功能

将直流电变换成为交流电的过程称为逆变，而实现逆变过程的装置称为逆变器或逆变设备。太阳能光伏系统中使用的逆变器是一种将太阳能电池所产生的直流电转换为交流电的转换装置。它使转换后的交流电的电压、频率与电力系统交流电的电压、频率相一致，以满足为各种交流用电装置、设备供电及并网发电的需要，图 2.39 所示是逆变器外形图。

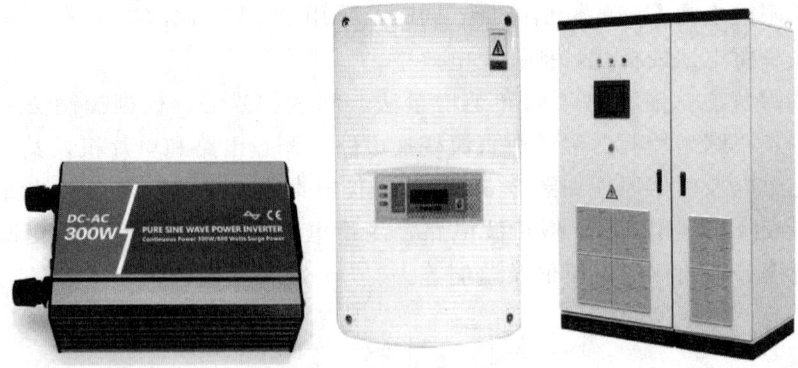

图 2.39　逆变器外形图

光伏发电系统对逆变器的具体要求：①合理的电路结构，严格的元器件筛选，具备各种保护功能；②较宽的直流输入电压适应范围；③较少的电能变换中间环节，以节约成本、提高效率；④高的转换效率；⑤高可靠性，无人值守和维护；⑥输出电压、电流满足电能质量要求，谐波含量小，功率因数高；⑦具有一定的过载能力。

2.4.2　逆变电路结构及基本工作原理

1. 逆变器的基本结构

逆变器的基本电路结构如图 2.40 所示，由输入电路、输出电路、主逆变开关电路、主逆变电路、控制电路、辅助电路和保护电路等构成，主电路的作用如下：

(1) 输入电路。输入电路的主要作用就是为主逆变电路提供可确保其正常工作的直流工作电压。

(2) 主逆变电路。主逆变电路是逆变电路的核心，它的主要作用是通过半导体开关器件的导通和关断完成逆变的功能。逆变电路分为隔离式和非隔离式两大类。

(3) 输出电路。输出电路主要是对主逆变电路输出的交流电的波形、频率、电压、电流的幅值相位等进行修正、补偿、调理，使之能满足使用需求。

(4) 控制电路。控制电路主要是为主逆变电路提供一系列的控制脉冲来控制逆变开关器件的导通与关断，配合主逆变电路完成逆变功能。

(5) 辅助电路。辅助电路主要是将输入电压变换成适合控制电路工作的直流电压。辅助电路还包含了多种检测电路。

(6) 保护电路。保护电路主要包括输入过压、欠压保护，输出过压、欠压保护，过载保护，过流和短路保护，过热保护等。

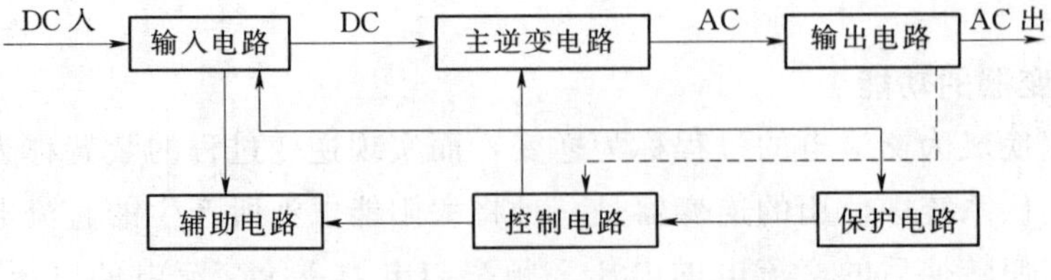

图 2.40　逆变器的基本电路结构图

2. 逆变电路原理

逆变电路原理示意图和对应的波形如图 2.41 所示。

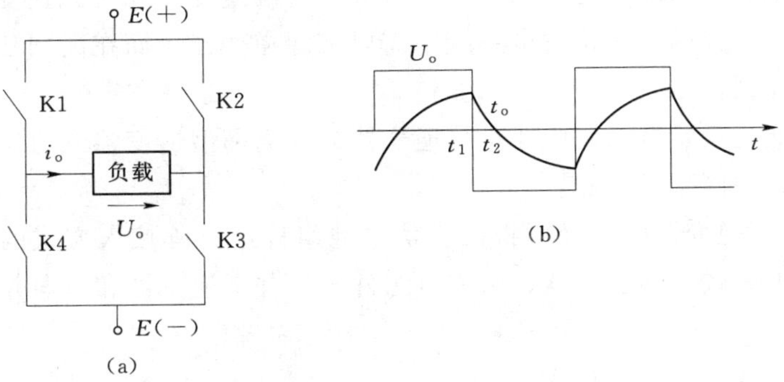

图 2.41　逆变器原理示意图和对应的波形图

(a) 逆变电路原理示意图；(b) 逆变电路波形图

如图 2.41 (a) 所示为单相桥式逆变电路，4 个桥臂由开关构成，输入直流电压后，当开关 K1 和 K3 闭合、K2 和 K4 断开时，负载上得到左正右负的电压，输出 U_o 为正；间隔一段时间后，将 K1 和 K3 断开、K2 和 K4 闭合时，负载上得到左负右正的电压，即输出 U_o 为负。若以一定频率交替切换 K1，K3 和 K2，K4，负载上就可以得到如图 2.41 (b) 所示波形，这样就把直流电变换成交流电，改变两组开关的切换频率，就可以改变输出交流电的频率。电阻性负载时，电流和电压的波形相同，电感性负载时，电流和电压的波形不相同，电流滞后电压一定的角度。

2.4.3　逆变器的分类

逆变器的种类很多，可以按照不同的方法分类，具体如下：

(1) 按照逆变器输出交流电的相数不同，可分为单相逆变器、三相逆变器和多相逆变器。

(2) 按照逆变器逆变转换电路工作频率的不同，可分为工频逆变器、中频逆变器和高频逆变器。

(3) 按照逆变器输出电压的波形不同，可分为方波逆变器、阶梯波逆变器和正弦波逆变器。

(4) 按照逆变器线路原理的不同，可分为自激振荡型逆变器、阶梯波叠加型逆变器、脉宽调制型逆变器和谐振型逆变器等。

(5) 按照逆变器输出功率大小的不同，可分为小功率逆变器（小于 5kW)、中功率逆变器（5～50kW)、大功率逆变器（大于 50kW)。

(6) 按照逆变器主电路结构的不同，可分为单端式逆变结构、半桥式逆变结构、全桥式逆变结构、推挽式逆变结构、多电平逆变结构、正激逆变结构和反激逆变结构等。其中，小功率逆变器多采用单端式逆变结构、正激逆变结构和反激逆变结构，中功率逆变器多采用半桥式逆变结构、全桥式逆变结构等，高压大功率逆变器多采用推挽式逆变结构和多电平逆变结构。

(7) 按照逆变器隔离（转换）方式的不同，可分为带工频隔离变压器方式、带高频隔离变压器方式和不带隔离变压器方式等。

(8) 按照逆变器输出能量的去向不同，可分为有源逆变器和无源逆变器。对太阳能光伏发电系统来说，在并网型光伏发电系统中需要有源逆变器，而在离网独立型光伏发电系统中需要无源逆变器。

(9) 在太阳能光伏发电系统中还可将逆变器分为离网型逆变器（应用在独立型光伏系统中的逆变器）和并网型逆变器。

(10) 在并网型逆变器中，又可根据光伏电池组件或方阵接入方式的不同，分为集中式并网逆变器、组串式并网逆变器、微型（组件式）并网逆变器和双向并网逆变器等。

【任务实施】

(1) 记录实验用光伏逆变器的型号及铭牌上的参数，说明参数的含义。

(2) 光伏逆变器的测试。把辐射光源灯打开，使光伏组件接受辐射光源灯光发电，此时可以看到蓄电池处于充电状态。按下光伏逆变器起动按钮，使逆变器工作。测量光伏逆变器输入、输出电压。改变接入逆变器输出负载的大小，测量光伏逆变器输出电压、电流的大小，并进行录。

任务2.5　蓄电池的种类、主要技术参数及工作原理

【任务目标】

(1) 了解蓄电池的种类。

(2) 了解蓄电池的技术参数。

(3) 理解蓄电池的选型。

【相关知识】

太阳辐射存在昼夜、季节性和天气变化，因而光伏发电的输出功率和能量随时都在变动，使得用户无法获得连续而稳定的电能供应。因此，在未与公共电网连接的光伏系统，即光伏离网发电系统中，需要依赖储能装置对太阳能电池发出来的电能进行储存和调节，光伏离网发电系统中储存装置如图2.42所示。

图2.42　光伏离网发电系统中储存装置

在太阳能光伏发电系统中，常用的储能电池及器件有铅酸蓄电池、碱性蓄电池、锂离

子蓄电池、镍氢蓄电池及超级电容器等，它们分别应用于太阳能光伏发电的不同场合或产品中。由于性能及成本的原因，目前应用最多、使用最广泛的还是铅酸蓄电池。

太阳能光伏发电系统对储能蓄电部件的基本要求：①自放电率低；②使用寿命长；③深放电能力强；④充电效率高；⑤少维护或免维护；⑥工作温度范围宽；⑦具有较高的性能价格比。

2.5.1　光伏离网系统常用蓄电池的种类

蓄电池的种类很多。蓄电池按照电解液的类型分为两大类，以酸性水溶液为电解质的蓄电池称为酸性蓄电池，由于酸蓄电池的电极主要是以铅和铅的氧化物为材料，故也称为铅酸蓄电池。另一类以碱性水溶液为电解质的蓄电池称为碱性蓄电池。

蓄电池按照其用途可分为循环使用电池和浮充使用电池。循环使用的电池有铁路电池、汽车电池、太阳能蓄电池、电动车电池等类型。浮充使用电池主要是作为后备电源。

按照蓄电池的使用环境可分为固定型电池和移动型电池。固定型电池主要用于后备电源，广泛用于邮电、电站和医院等，因其固定在一个地方，故重量不是关键问题，最大要求是安全可靠。移动型电池主要有内燃机用电池、铁路客车用电池、摩托车用电池、电动汽车用电池等。

考虑到蓄电池的使用条件和价格，大部分太阳能离网光伏系统选择铅酸蓄电池，其中阀控式密封铅酸蓄电池（VRLA）、胶体铅酸蓄电池和免维护蓄电池被广泛应用。由于传统铅酸蓄电池采用硫酸液为电解质，在生产、使用和废弃过程中对自然环境造成毁坏性的污染，这也是亟待进行技术改造的。

2.5.2　铅酸蓄电池的型号识别

根据JB 2599－85部颁标准的有关规定，铅酸蓄电池的名称由单体蓄电池的格数、型号、额定容量、电池功能和形状等组成，如图2.43所示，通常分为三段表示：第一段为数字，表示单体电池的串联数。每一个单体蓄电池的标称电压为2V，当单体蓄电池串联数（格数）为1时，第一段可省略，6V、12V蓄电池分别用3和6表示。第二段为2～4个汉语拼音字母，表示蓄电池的类型、功能和用途等。第三段表示电池的额定容量。蓄电池常用汉语拼音字母的含义如表2.3所示。

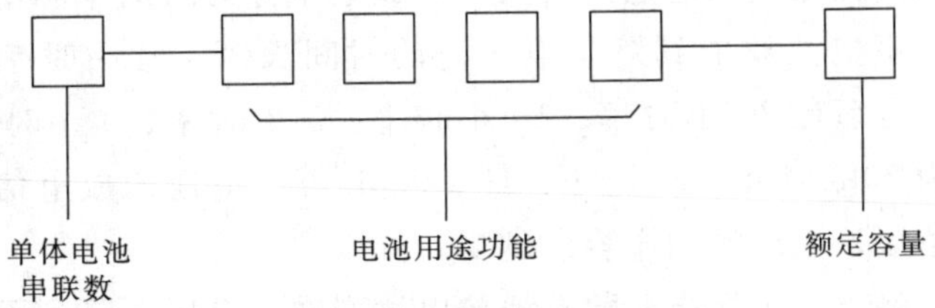

图2.43　铅酸蓄电池的名称组成

例如：6QA－120表示有6个单体电池串联，标称电压为12V，启动用蓄电池，装有干荷电式极板，20小时率额定容量为120Ah。

GFM－800表示为1个单体电池，标称电压为2V，固定式阀控密封型蓄电池，20小时率额定容量为800Ah。

表 2.3 **蓄电池型号中常用字母的含义**

第1个字母	含 义	第2、3、4个字母	含 义
Q	启动用	A	干荷电式
G	固定用	F	防酸式
D	电瓶车	FM	阀控式密封
N	内燃机车	W	无需维护
T	铁路客车	J	胶体
M	摩托车用	D	带液式
KS	矿灯酸性	J	激活式
JC	舰船用	Q	气密式
B	航标灯	H	湿荷式
TK	坦克用	B	半密闭式
S	闪光灯	Y	液密式

6-GFMJ-120表示有6个单体电池串联，标称电压为12V，固定式阀控密封型胶体蓄电池，20小时率额定容量为120Ah。

虽然各蓄电池生产厂家的产品型号有不同的解释，但产品型号中的基本含义不会改变，通常都是用上述方法表示。

2.5.3 蓄电池的主要技术参数

(1) 蓄电池的容量。处于完全充电状态下的铅酸蓄电池在一定的放电条件下，放电到规定的终止电压时所能给出的电量称为电池容量，以符号C表示，常用单位是安时(Ah)。通常在C的下角处标明放电时率，如C10表明是10小时率的放电容量，C60表明是60小时率的放电容量。

电池容量分为实际容量和额定容量。实际容量是指电池在一定放电条件下所能输出的电量。额定容量（标称容量）是按照国家或有关部门颁布的标准，在电池设计时要求电池在一定的放电条件下（如在25℃环境下，以10小时率电流放电到终止电压），应该放出的最低限度的电量值。

(2) 放电率。根据蓄电池放电电流的大小，放电率分为时间率和电流率。时间率是指在一定放电条件下，蓄电池放电到终了电压时的时间长短。常用时率和倍率表示。根据IEC标准，放电的时间率有20小时率、10小时率、5小时率、3小时率、1小时率、0.5小时率，分别标示为20h、10h、5h、3h、1h、0.5h等。电池的放电倍率越高，放电电流越大，放电时间就越短，放出的相应容量越少。

(3) 终止电压。终止电压是指在蓄电池放电过程中，电压下降到不宜再放电时（非损伤放电）的最低工作电压。为了防止电池不被过放电而损害极板，在各种标准中都规定了在不同放电倍率和温度下放电时电池的终止电压。一般10小时率和3小时率放电的终止电压为每单体1.8V，1小时率的终止电压为每单体1.75V。由于铅酸蓄电池本身的特性，即使放电的终止电压继续降低，电池也不会放出太多的容量，但终止电压过低对电池的损伤极大，尤其当放电达到0V而又不能及时充电时将大大缩短蓄电池的寿命。对于太阳能光伏发电系统用的蓄电池，针对不同型号和用途，放电终止电压设计也不一样。终止电压视放电速率和需要而规定。通常，小于 10h 的小电流放电，终止电压取值稍高一些；大于 10h 的大电流放电，终止电压取值稍低一些。

（4）电池电动势。蓄电池的电动势在数值上等于蓄电池达到稳定时的开路电压。电池的开路电压是无电流状态时的电池电压。当有电流通过电池时所测量的电池端电压的大小将是变化的，其电压值既与电池的电流有关，又与电池的内阻有关。

（5）浮充寿命。蓄电池的浮充寿命是指蓄电池在规定的浮充电压和环境温度下，蓄电池寿命终止时浮充运行的总时间。

（6）循环寿命。蓄电池经历一次充电和放电，称为一个循环（一个周期）。在一定的放电条件下，电池使用至某一容量规定值之前，电池所能承受的循环次数，称为循环寿命。影响蓄电池循环寿命的因素是综合因素，不仅与产品的性能和质量有关，而且还与放电倍率和深度、使用环境和温度及使用维护状况等外在因素有关。

（7）过充电寿命。过充电寿命是指采用一定的充电电流对蓄电池进行连续过充电，一直到蓄电池寿命终止时所能承受的过充电时间。其寿命终止条件一般设定在容量低于 10 小时率额定容量的 80％。

（8）自放电率。蓄电池在开路状态下的储存期内，由于自放电而引起活性物质损耗，每天或每月容量降低的百分数称为自放电率。自放电率指标可衡量蓄电池的储存性能。

（9）电池内阻。电池的内阻不是常数，而是一个变化的量，它在充放电的过程中随着时间不断的变化，这是因为活性物质的组成、电解液的浓度和温度都在不断变化。铅酸蓄电池的内阻很小，在小电流放电时可以忽略，但在大电流放电时，将会有数百毫伏的电压降损失，必须引起重视。

蓄电池的内阻分为欧姆内阻和极化内阻两部分。欧姆内阻主要由电极材料、隔膜、电解液、接线柱等构成，也与电池尺寸、结构及装配因素有关。极化内阻是由电化学极化和浓差极化引起的，是电池放电或充电过程中两电极进行化学反应时极化产生的内阻。极化电阻除与电池制造工艺、电极结构及活性物质的活性有关外，还与电池工作电流大小和温度等因素有关。电池内阻严重影响电池工作电压、工作电流和输出能量，因而内阻越小的电池性能越好。

（10）比能量。比能量是指电池单位质量或单位体积所能输出的电能，单位分别是 Wh/kg 或 Wh/L。比能量有理论比能量和实际比能量之分，前者指 1kg 电池反应物质完全放电时理论上所能输出的能量，实际比能量为 1kg 电池反应物质所能输出的实际能量，由于各种因素的影响，电池的实际比能量远小于理论比能量。比能量是综合性指标，它反映了蓄电池的质量水平，也表明生产厂家的技术和管理水平，常用比能量来比较不同厂家生产的蓄电池，该参数对于太阳能光伏发电系统的设计非常重要。

2.5.4　蓄电池的选型

能够满足光伏发电系统配套使用的蓄电池种类很多，国内目前主要使用的蓄电池为免维护铅酸蓄电池，其固有的“免维护”特性及对环境污染较小的特点，很适合于性能可靠的光伏发电系统，特别是无人值守的工作站。普通铅酸蓄电池由于需要较强的维护能力及对环境污染较大，因此主要用于有维护能力的场合或低档场合使用。碱性镍镉蓄电池虽然有较好的过充、过放电性能，但其价格较高，仅用于较为特殊的场合。

目前离网型光伏发电系统大多采用阀控式免维护铅酸蓄电池。

【任务实施】

根据实验用的蓄电池的型号，说明型号的意义。

任务2.6　太阳能光伏发电系统应用实例

【任务目标】

(1) 了解光伏发电站的基本概念和分类。

(2) 掌握光伏发电站的组成及原理。

(3) 能说明光伏电站各组成部分及作用。

(4) 能识别光伏发电站的主要设备。

【相关知识】

2.6.1　光伏发电站简介

通过光伏阵列将太阳能辐射能转换为电能的发电站称为太阳能光伏发电站。太阳能光伏发电站按照运行方式可分为独立太阳能光伏发站和并网太阳能光伏发电站。

未与公共电网相连接独立供电的太阳能光伏电站称为离网光伏发电站。主要应用于远离公共电网的无电地区和一些特殊场所，如为边远偏僻农村、牧区、海岛、高原和沙漠的农牧渔民提供照明、看电视及听广播等基本的生活用电。独立系统由光伏阵列、系统控制器、蓄电池组与交流逆变器等组成。

与公共电网相连接共同承担供电任务的太阳能光伏发电站称为并网光伏发电站。它是太阳能光伏发电进入大规模商业化发电阶段、成为电力工业组成部分的重要发展方向，是当今世界太阳能光伏发电技术发展的主流趋势。并网系统由光伏阵列、系统控制器与并网逆变器等组成。

光伏发电站根据容量大小可分为小型光伏发电站（100kW以下）、中型光伏发电站（100kW～1MW）、大型光伏发电站（1～10MW）和超大型光伏发电站（10MW以上）。光伏发电有两种应用方式：一种是在城镇的建筑屋顶或其他窄地建设，与低压配电网并联，光伏发电站发出的电力直接被用户消耗，多余部分输送到电网；另一种在荒漠建设，与高压输电网并联，通过输电网输送，降压后再供给用电负载。

2.6.2　光伏发电站的组成及原理分析

光伏发电站的组成示意图如图2.44所示。光伏阵列将太阳能转换成直流电能，通过汇流箱汇流，再经逆变器将直流电转换成交流电，根据光伏发电站接入电网技术规定的光伏发电站容量，确定光伏发电站接入电网的电压等级，由变压器升压后，接入公共电网。

1. 光伏阵列

在实际使用中，往往一块组件并不能满足使用现场的要求，常将若干个组件按一定方式（串、并联）组装在组件支架上，形成太阳能电池方阵（Solar Array或PV Array），也称为光伏阵列。

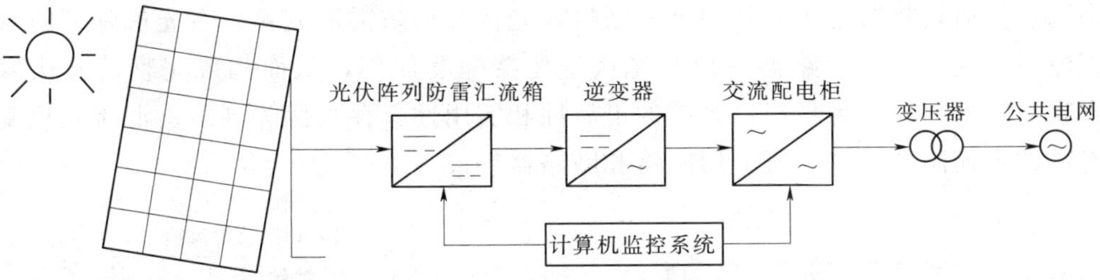

图 2.44　光伏发电站的组成示意图

光伏阵列的安装方式可分为固定式和跟踪式。固定式指的是阵列朝向固定不变，不随太阳位置变化而变化。这种安装方式简单快捷，光伏支架部分的成本较低，但由于光伏组件固定不动，不能随阳光的移动而转动，无法保证获取到最大的阳光辐射，所以发电量相对偏低。其优点是抗风能力强，安装方式简易，工作可靠，造价低，如图 2.45 所示。

图 2.45　水泥柱基础固定式的实景图

跟踪式光伏阵列通过相应的机电或液压装置使光伏阵列随着太阳的高度和方位角的变化而移动，使得在接近伞日照过程中太阳光线都与光伏阵列垂直，由此提高太阳能光伏阵列的发电能力。与固定式相比，在相同日照条件下，光伏阵列效率提高达 20%～30%。跟踪式光伏阵列按照旋转轴的个数可分为单轴跟踪系统（图 2.46）和双轴跟踪系统（图 2.47）。单轴跟踪系统只能围绕一个旋转轴旋转，光伏阵列只能跟踪太阳运行的方位角或者高度角两者之一的变化。双轴跟踪系统可沿两个旋转轴运动，能同时跟踪太阳能的方位角与高度角的变化，但也存在结构复杂、造价相对较高、维护成本高等问题。

图 2.46　单轴跟踪系统

图 2.47　双轴跟踪系统

2. 光伏阵列防雷汇流箱

在太阳能光伏发电系统中，为了减少太阳能光伏阵列与逆变器之间的连线，方便维护，提高可靠性，一般在光伏阵列与逆变器之间增加光伏阵列防雷汇流箱，其实物图和电路图如图 2.48 所示。用户可以将一定数量、规格相同的光伏组件串联起来，组成一个个光伏串列，然后再将若干个光伏串列并联接入光伏阵列防雷汇流箱，在光伏阵列防雷汇流箱内汇流后，通过直流断路器输出与光伏逆变器配套使用，从而构成完整的光伏发电系统，实现与市电并网。为了提高系统的可靠性和实用性，存光伏阵列防雷汇流箱里配置了光伏专用的直流防雷模块、直流熔断器和断路器等。

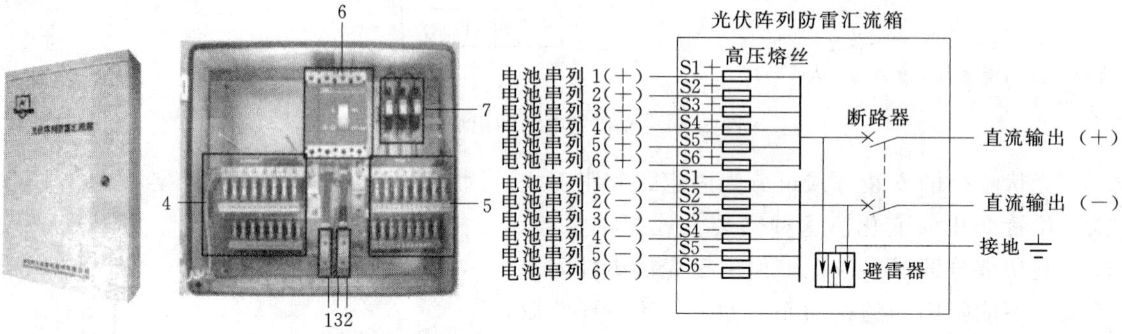

(a)　　(b)

图 2.48　光伏阵列防雷汇流箱实物图和电路图

(a) 实物图；(b) 电路图

1—直流正极汇流输出；2—直流负极汇流输出；3—接地端；4—直流正极汇流板；5—直流负极汇流板；6—断路器；7—防雷器

3. 直流防雷配电柜

直流防雷配电柜主要将直流汇流箱输出的直流电流进行汇流，再接到逆变器上。直流防雷配电柜主要包括直流输入断路器、避雷器、防反二极管和电压表等，其实物图、接线图和原理图如图 2.49 所示。

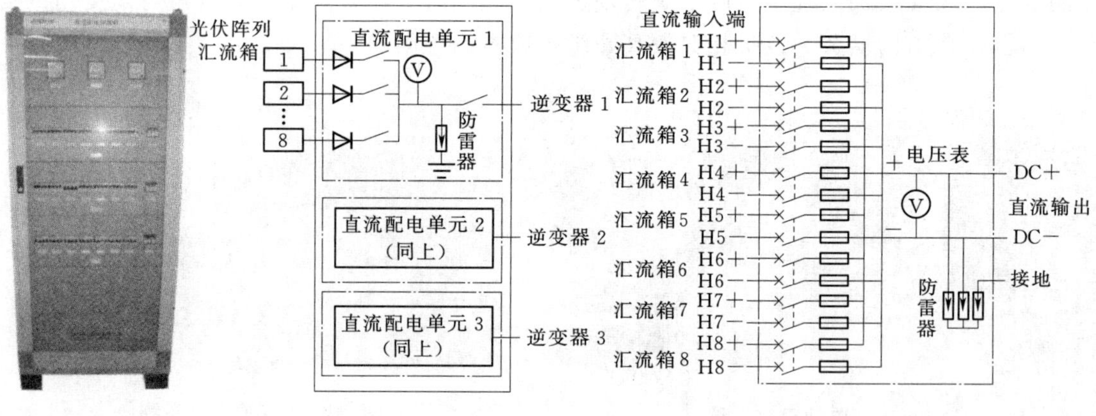

(a)　　(b)　　(c)

图 2.49　直流防雷配电柜实物图、接线图和原理图

(a) 实物图；(b) 接线图；(c) 原理图

4. 并网逆变器

并网逆变器的作用是将电能转化为与电网同频、同相的正弦波电流，馈入公共电网。

并网逆变器的实物图如图 2.50 所示。

图 2.50　并网逆变器的实物图

对逆变器的要求如下：

(1) 具有较高的效率。目前太阳能电池的价格偏高，为了最大限度地利用太阳能电池，提高系统效率，必须设法提高逆变器的效率。

(2) 具有较高的可靠性。目前光伏发电系统主要用于边远地区，许多电站无人值守和维护，这就要求逆变器具有合理的电路结构，严格的冗器件筛选，并要求逆变器具备各种保护功能，如输入直流极性接反保护、交流输出短路保护以及过热和过载保护等。

(3) 直流输入电压有较宽的适应范同。太阳能电池的端电压随负载和日照强度的变化而变化，这就要求逆变器必须在较大的直流输入电压范同内保证正常工作，并保证交流输出电压的稳定。

(4) 在中、大容量的光伏发电系统中，逆变电源的输出应为失真度较小的正弦波。这是由于在中、大容量系统中，若采用方波供电，则输出将含有较多的谐波分量，高次谐波将产生附加损耗，许多光伏发电系统的负载为通信或仪表设备，这些设备对电网品质有较高的要求。当中、大容量的光伏发电系统并网运行，为避免与公共电网的电力污染，也要求逆变器输出正弦波。

5. 交流配电柜

交流配电柜（实物图和原理接线图如图 2.51 所示）的作用是将逆变器输出的交流电接入后，经过断路器接入电网，以保证系统的正常供电，同时还能对线路电能进行计量。配电单元含并网侧断路器、防雷器，配置发电计量表、逆变器并网接口及交流电压、电流表等装置。

6. 计算机监控系统

计算机监控系统的主要作用是监控整个发电站的运行状况（包括光伏组件的运行状态、逆变器的工作状态、系统的工作电压、电流等数据），还可以根据需要将相关数据直接发送至互联网，以便远程监控发电站的运行情况。

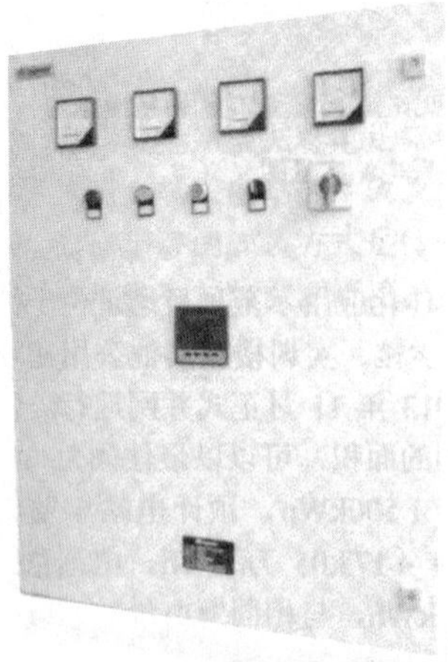

(a)

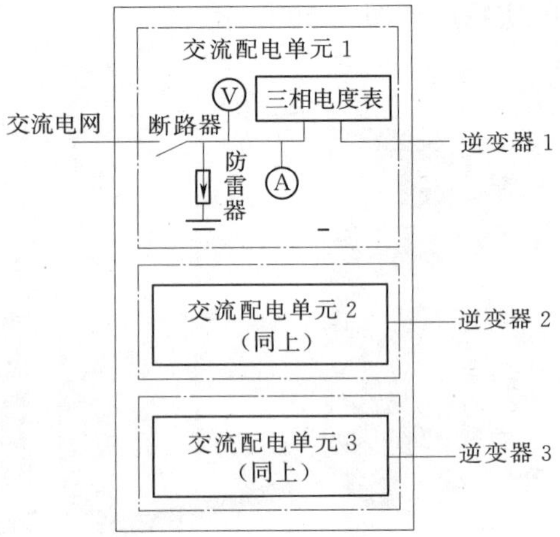

(b)

图 2.51 交流配电柜实物图和原理接线图

(a) 实物图；(b) 原理接线图

2.6.3 光伏发电站实例

1. 实例 1

2004 年，深圳建成目前亚洲最大的并网太阳能光伏发电站，该光伏发电站总容量 1MW，年发电能力约为 100 万 kW·h。电站设计及安装与深圳综合展馆、花卉展馆等建筑融为一体，堪称国内绿色建筑的典范。深圳大型光伏发电站如图 2.52 所示。

图 2.52 深圳大型光伏发电站

2. 实例 2

日月坛·微排大厦位于山东德州市，总建筑面积达 7.5 万 m^2，不仅是全球最大太阳能办公大楼，也是目前世界上最大的集太阳能光热、光伏、建筑节能于一体的高层公共建筑。日月坛·微排大厦是 2010 年第四届世界太阳城大会的主会场，目前已将展示、科研、办公、会议、培训、宾馆、娱乐等功能集于一身。它综合应用了多项太阳能新技术，如吊顶辐射采暖制冷、光伏发电、光电遮阳、游泳池节水、雨水收集、中水处理系统、滞水层跨季节蓄能等技术，节能效率高达 88%，被誉为全球低碳中心。日月坛·微排大厦如图 2.53 所示。

图 2.53　日月坛·微排大厦

【任务实施】

（1）查阅资料，了解光伏发电站。

（2）查阅资料，了解我国光伏发电站投资计划。

【思考与练习】

（1）简述太阳能电池的工作原理。

（2）说明光伏发电系统的组成及各部分的作用。

（3）说明下列蓄电池的型号所表示的含义：GFM－1000、3－FM－2006、6－GFM－150、6－TM－60。

（4）什么是逆变？太阳能光伏发电系统中为什么要使用光伏逆变器？

（5）光伏控制器的功能是什么？

项目3　太阳能热发电系统的组成及案例分析

【项目说明】

太阳能热发电技术是指利用大规模阵列或碟形镜面收集太阳热能，通过换热装置提供蒸汽，结合传统汽轮发电机从而达到发电的目的。采用太阳能热发电技术，避免了昂贵的硅晶光电转换工艺，可以大大降低太阳能发电的成本。而且这种形式的太阳能利用还有一个其他形式的太阳能转换所无法比拟的优势，即太阳能所烧热的水可以储存在巨大的容器中，在太阳落山后几个小时仍然能够带动汽轮发电。本项目主要介绍了太阳能热发电原理、太阳能热发电系统的组成以及太阳能热发电工程实例。

任务3.1　太阳能热发电原理分析

【任务目标】

（1）了解太阳能热发电基本知识。

（2）掌握太阳能热发电原理。

（3）熟悉太阳能热发电效率。

（4）掌握太阳能热发电系统的类型。

【相关知识】

3.1.1　太阳能热发电的原理及效率

1. 太阳能热发电的原理

如图3.1所示，太阳光辐照被聚光系统聚集后经吸热器将太阳能转换为传热流体的热能，经蒸汽机、燃气轮机等热力循环过程发电。

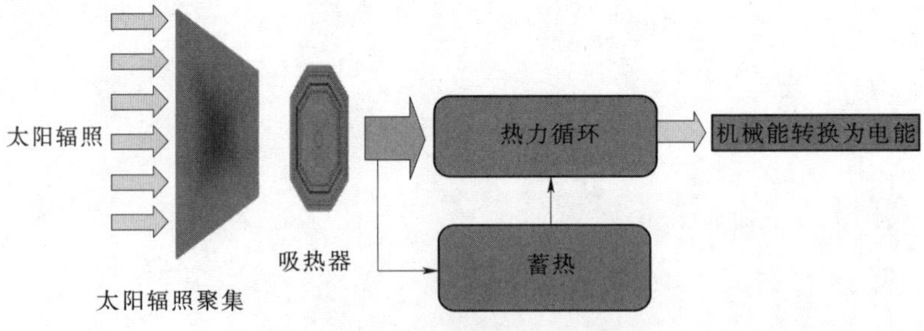

图3.1　太阳能热发电的基本原理

太阳能热发电以太阳能为热源，利用聚光集热器把太阳能聚集起来，将某种工质加热到高温，然后经过换热交换器产生高温高压的过热蒸汽，驱动汽轮机并带动发电机发电，从汽轮机出来的蒸汽，其压力和温度降低，经过冷凝器冷凝成液体后，由水泵打回热交换器，开始新的循环，由于整个发电系统的热源来自于太阳能，因而称为太阳能热发电。由于太阳能的不稳定性，太阳能热发电中还必须配置储能装置，以便夜间或雨雪天时提供热能，保证连续供电，也可考虑组成太阳能与常规能源相结合的混合型发电系统，用常规能源补充太阳能的不足。

图 3.2 所示为一个太阳能热发电系统的原理图，左边是聚光集热子系统，中间是蓄热子系统，右边是热-功-电转换子系统。白天聚光集热子系统吸收太阳能辐射并转换为热能，一部分热能直接送入热-功-电转换子系统发电后送电网，另一部分热能送蓄热子系统储存起来。晚上太阳光消失后蓄热子系统储存的热能释放出来供给热-功-电转换子系统发电。

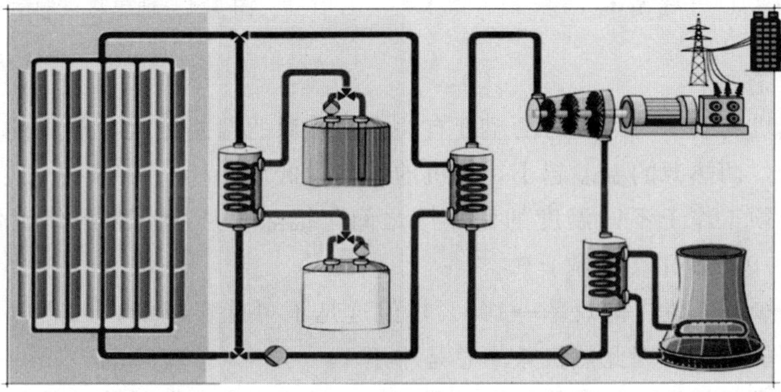

图 3.2　太阳能热发电系统的原理图

2. 太阳能热发电的效率

法国工程师卡诺于 1824 年提出了理想热机的卡诺循环，卡诺循环包括 4 个步骤：等温吸热、绝热膨胀、等温放热、绝热压缩。即理想气体从状态 1（p_1，V_1，T_1）等温膨胀到状态 2（p_2，V_2，T_2），再从状态 2 绝热膨胀到状态 3（p_3，V_3，T_3），此后，从状态 3 等温放热到状态 4（p_4，V_4，T_4），最后从状态 4 绝热压缩回到状态 1。这种由 2 个等温过程和 2 个绝热过程所构成的循环称为卡诺循环。如图 3.3 所示为卡诺循环的 4 个步骤。

如图 3.4 所示是理想热机的示意图。要提高热机效率，热源温度 T_1 应尽可能高，冷源温度 T_2 应尽可能低。对于太阳能热发电系统来说，冷源（即冷凝器）的温度主要取决于环境，而在实际应用中冷源的温度是很难低于环境温度的。因此，提高热机效率的主要途径是提高热源的温度，这就需要采用聚光集热器。但温度过高也会带来诸多问题，如对结构材料的要求苛刻，对聚光跟踪的精度要求高，集热器的热效率随着温度的增加而减少等，所以过于提高热源的温度也并不总是有利的。

通过热力学相关定理我们可以得出，卡诺循环的效率 $\eta=1-T_2/T_1$，由此可以看出，卡诺循环的效率只与两个热源的热力学温度有关，如果高温热源的温度 T_1 越高，低温热源的温度 T_2 越低，则卡诺循环的效率越高。因为不能获得 $T_1\rightarrow\infty$ 的高温热源或 $T_2=0$K（-273℃）的低温热源，所以卡诺循环的效率必定小于 1。

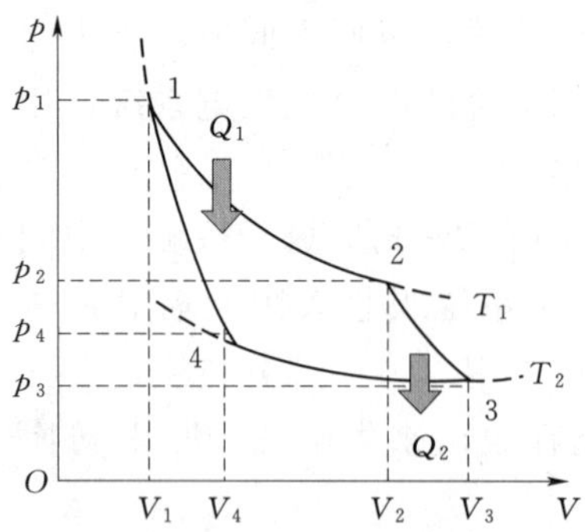

图 3.3 卡诺循环

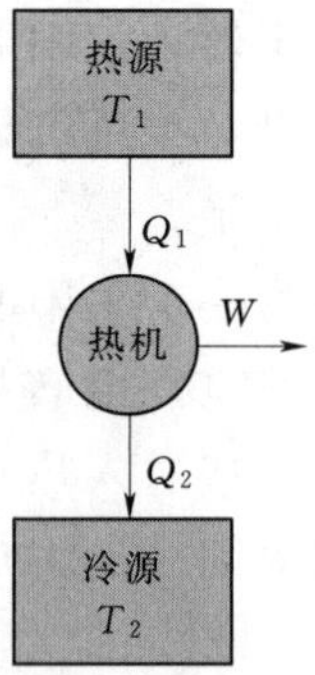

图 3.4 理想热机的示意图

卡诺热机推论如下：

（1）可逆热机的效率与两热源的温度有关，两热源的温差越大，热机的效率越大，热量的利用越完全，两热源的温差越小，热机的效率越低。

（2）热机必须工作于不同温度的两热源之间，把热量从高温热源传到低温热源而做功。当 $T_2-T_1=0$，热机效率等于0。

（3）当 $T_1\rightarrow 0$，可使热机效率→100%，但这是不可能实现的，因热力学第三定律指出绝对零度不可能达到，因此热机效率总是小于1。

利用太阳能进行热发电的能量转换过程，首先是将太阳辐射转换为热能，然后是将热能转换为机械能，最后是将机械能转换为电能，整个系统的效率也将由这3部分的效率所组成，即

$$V_o=V_cV_mV_t \tag{3.1}$$

式中 V_o——太阳能热发电系统的总效率；

V_c——集热器效率；

V_m——热机效率；

V_t——发电机效率。

3.1.2 太阳能热发电的类型

按照太阳能集热方式的不同，太阳能热发电系统主要有两大类，即聚焦式和非聚焦式。其中聚焦式系统主要有槽式、塔式和碟式3种，非聚焦式系统主要有太阳能热气流发电和太阳能池热发电2种（由于并不常见，这里暂不做介绍）。

1. 太阳能热发电系统分类

（1）槽式系统。如图3.5所示，槽式太阳能热发电系统利用槽型抛物面反射镜，将太阳辐射聚焦到真空管集热器，对传热介质进行加热，然后在换热器内产生蒸汽，推动汽轮机，带动发电机发电。

如图3.6所示，槽式太阳能热发电系统的聚光反射镜从几何上看是将抛物线平移而形成的槽式抛物面，它将太阳光聚焦在一条线上，在这条焦线上安装有管状集热器，以吸收聚焦后的太阳辐射能，因此槽式聚焦方式亦常称为线聚焦。槽式抛物面一般依其焦线按正

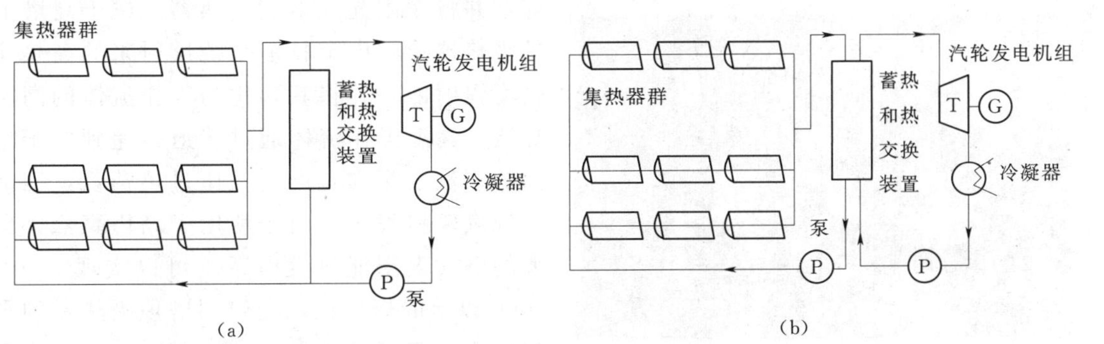

图 3.5　槽式抛物面聚焦太阳能热动力发电系统

(a) 单回路系统；(b) 双回路系统

南北方向摆放，因此其定日跟踪只需一维跟踪。槽式的聚光比为 10～100，一般在 50 左右，温度可达 400℃左右。由于槽式的聚光比小，为维持高温时的运行效率，必须使用真空管作为吸热器件。由于槽式系统结构简单，温度和压力都不高，技术风险较低，因此较早实现了商业化的大规模应用。

图 3.6　槽式抛物面聚焦太阳能热动力发电系统实物图

(2) 塔式系统。塔式太阳热发电系统是利用定日镜跟踪太阳，并将太阳光聚焦在中心接收塔的接收器上，在接收器上将聚焦的辐射能转变为热能，加热工质，驱动汽轮发电机发电，如图 3.7 所示。

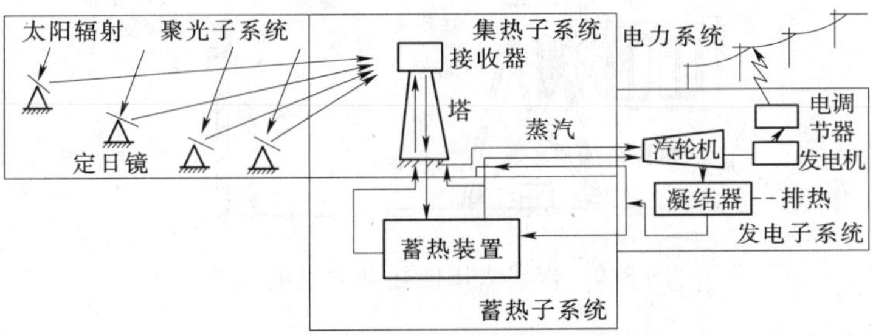

图 3.7　塔式太阳能热动力发电系统

塔式太阳能热动力发电系统实物图如图 3.8 所示。定日镜系统实现对太阳的实时跟

图 3.8 塔式太阳能热动力发电系统实物图

踪，并将太阳光反射到吸热器。位于高塔上的吸热器吸收由定日镜系统反射来的高热流密度辐射能，并将其转化为工作流体的高温热能。高温工作流体通过管道传递到位于地面的蒸汽发生器，产生高压过热蒸汽，推动常规汽轮机发电。由于使用了高塔聚焦，典型的塔式太阳能热发电系统可以实现 200～1000 以上的聚焦比，投射到塔顶吸热器的平均热流密度可达 300～1000kW/m²，工作温度可高达 1000℃ 以上。电站规模可达 200MW 以上。塔式太阳能热发电系统主要有熔盐系统、空气系统和水/蒸汽系统。无论采用哪种工质，系统的蓄热至关重要。由于太阳能的间隙性，必须由蓄热器提供足够的热能来补充乌云遮挡及夜晚时太阳能的不足，否则发电系统将无法正常工作。

（3）碟式系统。碟式太阳热发电系统也称盘式系统，主要特征是采用盘状抛物面镜聚光集热器，其结构从外形上看类似于大型抛物面雷达天线，由于盘状抛物面镜是一种点聚焦集热器，其聚光比可以高达数百到数千倍，因而可产生非常高的温度。这种系统可以独立运行，作为无电边远地区的小型电源，一般功率为 10～25kW，聚光镜直径约为 10～15m，也可把数台至十数台装置并联起来，组成小型太阳能热发电站，用于规模较大的用户。

碟式系统中每个独立的聚热模块都能就地进行热电转换，且效率高，可灵活部署，适合于中国西部阳光充足但缺少水源的地区发展，但难以配备储能系统，如图 3.9 所示。

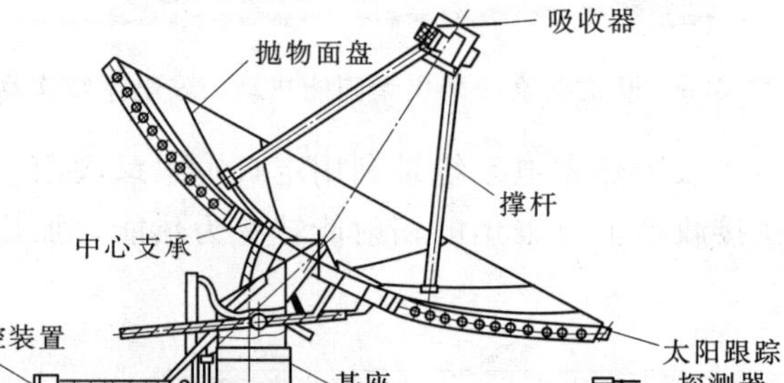

图 3.9 碟式太阳能热动力发电系统

2. 太阳能热发电系统对比

槽式太阳能热发电系统容量可大可小、经济效益好、安装维护方便、控制成本低。缺点是能量集中过程依赖于管道和泵，使得输热管路比塔式系统复杂，输热损失和阻力损失也比较大，抗风能力较差。与塔式太阳能热发电系统相比，槽式太阳能热发电系统除聚光和集热装置有所不同外，两者在系统构成和工作原理等方面，基本上都是一样的，都是通过汽轮机将热能转化为电能。

塔式热发电系统具有规模大、热传递路程短、热损耗少、聚光比和温度较高等特点，极适合于大规模并网发电。缺点是聚光光强度波动大、占地面积大、中心塔必须足够高、造价高。

碟式热发电系统光热转换效率高，在三类系统中位居首位，且使用灵活，既可以作分布式系统单独供电，也可以并网发电。但碟式热发电系统造价昂贵，在 3 种系统中也是位居首位，初投资成本高达 4.7 万～6.4 万元/kW；高聚光度的优点实际上并不能得到充分的发挥，热储存困难，热熔盐储热技术危险性大而且造价高。和槽式一样，碟式系统的太阳能接收器也不固定，随着碟形反射镜跟踪太阳的运动而运动，克服了塔式系统较大余弦效应的损失问题，光热转换效率大大提高。和槽式不同的是，碟式接收器将太阳聚焦于旋转抛物面的焦点上，而槽式接收器则将太阳聚焦于圆柱抛物面的焦线上。

三种太阳能热发电系统的性能比较见表 3.1。

表 3.1　三种太阳能热发电系统性能比较

项　目	槽　式	塔　式	碟　式
装机容量/MW	30～320	10～200	0.005～0.025
工作温度/℃	390	565	750
最高效率/%	20	23	29.4
年均效率/%	11～16	7～20	12～25
商业化程度	已商业化可获得	规模化示范站	原理机示范样机
技术开发风险	低	中	高
蓄热条件	有限	可以	电池蓄能
混合循环的设计潜力	可以	可以	可以
开发成本/[美分/(kW·h)]	1.3～4.0	0.9～2.4	1.1～12.6

【任务实施】

(1) 分组讨论太阳能热发电原理。

(2) 查阅资料，了解太阳能热发电系统的类型。

任务 3.2　太阳能热发电系统的设计

【任务目标】

(1) 掌握太阳能热发电系统的组成。

(2) 掌握槽式太阳能热发电系统的组成结构。

(3) 能独立完成简单太阳能热发电系统的设计。

【相关知识】

3.2.1 太阳能热发电系统的组成

典型的太阳能热发电系统由聚光集热子系统、热传输系统、蓄热子系统和汽轮发电子系统4部分组成，如图3.10所示。

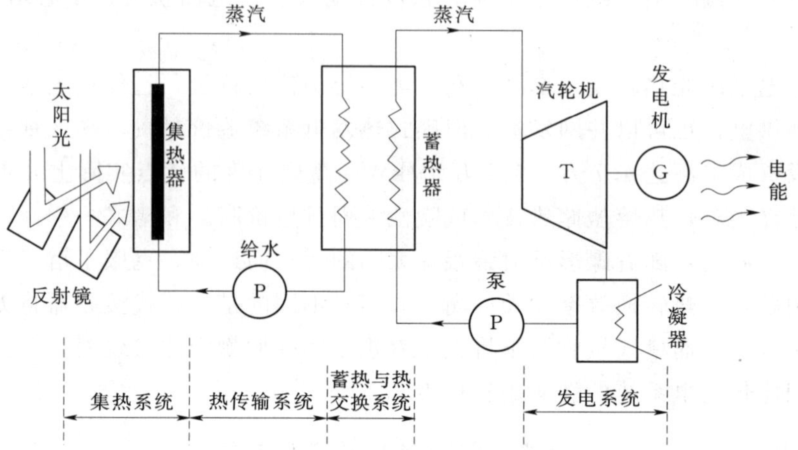

图3.10 太阳能热发电系统组成

1. 聚光集热子系统

聚光集热子系统通常有特殊的镜发射器或折射器（聚光器）能将阳光汇聚在面积较小的吸热面上，以提高吸收器上的能流密度，从而获得较高温度。聚光集热子系统包括聚光器、接收器和跟踪装置。

（1）聚光器。聚光器用于收集阳光并将其聚集到一个有限尺寸面上，以提高单位面积上的太阳辐照度，从而提高被加热工质的工作温度。最常用的聚光方式包括平面反射镜和曲面反射镜。

（2）接收器。通过接收经过聚焦的阳光，将太阳辐射能转变为热能，并传递给工质的部件。在这里，工质被太阳辐射能加热，变成过热蒸汽，再经管道送往汽轮机。

（3）跟踪装置。为了使一天中所有时间的太阳辐射都能通过反射镜面反射到固定不动的接收器上，反射镜必须设置跟踪机构。太阳聚光器的跟踪方式包括单轴跟踪和双轴跟踪两种，而从实现跟踪的方式上又分为程序控制方式和传感器控制方式两种。

2. 热传输系统

热传输系统将集热器收集起来的热能传输送给蓄热子系统。对于热传输子系统的基本要求：传热管道的热损耗小，输送传热介质的泵功率小，热量传输的成本低。

3. 蓄热子系统

发电厂送入电网的电能多少是靠电网上的用电量大小决定，电能在电网上是不能储存的，所以发电厂的发电负荷要根据用电量的变化而变化。电网负荷超过发电厂的发电能力就会造成电网的频率和电压下降，严重时会使整个电网崩溃瓦解。所以太阳能热发电系统还必须有蓄热子系统。

太阳能热发电系统在早晚和白天日照不足的间歇时间内，一般依靠储存的太阳能来维持正常运行，而夜间和阴雨天，一般考虑采用常规燃料作辅助能源。蓄热系统在集热器和汽轮发电机组之间提供一个缓冲环节（蓄热和放热作用），保证机组稳定运行。可采用的蓄热方式有 3 种：显热蓄热、潜热蓄热和化学储能。对不同的蓄热方式，应选用相应不同的蓄热材料。

太阳能热发电系统除要配置蓄热子系统外，还需配置辅助能源子系统以维持电站能够一直持续运行。太阳能系统要求的蓄热子系统容量太大，以致投资巨大。因此，在太阳能热发电系统中采用常规燃料作辅助能源，是个极为可取的方案。

4. 汽轮发电子系统

太阳能热发电系统用的动力发电装置，可选用的有以下几种：现代汽轮机、燃气轮机、低沸点工质汽轮机、斯特林发动机。

3.2.2　槽式太阳能热发电系统组成结构

1. 系统原理及构成

槽式太阳能热发电系统利用槽式抛物面反射镜聚光，它把聚焦器分散布置，使载热介质在单个分散的太阳能聚焦集热器中加热成蒸汽，再汇集至汽轮机。如采用双回路系统，则加热后的载热介质不直接送到汽轮机，而是集中在一个热交换器内，然后把热量传递给汽轮机回路中的工质，如图 3.11 所示。

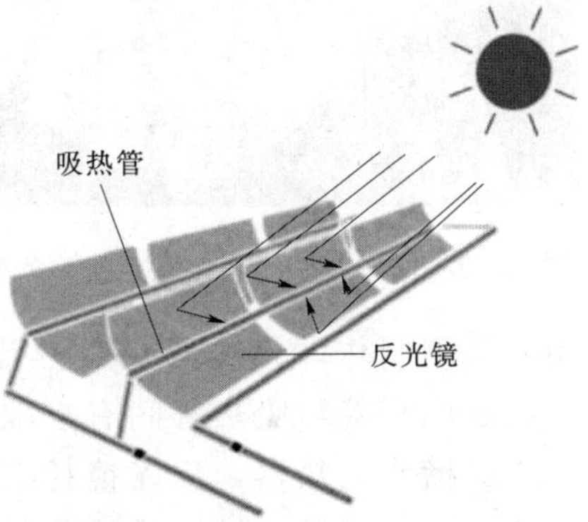

图 3.11　槽式太阳能热发电系统热转换图

2. 系统结构

如图 3.12 所示，槽式太阳能热发电系统的组成包括以下部分：

（1）聚光集热装置（子系统）：聚光镜、接收器、跟踪装置。

（2）辅助能源装置（子系统）。

（3）蓄热装置。

（4）汽轮发电装置。

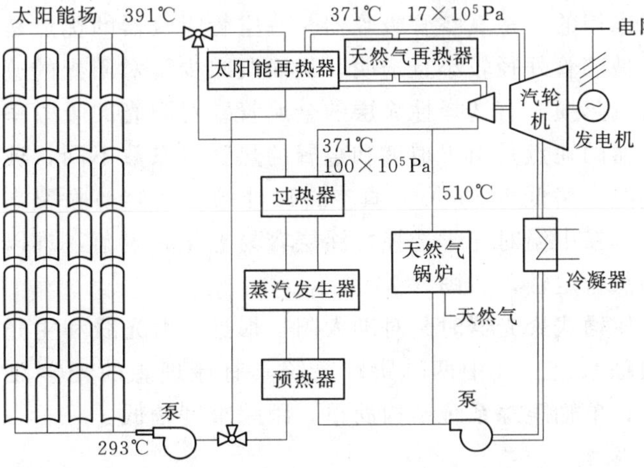

图 3.12　槽式太阳能热发电系统组成

3. 槽式太阳能热发电系统的工作模式

槽式太阳能热发电系统主要有如下 3 种工作模式：

（1）直通模式。水经过预热、蒸发、过热后直接推动汽轮机发电，这种模式最简单且投资少，但控制复杂。

（2）注射模式。水分别从集热管不同的地方注入，正常运行需要必要的测试系统，系统投资大，不具竞争力。

（3）循环模式。安装水汽分离装置，过量的水被循环泵送回到入水口，蒸汽集热管的过热段，这种模式可控性高，但系统投资大。

4. 聚光集热装置

图 3.13 所示是槽式太阳能热发电系统聚光集热装置图。

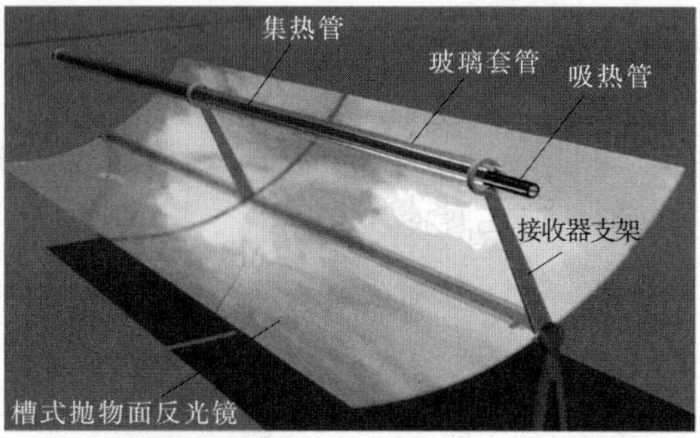

图 3.13 槽式太阳能热发电系统聚光集热装置

（1）聚光反射器。聚光器采用一组跟踪太阳的平面镜，将阳光反射到一台抛物面反射镜上。反射镜一般由玻璃制造，背面镀银并涂保护层，也可用反光铝板制造反射镜，反射镜安装在反光镜托架上。槽型抛物面反射镜将入射太阳光聚焦到焦点的一条线上，在该条线上装有接收器的集热管，

（2）接收器。集热管内有吸热管，用来吸收太阳光加热内部的传热液体，一般用不锈钢制作，外有黑色吸热涂层。为了减小热量散发，集热管外层装有玻璃套管，在玻璃套管与吸热管间有空隙并抽真空。集热管通过接收器支架与反射镜固定在一起构成槽式集热器，反光镜托架上有与集热管平行的轴，集热器通该轴安装在集热器支架上，可绕轴旋转。槽式集热器的跟踪方式可采用东西轴向布置，只需定期调整仰角，机构简单方便但效率较低；也可南北轴向布置，单轴跟踪阳光，需自动跟踪控制系统。

目前吸热管一般采用的都是真空管吸收器。真空管吸收器的优点是金属管与玻璃管之间不存在对流热损，玻璃管外径较小且透明，从而既减少了对阳光的遮影，也通过增大热阻降低了外表面的对流热损，有选择性涂层的金属管壁对阳光的吸收率很高，但发射率却非常低。真空管吸收器的缺点是由于玻璃和金属的热膨胀系数不同，玻璃管与金属管之间存在温差，造成中温时（略低于 350℃）真空封口处的玻璃容易脆裂，从而难以在室外环境下长期维持真空度，在中温时光学选择性涂层容易老化和脱落，难以长期维持大规模光学选择性吸收表面的热稳定性，如图 3.14 所示。

（3）跟踪装置。使槽式聚光器时刻对准太阳，根据入射光线和主光轴位置关系分为两轴跟踪系统和单轴跟踪系统。其中两轴跟踪系统具有最理想的光学性能，但设备结构复杂，制造维修成本高；单轴跟踪系统结构简单，跟踪难度较低。

5. 热传输与交换系统

槽式集热器把导热液加热到至 400℃左右，但由于槽式太阳能热发电系统的热传输

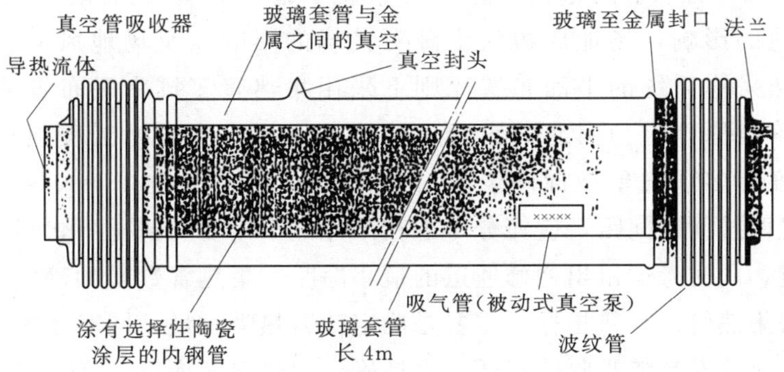

图 3.14　真空管吸收器的结构图

管道特别长，为减小热量损失，管道外要有保温材料、管道要尽量短，要设法减小导热液泵功率。导热液可用苯醚混合液、加压水混合液、导热油等液体，传热方式可直接传热也可采用相变传热。传热液通过热交换器把水加热成 300℃左右的蒸汽，水蒸气去推动蒸汽轮机旋转带动发电机发出电来，热交换器有板式、管式等多种结构。可能云彩会挡住阳光，为保证系统稳定运行，在系统中要有储热装置，一般有高温储热罐与低温储热罐等。对于低温会冻结的导热液，必须有辅助加热器维持导热液温度避免冻结。若需要在太阳能不足时也能供电，就要在系统上并联天然气锅炉，保证汽轮机正常运行。

6. 发电系统

从热交换器输出的过热蒸汽送往蒸汽轮机发电，从蒸汽轮机排出的水经冷凝器转为水，再由给水泵送往热交换器，再次产生蒸汽推动蒸汽轮机。发电机发出的电经变压器转换成高压电输送到电网。

3.2.3　槽式太阳能热发电系统设计

下面以 1MW 槽式太阳能热发电站系统为例来说明太阳能热发电系统的设计原则，其设计内容主要包括 5 个方面。

1. 确定汽轮发电系统主要参数

根据 1MW 热发电系统中，对汽轮发电机组的要求，汽轮机进汽温度为 300℃，进汽压力为 3MPa，蒸汽流量为 5700kg/h，汽轮机转速 5600r/min，发电机功率 1MW，转速 3000r/min，频率 50Hz。

2. 确定热采集系统的主要参数

1MW 热发电系统的热能采集系统，其提供的导热介质为导热油，出口温度为 390℃，出口压力为 1.0MP。流量的确定需根据热交换系统、蓄热系统的设计要求计算。

3. 确定热采集系统的布置

热采集系统设计包括总平面布置、导热介质管网系统布置、镜面支架结构设计、测量仪表及自动控制系统设计、交通组织设计、土建结构设计、给排水专业设计、电力专业设计、压缩空气系统设计、非标设备专业设计。在此，我们主要对总平面布置和土建结构设计的原则进行介绍。

（1）热采集系统的总平面布置。热采集系统的总平面布置需要考虑场地周边工程地质构造对场地的影响，场地周边污染源对镜场的影响以及场地风向、风速、风力对镜场的影响。热采集系统的平面布置原则上采用集热管多排串联布置或串并联结合布置方式，集热管组原则上为南北向布置集热管布置，应当根据工程项目所在地的日照时间、日照强度等多项气象指标确定。

集热管布置两排间的间距，应充分考虑在阳光最小角度的情况下，尽量减少遮挡后一排反射镜的影响，同时考虑留出检修通道的最小净距。集热管数量的确定，应当根据气象参数计算出单根集热管的吸热指标，主要是确定辐射热吸收量，同时考虑空气对流换热等其他因素造成集热管对热能吸收的损耗。设计确定传热温度梯度，通过控制导热油的流速及流量达到控制出口温度的要求。

（2）土建结构设计。土建结构设计的主要任务是确保镜面支架的载荷能满足地质承载力的要求。考虑侧向风荷载对支架基础的影响，因镜场建设地点是露天，还需考虑雨水对地质构造、设备基础混凝土的影响，周边地质构造对场区的影响等因素。

4. 确定热交换系统的主要参数

热交换系统是保障汽轮发电机正常运行的重要系统，热交换系统主要包括蒸汽发生系统、蒸汽过热系统、蓄热系统、除氧系统、预热系统等。因除氧系统和预热系统与其他热能发电系统相近，这里就不作介绍。

（1）蒸汽发生系统。蒸汽发生系统是将工质水通过加热蒸发形成对应压力下的饱和蒸汽，导热油通过管道表面热交换将水加热为蒸汽，1MW 槽式热发电站蒸汽发生器换热量约为 2842kW。

（2）蒸汽过热系统。蒸汽过热系统是将对应压力下的饱和蒸汽继续加热，提高热焓值，提供在汽轮机里做功的能量。过热蒸汽的出口温度 300～305℃，蒸汽流量为 5700kg/h（凝汽式汽轮机），蒸汽压力为 3MPa，过热器换热量约为 340kW。

（3）蓄热系统。蓄热系统是将导热油携带的部分热能通过表面热交换传递到蓄热介质，并将蓄热介质进行存储。在无阳光的情况下将蓄热介质储存的热能通过表面热交换传输给导热油，用以确保汽轮发电系统的连续运行。蓄热介质应选择热容量较大的介质，一般选择熔盐，蓄热介质容积的确定需根据有无其他补充能源、太阳日照时长、平均年日照天数等参数进行计算，蓄热介质温度确定应在 350～360℃。

5. 确定热交换系统的布置

热交换系统包含的蒸汽发生系统和过热蒸汽系统应布置在一体，以减少传输中能量的损耗。两系统不同的是各自的热交换温度等级不同、介质相态不同，布置位置尽量靠近太阳能采集系统的出口端，可位于镜场的侧面。蓄热系统应布置于采集系统出口与蒸汽发生系统之间或侧面，距离不宜过远。除氧系统、预热系统均应布置于蒸汽发生系统和汽轮发电机系统之间。

太阳能热发电站设计是多系统、多专业设计的协调配合，设计中系统参数的确定，需根据工程建设地点的各类因素综合考虑平面布置，需根据工艺流程的需要合理布局采用的工艺及设备，应以节能、安全为前提进行设计。

【任务实施】

（1）分组讨论太阳能热发电系统的组成。

（2）查阅资料，了解槽式太阳能热发电系统的组成结构。

任务 3.3　太阳能热发电系统案例分析

【任务目标】

（1）了解国际上的太阳能热发电站。

（2）了解国内的太阳能热发电站。

【相关知识】

3.3.1　国际主要槽式太阳能热发电站介绍

虽然世界各国研究太阳能热发电技术已有很多年，但目前只有槽式太阳热电站实现了商业化示范运行。

1. SEGS 系统

20 世纪 80 年代早期，美国由于能源危机致使石油价格猛涨，开始寻找替代能源，美国鲁兹（LUZ）公司在 1985—1991 年的短短 7 年间，投资 12 亿美元，共建造了 9 座槽式太阳热发电系统（SEGS Ⅰ-SEGS Ⅸ），总装机容量达 354MW，至今仍在运行。9 座电站到 2003 年年发电总量如图 3.15 所示。

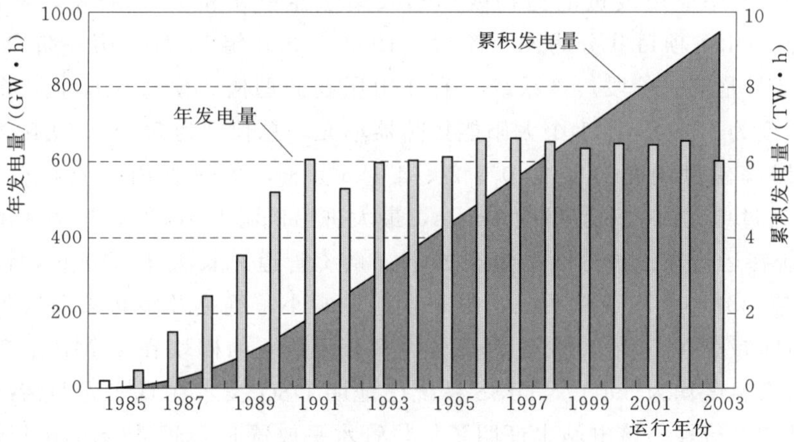

图 3.15　SEGS 9 座电站（系统）年发电总量

太阳能集热装置是槽式太阳能热发电系统的重要组成部分，LUZ 公司分别开发了三种太阳能集热装置：LS-Ⅰ、LS-2 和 LS-3，并在 SEGS Ⅰ～SEGS Ⅸ上应用，从而大大降低了电站的运行费用。LS-Ⅰ和 LS-2 集热器由带铬黑表面的不锈钢管和抽真空的玻璃外套构成，铬黑表面的吸收率为 0.94，在 300℃时反射率为 0.240。LS-3 采用的是不锈钢管外表面涂覆有光谱选择性吸收涂层，太阳光吸收率为 0.96，在 350℃时的反射率为 0.19。3 种太阳能集热装置的参数及应用情况详见表 3.2。

表 3.2　　三种太阳能集热装置参数及应用情况

项　　目	LS-1	LS-2	LS-3
开口/m	2.5	5	5.76
长/m	50.4	48	99
光学效率	0.734	0.764	0.8
聚焦比	61∶1	71∶1	82∶1
反射面积/m^2	128	235	547
管内流体温度/℃	307	350	390
应用情况	SEGS Ⅰ、SEGS Ⅱ	SEGS Ⅰ～SEGS Ⅶ	SEGS Ⅶ、SEGS Ⅷ、SEG Ⅸ

2005 年，除 SEGS Ⅰ和 SEGS Ⅱ外，其余 7 座电站均被 FPL 能源公司及 SOLEL 接手。SEGS Ⅲ～SEGS Ⅸ 7 座电站采用天然气混合电站形式，其中天然气贡献 25%电量，在夜间能工作较长时间，在阴天也能满足电网需求。FPL 也开始应用上述混合系统，其名下电站发电量成为美国电站之最。SEGS 所发电量均卖给了加利福尼亚南部电网公司，该协议从 20 世纪 80 年代起就由 LUZ 公司签订。

随着技术的不断改进，电站建造费用不断降低，由原来的 SEGS Ⅰ的 4500 美元/kW 降低到 SEGS Ⅷ的 2650 美元/kW。

2. DISS 系统

DISS 系统是一项完全用于研发的工程，目的是发展一种新的槽式太阳能热发电系统，并将在该新型系统中应用改进的抛物线形槽式集热器单元和 DSG 技术，从而提高效率，减少工程投资。DISS 项目共分为两个阶段，1996—1998 年 11 月为第一阶段，1998 年 12 月至 2001 年 8 月是第二阶段。该系统共有 4 组抛物面型槽式模块，每个抛物面镜的开口为 5.76m，长度为 12m，有 11 个太阳能集热器单元，总长度为 550m，太阳光跟踪装置为南-北放置，跟踪轴倾斜角分别为 0°、2°、4°、6°、8°，集热管内外直径分别为 50mm、70mm，一次通过单元内的水流量为 1kg/s，最大进出口温度 400℃、压力 10MPa。

DISS 系统在运行和维护方面的情况如下：系统管道总长大于 2400m，钢结构总重大于 26t，系统使用开环太阳跟踪系统，跟踪误差非常小，绝热及集热管布置形式的改变使得电站启动时间减少了 50%。截至 2005 年，DISS 系统的模块在 10MPa、6MPa、3MPa 情况下过热蒸汽温度均为 390℃，DISS 系统已证明 DSG 技术在真实光照情况下运行和应用于商业电站的可行性，该电站也证明了集热管水平放置时 DSG 技术的可行性。

3. THESEUS 系统

希腊克里达岛建造了欧洲第一座大装机容量的槽式太阳能电站，从电站设计到真正运行经历了 4 年的时间。电站装机容量 50MW，占地面积 30 万 m^2。电站采用液化石油气作为辅助能源，发电部分采用了传统的朗肯循环。汽轮机可在太阳能单独工作、辅助能源单独或混合 3 种情况下发电。该电站使用的是曾经应用于 80MW SEGS 电站上的 LS-3 集热器，并在后几年进行了很大改造。电站工作系统图如图 3.16 所示。

槽式太阳能电站具有广阔的发展前景，世界各地都在开发建设该类型的电站，目前在建及计划建设的电站见表 3.3。

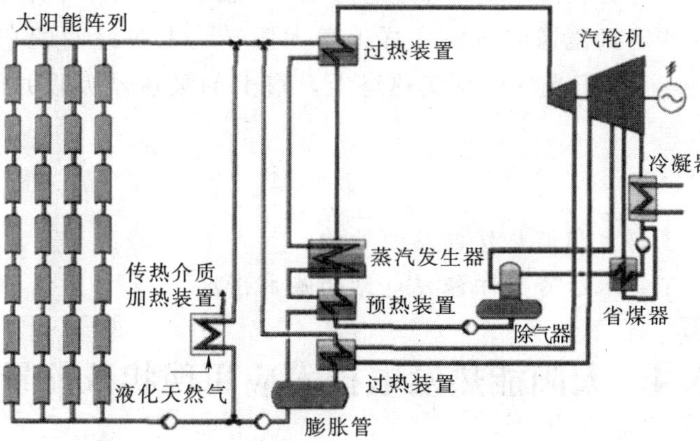

图 3.16　THESEUS 电站系统图

表 3.3　　计划建设的槽式太阳能电站

地　点	类　型	装机容量/MW
澳大利亚	菲涅尔透镜	13
埃及	ISCCS	30～80
印度	ISCCS	35
伊朗	ISCCS/SEGS	30～80
摩洛哥	ISCCS/SEGS	30～80
墨西哥	ISCCS	30～80
西班牙	SEGS	10～50
中国	SEGS	0.1

在 3 种太阳能热利用系统中，槽式太阳能热发电系统是唯一可以实现商业化运作的系统，投资成本相对较低，可以在白天用电高峰期提供很稳定的电能，而且在该系统中应用 DSG 技术的可行性也已得到证实，槽式太阳能热发电系统的发展必将具有十分广阔的前景。

3.3.2　国内太阳能热发电站介绍

八达岭太阳能发电站是亚洲首座兆瓦级太阳能塔式热发电技术应用项目，为国家科技部“十一五”863 重点项目，由中国科学院电工研究所承担研究建设任务。项目完成后，年发电量达 270 万 kW · h，相当于 1100 余 t 标准煤产生的电量，可满足 1000 余户家庭一年的用电需求，可减排二氧化碳 2300 余 t，二氧化硫 21t、氮氧化合物 35t，同时对我国太阳能光热发电关键技术进行研究和试验，为今后太阳能热发电站的推广提供依据，同时也标志着我国太阳能热发电站的建设步入一个崭新的历史阶段。

图 3.17　太阳能发电站定日镜场

该项目在 208 亩土地上树立 100 面定日镜，每面数十平方米的巨大定日镜由 64 面反射镜组成，如图 3.17 所示。用定日镜收集太阳光，再反射聚集到太阳能吸热塔的吸热器里。定日镜高10.5m，镜面是正方形，每个镜子面积为$100m^2$。这些定日镜像向日葵一样追着太阳转，上午镜面朝东，下午镜面朝西。发电时，100个镜面会把太阳光反射到集热塔上，塔上的吸热器吸收并储存这些热能，再通过热能发电。

【任务实施】

(1) 查阅资料，了解太阳能热发电站的结构。

(2) 查阅资料，了解八达岭太阳能发电站的基本情况。

任务3.4　太阳能热发电技术应用现状及前景分析

【任务目标】

(1) 了解国际太阳能热发电技术的应用现状。

(2) 了解国内太阳能热发电技术的应用现状。

(3) 了解太阳能热发电技术的发展前景。

【相关知识】

3.4.1　太阳能热发电技术的发展现状

1. 太阳能热发电技术的国际发展现状

自20世纪80年代初研究试验成功后，经过不断发展与改进，目前美国已有11座大型商用太阳能热发电系统在并网运行，总装机容量约为36.5万kW。日本、法国、以色列、意大利、西班牙、德国、俄罗斯、澳大利亚等国也积极开展了太阳能热发电的研究开发工作，并建设了试验示范系统。这些发达国家正处于太阳能热发电商业化的前夕，政府和工业界正联合采取措施大力推进其商业化进程。专家们预测，2020年左右，太阳能热发电系统将在发达国家实现商业化，并逐步向发展中国家因地制宜地扩展。

2. 我国太阳能热发电技术的发展现状

20世纪70年代末，我国有些科研院所和高等院校也对太阳能热发电开展了应用基础研究工作，并建立了模拟试验装置。在“八五”“九五”“十五”和“十一五”计划中，原国家科委和现在的科技部，均将大型太阳能热发电关键技术列入国家重点科技攻关计划，安排科研人员进行科技攻关和研究开发。随着新技术、新材料和新工艺的不断发展，研究开发工作的更加深入，应用市场的不断扩大，太阳能热发电系统的造价会逐步降低。同时随着常规能源的涨价和资源的逐步匮乏，以及大量燃用化石能源对环境影响的日益突出，发展太阳能热发电技术将会逐渐显现出其经济社会的合理性。特别是在常规能源匮乏、交通不便而太阳能资源丰富的边远地区，当需要热电联合开发时，采用太阳能热发电技术是有利的、可行的。在本章介绍的太阳能热发电系统的3种基本类型中，槽式抛物面线聚焦系统将是近期在世界范围内推进太阳能热发电系统商业化应用的突破口和重点。我国应紧紧围绕这一重点，下大力气提高系统的技术水平，改进完善工艺，降低成本，增强可靠性和安全性，促进太阳能热发电系统的商业化发展。

3.4.2　太阳能热发电技术的前景分析

太阳能热发电在商业上没有得到大规模应用，根本原因是目前太阳能热发电系统的发电成本高，是常规能源发电成本的 1 倍以上。造成太阳能热发电成本高的主要原因有以下 3 个方面：第一，太阳能能流密度低，需要大面积的光学反射装置和昂贵的接收装置将太阳能直接转换为热能，这一过程的投资成本占整个电站投资的一半左右；第二，太阳能热发电系统的发电效率低，年太阳能净发电效率不超过 15%。在相同的装机容量下，较低的发电效率需要更多的聚光集热装置，增加了投资成本；第三，由于太阳能供应不连续、不稳定，需要在系统中增加蓄热装置，大容量的电站需要庞大的蓄热装置和管路系统，造成整个电站系统结构复杂，增加了成本。

解决上述问题主要从以下几个方面着手：首先，提高系统中关键部件的性能，大幅度降低太阳能热发电的投资成本，快速进入商业化；其次，进一步研究开发新的太阳能热发电系统，对系统进行有机集成，实现高效的热功转化，不仅要实现太阳能热的梯级利用，而且要集成新型的太阳能热化学系统，突破常规系统中太阳能发电效率低的限制；再次，将太阳能热发电系统和化石燃料互补，借助太阳能的利用来减少化石燃料热力发电系统中的燃料消耗量，同时也可省略太阳能热发电系统中的储热装置，从而降低太阳能热发电的一次投资成本和发电成本。

我国在太阳能热发电方面的研究还是比较落后的，尽管近年来国家对太阳能热发电技术的研究给予了相当的重视，并且也取得了一定的成果，但与国际先进水平的差距还很大，中国研究太阳能热发电技术还有很长的路要走。关于我国太阳能热发电技术有以下几点值得我们认真思考：

(1) 国外的技术尚未完全成熟，还需要解决一些关键技术才能在太阳能热发电站商业化上实现更大的突破。

(2) 如将国外的技术照搬过来而没有考虑我国特殊的地形与气候，大型太阳能热发电站的适用性不得而知。

(3) 应当充分了解我国的气候与环境，因地制宜，采用合适的太阳热发电方式。

(4) 将太阳能发电系统与常规的发电系统整合成多能源互补的系统，既有效地解决了太阳能利用不稳定的问题，同时也能利用成熟的常规发电技术，降低开发利用太阳能的技术风险和经济成本。

(5) 大力研发关键技术，完善工艺，降低成本，并对系统进行有机集成，实现高效的热工转化，突破常规系统中太阳能发电效率低的限制，增强系统整体的可靠性和安全性，加快产业化的步伐。

总之，太阳能热发电的发展方向应为低成本、高效的系统发展，不断提高系统中关键部件的性能，将太阳能与常规的能源系统进行合理的互补，实现系统的有机集成，实现太阳能向电能的高效转化，进而加快太阳能热发电的商业化发展，努力将太阳能热发电发展成为低成本、高效益、零污染的“阳光”产业。

【任务实施】

(1) 分组讨论国际太阳能热发电技术的应用现状。

（2）分组讨论国内太阳能热发电技术的应用现状。

【思考与练习】

（1）简述太阳能热发电的工作原理。

（2）说明太阳能热发电系统的结构组成。

（3）简述太阳能热发电系统的分类。

（4）太阳能热发电站的设计应考虑哪些因素？

（5）对于我国太阳能热发电系统的发展有何体会？

项目4　风力发电系统的组成及案例分析

【项目说明】

风能是清洁的可再生能源，风力发电是新能源领域中技术最成熟、最具规模化开发条件和商业化发展前景的发电方式之一。发展风电对于调整能源结构、减轻环境污染等有着非常重要的意义。本项目主要介绍了风能资源基本概念、风力发电机结构及原理、风力发电典型案例分析以及风力发电的发展现状和趋势等内容，旨在使读者对风力发电形成一个初步认识。

任务4.1　了解风与风力资源

【任务目标】

（1）理解"三圈环流"的形成原理，了解形成季风环流的影响因素以及季风环流的主要分布区域。

（2）了解测风系统的组成，理解各种风速计的工作原理，了解风速记录的方法。

（3）了解风级的划分，掌握风能可利用区的划分依据及特征。

【相关知识】

4.1.1　认识风的形成

1. 大气环流

大气环流是指在全球范围内空气沿一封闭轨迹的运动。它是地球绕太阳运转过程中日地距离和方位不同，地球上各纬度所接受的太阳辐射强度各异所造成的。赤道和低纬地区比极地和高纬地区太阳辐射强度强，地面和大气接受的热量多，因而温度高。这种温差使北半球等压面向北倾斜，高空空气向北流动。

在地球上由于地球表面受热不均，引起大气层中空气压力不均衡，因此形成地面与高空的大气环流。各环流圈的高度，以热带最高，中纬度次之，极地最低，这主要是由于地球表面增热程度随纬度增高而降低的缘故。这种环流在地球自转偏向力的作用下，形成了赤道到纬度30°环流圈、纬度30°～60°环流圈和纬度60°～90°环流圈，这便是著名的"三圈环流"，如图4.1所示。三圈环流在北半球地面上形成的低纬东北信风带、中纬西风带和高纬东北风带又称"行星风带"。

当然，所谓"三圈环流"乃是一种理论的环流模型。由于地球上海陆分布不均匀，因此实际的环流比上述情况要复杂得多。

2. 季风环流

在一个大范围地区内，盛行风向或气压系统有明显的季节变化，这种在一年内随着季

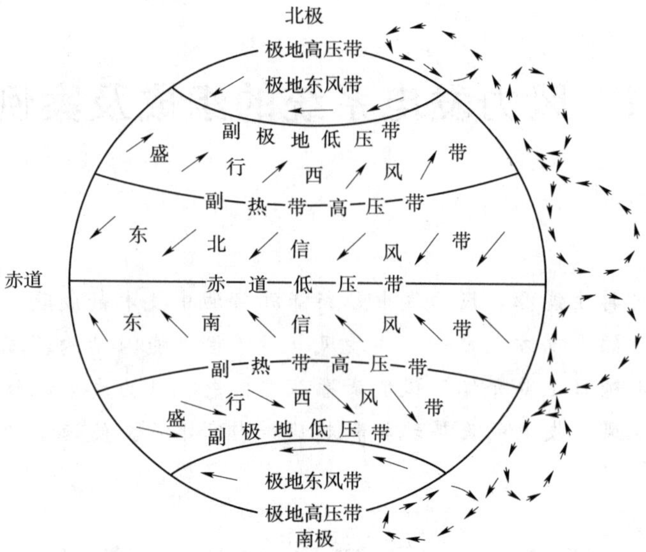

图 4.1　三圈环流示意图

节的不同，有规律转变风向的风，称为季风。季风盛行地区的气候又称季风气候。

当地面冬夏盛行风向之间的夹角在 120°～180°之间，认为是季风。季风程度可用一个定量的参数来表示，称为季风指数。1 月和 7 月盛行风向出现的频率相加除以 2，即 $I=(f_1+f_7)/2$ 为季风指数。当 $I>40\%$为季风区（1 区），当 $I=40\%\sim60\%$为较明显季风区（2 区），当 $I>60\%$为季风区（3 区）。从图中可看出，全球明显季风区主要在亚洲的东部和南部，东非的索马里和西非的几内亚。季风区有澳大利亚的北部和东南部，北美的东南岸和南美的巴西东岸等地区。亚洲东部的季风区主要包括我国的东部、朝鲜、日本等地区；亚洲南部的季风，以印度半岛最为显著，这是世界闻名的印度季风。

4.1.2　认识测风系统

1. 测风系统

风的测量包括风向测量和风速测量。风向测量是指测量风的来向，风速测量是测量单位时间内空气在水平方向上所移动的距离。

自动测风系统主要由 5 部分组成，包括传感器、主机、数据存储装置、电源、安全与保护装置。

传感器分风速传感器、风向传感器、温度传感器（即温度计）、气压传感器。输出信号为数字或模拟信号。

主机利用微处理器对传感器发送的信号进行采集、计算和存储，由数据记录装置、数据读取装置、微处理器、就地显示装置组成。

由于测风系统安装在野外，因此数据存储装置（数据存储盒）应有足够的存储容量，而且为了野外操作方便采用可插接形式。系统工作一定时间后，将已存有数据的存储盒从主机上替换下来，进行风能资源数据分析处理。

测风系统电源一般采用电池供电。为了提高系统工作的可靠性，应配备一套或两套备用电源，如太阳能光电板等。主电源和备用电源互为备用，当某一个出现故障时可自动切换。对有固定电源地段（如地方电网），可利用其为主电源，但也应配备有一套备用电源。

由于系统长期工作在野外，输入信号可能会受到各种干扰。设备会随时遭受破坏，如恶劣的冰雪天气会影响传感器的信号，雷电天气干扰使传输信号出现误差，甚至毁坏设备。因此，一般在传感器输入信号和主机之间增设保护和隔离装置，从而提高系统运行的可靠性。另外，测风设备应远离居住区，并在离地面一定高度区内采取措施进行保护以防人为破坏。主机箱应严格密封，以防止沙尘进入。

总之，测风系统设备应具有较高的性能和精度、防止自然灾害和人为破坏，保证数据安全准确。

2. 风向测量

（1）风向标。风向标是测量风向的最通用装置，有单翼型、双翼型和流线型等。风向标一般是由尾翼、指向杆、平衡锤及旋转主轴4部分组成的首尾不对称的平衡装置，如图4.2所示。其重心在支撑轴的轴心上，整个风向标可以绕垂直轴自由摆动。在风的动压力作用下取得指向风来向的一个平衡位置，即为风向的指示。传送和指示风向标所在方位的方法很多，有电触点盘、环形电位器、自整角机和光电码盘4种类型，其中最常用的是码盘。

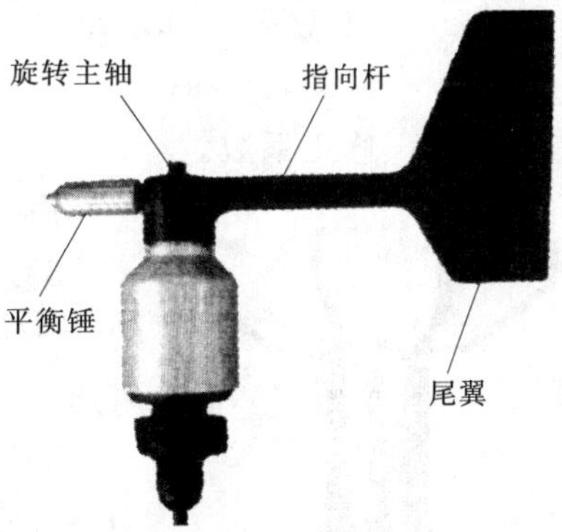

图4.2　标式风向传感器

（2）风向表示。风向一般用16个方位表示，即北东北（NNE）、东北（NE）、东东北（ENE）、东（E）、东东南（ESE）、东南（SE）、南东南（SSE）、南（S）、南西南（SSW）、西南（SW）、西西南（WSW）、西（W）、西西北（WNW）、西北（NW）、北西北（NNW）、北（N）。静风记“C”。也可以用角度来表示，以正北为基准，顺时针方向旋转，东风为90°，南风为180°，西风为270°，北风为360°，如图4.3所示。

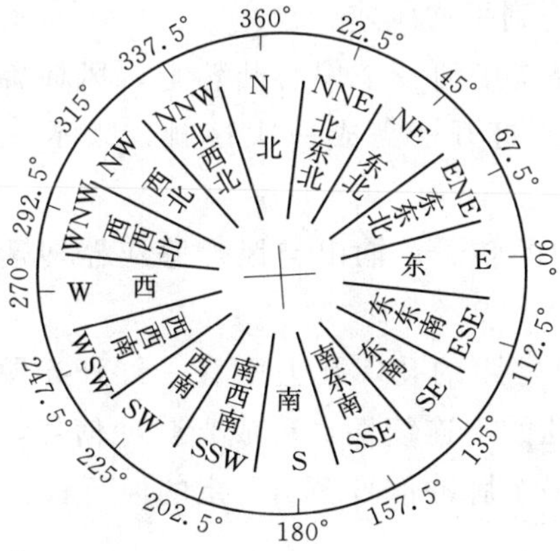

图4.3　风向16方位图

图4.4　旋转杯形风速计

3. 风速测量

（1）风速计。根据工作原理的不同，风速计分为以下 4 种。

1）旋转式风速计。它的感应部分是一个固定在转轴上的感应风的组件，常用的有风杯和螺旋桨叶片两种类型。风杯旋转轴垂直于风的来向，螺旋桨叶片的旋转轴平行于风的来向。

测定风速最常用的传感器是风杯如图 4.4 所示，杯形风速器的主要优点是它与风向无关，所以获得了广泛的采用。

2）压力式风速仪。它是利用风的压力测定风速的仪器，通过流体的全压力（p_0）与静压力（p）之差来测定风速的大小。

$$\Delta p = p_0 - p = \frac{1}{2}\rho v^2 (1+c)$$

$$v = \left[\frac{2\Delta p}{\rho(1+c)}\right]^{\frac{1}{2}} \tag{4.1}$$

式中　ρ——空气密度，kg/m^3；

v——风速，m/s；

c——修正系数。

由式（4.1）可计算出风速，可见 v 与 Δp 不是线性关系。

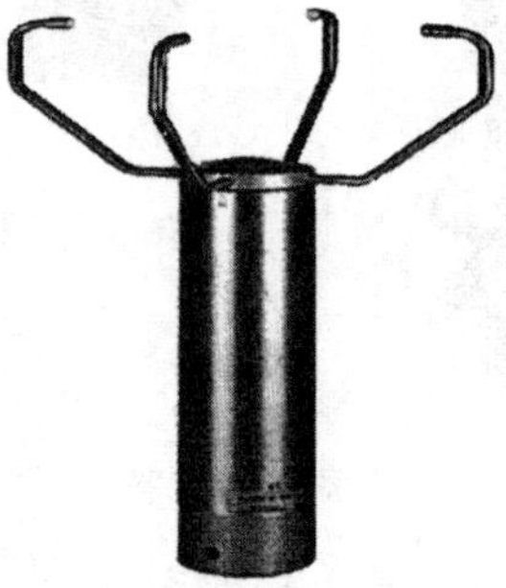

图 4.5　超声波风速计

3）散热式风速计。一个被加热物体的散热速率与周围空气的流速有关，利用这种特性可以测量风速。它主要适用于测量小风速。

4）声学风速计。又称超声波风速计，如图 4.5 所示，是利用声波在大气中传播速度与风速间的函数关系来测量风速。声学风速计没有转动部件，响应快，能测定沿任何指定方向的风速分量，但造价较高。一般的测量风速还是用旋转式风速计。

（2）风速记录。风速记录是通过信号的转换方法来实现的，一般有 4 种方法：

1）机械式。当风速感应器旋转时，通过蜗杆带动蜗轮转动，再通过齿轮系统带动指针旋转，从刻度盘上直接读出风的行程，除以时间得到平均风速。

2）电接式。由风杯驱动的蜗杆，通过齿轮系统连接到一个偏心凸轮上，风杯旋转一定圈数，凸轮使相当于开关作用的两个接点闭合或打开，完成一次接触，表示一定的风程。

3）电机式。风速感应器驱动一个小型发电机中的转子，输出与风速感应器转速成正比的交变电流，输送到风速的指示系统。

4）光电式。风速旋转轴上装有一圆盘，盘上有等距的孔，孔上面有一红外光源，正下方有一光电半导体，风杯带动圆盘旋转时，由于孔的不连续性，形成光脉冲信号，经光电半导体器件接收放大后变成电脉冲信号输出，每一个脉冲信号表示一定的风行程。

4. 风速表示

风速大小与风速计安装高度和观测时间有关。世界各国基本上都以 10m 高度处观测为基准，但取多长时间的平均风速不统一，可以取 1min、2min、10min 平均风速，可以取 1h 平均风速，也可以取瞬时风速等。

我国气象站观测时有 3 种风速，一日 4 次定时 2min 平均风速、自记 10min 平均风速和瞬时风速。风能资源计算时，都用自记 10min 平均风速。极端风速计算时用最大风速（10min 平均最大风速）或瞬时风速。

在实际风力发电场建设中会用到以下几个风速。

1）3s 平均风速。在风机运行过程中，只要检测到 3s 内的平均风速超出了风机的最大切出风速，风机就会停机。

2）10min 平均风速。风机在启动过程中，只要 10min 的平均风速达到风机的切入风速，风机就会启动。

3）年平均风速。根据年平均风速，可以得知该地区的风能资源是否丰富，是否具有开发风力发电场的意义。

4）有效风速。有效风速指风机在启动和停机之间的风速。

4.1.3 认识风的数学描述指标

1. 风廓线

由于地面对风的摩擦力，风速随距地面高度有显著的变化。风廓线是表示风速随距地面高度变化的曲线，如图 4.6 所示。图中的横坐标以某高度处的平均风速 $\overline{v}$ 与风力机轮毂中心处平均风速 $\overline{v}_0$ 的比值给出，纵坐标以某高度 h 与风力机轮毂中心高度 h_0 的比值给出。z_0 为粗糙度长度，它是衡量地面的摩擦力大小的指标。不同地表的粗糙度长度见表 4.1。

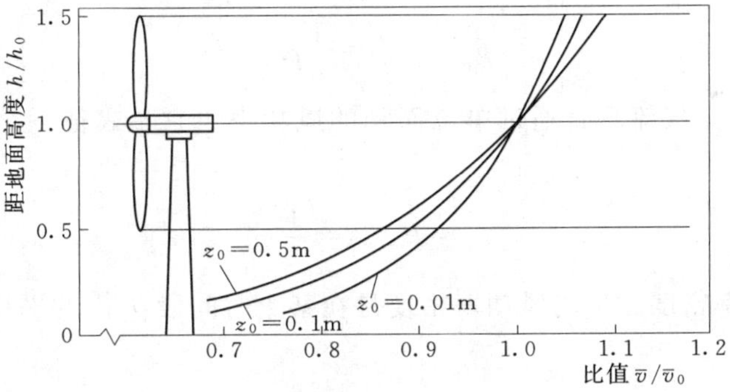

图 4.6 不同粗糙长度的风廓线

表 4.1 不同地表的粗糙度 z_0 和 α 值

地面类型	z_0/m	α
光滑（水面、沙、雪）	0.001～0.02	0.1～0.13
较粗糙（短草、农作物、乡村地区）	0.02～0.3	0.12～0.20
粗糙（树林、城市郊区）	0.3～2	0.20～0.27
非常粗糙（城市、高大建筑）	2～10	0.27～0.4

2. 风频特性

(1) 风向频率。在一定时间内各种风向出现的次数占所观测总次数的百分比，叫风向频率，即

$$风向频率=\frac{该风出现的次数}{风向总观测次数}\times 100\%$$

(2) 风速频率。风速频率反映风的重复性，指在一个月或一年的周期中发生相同风速的时数占这段时间刮风总时数的百分比。

3. 风速频率的统计特性

由于风的随机性很大，因此在判断一个地方的风况时，必须依靠各地区风的统计特性。在风能利用中，反映风的统计特性的一个重要形式是风速的频率分布。

风速分布一般均为正偏态分布，风力愈大的地区，分布曲线愈平缓，峰值降低右移。这说明风力大的地区，大风速所占比例也多。由于地理、气候特点的不同，各种风速所占的比例有所不同。

4. 风功率及风功率密度

(1) 风功率及风功率密度定义。风功率是指单位时间内，以速度 v 垂直流过截面 A 的气流所具有的动能。因为在 t 时间内，以速度 v 垂直流过截面 A 的气流所具有的动能为

$$W=\frac{1}{2}mv^2=\frac{1}{2}(\rho Avt)v^2=\frac{1}{2}\rho Av^3t \tag{4.2}$$

式中　W——风能，J；

ρ——空气密度，kg/m^3；

v——来流速度，m/s；

A——面积，m^2。

所以风功率

$$p_w=W/t=\frac{1}{2}\rho Av^3 \tag{4.3}$$

风功率密度 p_w 是气流垂直通过单位面积的风功率。它是表征一个地方风能资源多少的指标，即

$$p_w=P_w/A=\frac{1}{2}\rho v^3 \tag{4.4}$$

(2) 平均风功率密度。平均风功率密度是在某个时间段 T 内的平均风功率密度，可表示为

$$\overline{p}_w=\frac{1}{T}\sum\frac{1}{2}\rho v_i^3\Delta t_i \tag{4.5}$$

式中　$\overline{p}_w$——平均风功率密度，W/m^2；

v_i——风速，m/s；

Δt_i——风速为 v_i 的时数，h；

T——总时数，h。

(3) 风能可利用时间。在风速概率分布确定以后，还可以计算风能的可利用时间。风能可利用时间一般是指风速在 3～25m/s 范围内年有效风速小时数，用 t 表示，可以由下式求得

$$t=T\int_{v_1}^{v_2}p(v)\mathrm{d}v=T\int_{v_1}^{v_2}\frac{k}{c}\left(\frac{v}{c}\right)^{k-1}\exp\left[-\left(\frac{v}{c}\right)^k\right]\mathrm{d}v$$

$$=T\left\{\exp\left[-\left(\frac{v_1}{c}\right)^k\right]-\exp\left[-\left(\frac{v_2}{c}\right)^k\right]\right\} \tag{4.6}$$

式中　T——统计时段的总时间，h；

v_1——切入风速，m/s；

v_2——切出风速，m/s。

5. 空气密度

从风功率公式可知，空气密度 ρ 的大小直接关系到风能的多少，特别是在海拔高的地区，影响更突出。

随着各地海拔、气温、气压不同，空气密度也就各异，在不同的气压、气温和水汽压情况下，空气密度计算公式为

$$\rho=\frac{1.276}{1+0.00366t}\times\frac{p-0.378e}{1000} \tag{4.7}$$

式中　p——气压，hPa；

t——气温，℃；

e——水汽压，hPa。

4.1.4　认识风力等级和风能可利用区域的划分

1. 风级的划分

风力等级（简称风级）是根据风速的大小来划分的。国际上采用的风力等级是英国人蒲福（Francis Beaufort，1774—1859 年）于 1805 年所拟定的，故又称“蒲福风级”。从静风到飓风分为 13 级。自 1946 年以来风力等级又做了一些修订，由 13 级变为 17 级，见表 4.2。

表 4.2　蒲福风力等级表

风力等级	名称	相当于平地 10m 高处的风速/(m/s)		陆上地物征象	海面和渔船征象	海面大概的浪高/m	
		范围	中数			一般	最高
0	静风	0～0.2	0	静、烟直上	海面平静	—	—
1	软风	0.3～1.5	1	烟能表示风向，树叶略有摇动	微波如鱼鳞状，没有浪花。一般渔船正好能使舵	0.1	0.1
2	轻风	1.6～3.3	2	人面感觉有风，树叶有微响，旗子开始飘动，高的草开始摇动	小波，波长尚短，但波形显著，波峰光亮但不破裂。渔船张帆时，可随风移行每小时 1～2 海里	0.2	0.3
3	微风	3.4～5.4	4	树叶及小枝摇动不息，旗子展开，高的草摇动不息	小波加大，波峰开始破裂；浪沫光亮，有时可有散见的白浪花，渔船开始簸动，张帆随风移行每小时 3～4 海里	0.6	1.0
4	和风	5.5～7.9	7	能吹起地面灰尘和纸张，树枝动摇。高的草呈波浪起伏	小浪，波长变长；白浪成群出现。渔船满帆的，可使船身倾于一侧	1.0	1.5
5	轻劲风	8.0～10.7	9	有叶的小树摇摆，内陆的水面有小波，高的草波浪起伏明显	中浪，具有较显著的长波形状；许多白浪形成（偶有飞沫）。渔船需缩帆一部分	2.0	2.5

续表

风力等级	名称	相当于平地10m高处的风速/(m/s)		陆上地物征象	海面和渔船征象	海面大概的浪高/m	
		范围	中数			一般	最高
6	强风	10.8～13.8	12	大树枝摇动，电线呼呼有声，撑伞困难，高的草不时倾伏于地	轻度大浪开始形成；到处都有更大的白沫峰（有时有些飞沫）。渔船缩帆大部分，并注意风险	3.0	4.0
7	疾风	13.9～17.1	16	全树摇动，大树枝弯下来，迎风步行感觉不便	轻度大浪，碎浪而成白沫沿风向呈条状，渔船不再出港，在海者下锚	4.0	5.5
8	大风	17.2～20.7	19	可折毁小树枝，人迎风前行感觉阻力甚大	有中度的大浪，波长较长，波峰边缘开始破碎成飞沫片；白沫沿风向呈明显的条带。所有近海渔船都要靠港，停留不出	5.5	7.5
9	烈风	20.8～24.4	23	草房遭受破坏，屋瓦被掀起，大树枝可折断	狂涛，沿风向白沫呈浓密的条带状，波峰开始翻滚，飞沫可影响能见度。机帆船航行困难	7.0	10.0
10	狂风	24.5～28.4	26	树木可被吹倒，一般建筑物遭破坏	狂涛，波峰长而翻卷；白沫成片出现，沿风向呈白色浓密条带；整个海而呈白色；海面颠簸加大震动感，能见度受影响。机帆船航行颇危险	9.0	12.5
11	暴风	28.5～32.6	31	大树可被吹倒，一般建筑物遭严重破坏	异常狂涛（中小船只可一时隐没在浪后）；海面完全被沿风向吹出的白沫片所掩盖；波浪到处破成泡沫，能见度受影响。机帆船遇之极危险	11.5	16.0
12	飓风	32.7～37	35	陆上少见，其摧毁力极大	空中充满了白色的浪花和飞沫；海面完全变白，能见度严重地受到影响	14.0	—

2. 风速与风级的关系

除查表外，还可以通过风级来计算风速，风速与风级的关系式为

$$\overline{v}_N=0.1+0.824N^{1.505} \tag{4.8}$$

式中　N——风的级数；

$\overline{v}_N$——N级风的平均风速，单位为m/s。

如已知风的级数N，即可算出平均风速$\overline{v}_N$。

N级风的最大风速：

$$\overline{v}_{N\max}=0.2+0.824N^{1.505}+0.5N^{0.56} \tag{4.9}$$

N级风的最小风速：

$$\overline{v}_{N\min}=0.824N^{1.505}-0.56 \tag{4.10}$$

3. 风能可利用区的划分

风功率密度蕴含着风速、风速频率分布和空气密度的影响，是衡量风能资源的综合指标。风功率密度等级在国标“风电场风能资源评估方法”中给出了7个级别，见表4.3。

表 4.3　　**风功率密度等级表**

风功率密度等级	10m 高度		30m 高度		50m 高度		应用于并网风力发电
	风功率密度/(W/m^2)	年平均风速参考值/(m/s)	风功率密度/(W/m^2)	年平均风速参考值/(m/s)	风功率密度/(W/m^2)	年平均风速参考值/(m/s)	
1	<100	4.4	<160	5.1	<200	5.6	
2	100～150	5.1	160～240	5.9	200～300	6.4	
3	150～200	5.6	240～320	6.5	300～400	7.0	较好
4	200～250	6.0	320～400	7.0	400～500	7.5	好
5	250～300	6.4	400～480	7.4	500～600	8.0	很好
6	300～400	7.0	480～640	8.2	600～800	8.8	很好
7	400～1000	9.4	640～1600	11.0	800～2000	11.9	很好

注　1. 不同高度的年平均风速参考值是按风切变指数为 1/7 推算的。
2. 与风功率密度上限值对应的年平均风速参考值，按海平面标准大气压并符合瑞利风速频率分布的情况推算。

一般说平均风速越大，风功率密度也大，风能可利用小时数就越多。我国风能区域等级划分的标准如下所述。

（1）风资源丰富区：年有效风功率密度大于 200W/m^2，3～20m/s 风速的年累积小时数大于 5000h，年平均风速大于 6m/s。

（2）风资源次丰富区：年有效风功率密度为 200～150W/m^2，3～20m/s 风速的年累积小时数为 5000～4000h，年平均风速在 5.5m/s 左右。

（3）风资源可利用区：年有效风功率密度为 150～100W/m^2，3～20m/s 风速的年累积小时数为 4000～2000h，年平均风速在 5m/s 左右。

（4）风资源贫乏区：年有效风功率密度小于 100W/m^2，3～20m/s 风速的年累积小时数小于 2000h，年平均风速小于 4.5m/s。

风资源丰富区和较丰富区，具有较好的风能资源，是理想的风电场建设区；风能资源可利用区，有效风功率密度较低，这对电能紧缺地区还是有相当的利用价值。实际上，较低的年有效风功率密度也只是对宏观的大区域而言，而在大区域内，由于特殊地形有可能存在局部的小区域大风区，因此应具体问题具体分析，通过对这种地区进行精确的风能资源测量，详细地分析实际情况，选出最佳区域建设风电场，效益还是相当可观的。

风资源贫乏区，风功率密度很低，对大型并网型风力发电机组一般无利用价值。

【任务实施】

（1）解释“三圈环流”的形成原理，了解形成季风环流的影响因素以及季风环流的主要分布区域。

（2）说明风级的划分，讨论风能可利用区的划分依据及特征。

任务 4.2　风力机工作原理及组成分析

【任务目标】

（1）理解风力发电机组的工作原理。

(2) 掌握水平轴风力发电机的各组成部分结构。

(3) 了解风力发电机的主要参数及分类。

【相关知识】

4.2.1　风力发电机组的工作原理分析

风力发电机组（简称风电机组或机组）是将风的动能转换为电能的系统。在风力发电机组中，存在着两种物质流。一种是能量流，另一种是信息流。两者的相互作用，使机组完成发电功能。一种典型的风力发电机组的工作原理如图4.7所示。

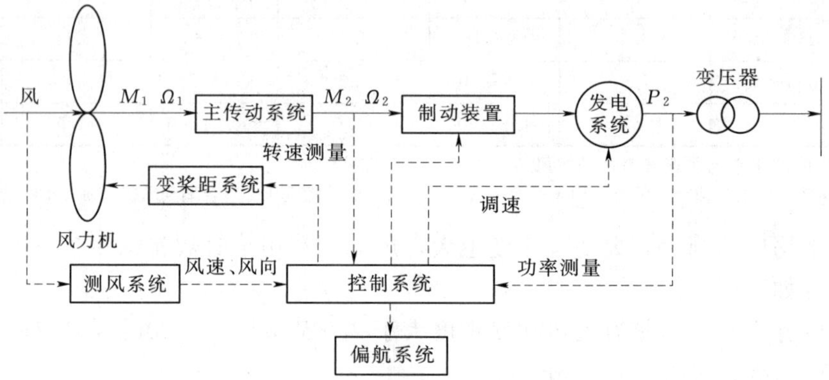

图4.7　风力发电机组的工作原理

1. 能量流

当风以一定的速度吹向风力机时，在风轮上产生的力矩驱动风轮转动。将风的动能变成风轮旋转的动能，两者都属于机械能。风轮的输出功率为

$$P_1 = M_1\Omega_1 \tag{4.11}$$

式中　P_1——风轮的输出功率，单位为W；

M_1——风轮的输出转矩，单位为N·m；

Ω_1——风轮的角速度，单位为rad/s。

风轮的输出功率通过主传动系统传递。主传动系统可能使转矩和转速发生变化，于是有

$$P_2 = M_2\Omega_2 = M_1\Omega_1\eta_1 \tag{4.12}$$

式中　P_2——主传动系统的输出功率，单位为W；

M_2——主传动系统的输出转矩，单位为N·m；

Ω_2——主传动系统的输出角速度，单位为rad/s；

η_1——主传动系统的总效率。

主传动系统将动力传递给发电系统，发电机把机械能变为电能。发电机的输出功率为

$$P_3 = \sqrt{3}U_N I_N\cos\varphi_N = P_2\eta_2 \tag{4.13}$$

式中　P_3——发电系统的输出功率，单位为W；

U_N——定子三相绕组上的线电压，单位为V；

I_N——流过定子绕组的线电流，单位为A；

$\cos\varphi_N$——功率因数；

η_2——发电系统的总效率。

对于并网型风电机组，发电系统输出的电流经过变压器升压后，即可输入电网。

2. 信息流

信息流的传递是围绕控制系统进行的。控制系统的功能是过程控制和安全保护。过程控制包括起动、运行、暂停、停止等。在出现恶劣的外部环境和机组零部件突然失效时应该紧急关机。

风速、风向、风力发电机的转速、发电功率等物理量通过传感器变成电信号传给控制系统，它们是控制系统的输入信息。控制系统随时对输入信息进行加工和比较，及时地发出控制指令，这些指令是控制系统的输出信息。

对于变桨距机组，当风速大于额定风速时，控制系统发出变桨距指令，通过变桨距系统改变风轮叶片的桨距角，从而控制风电机组输出功率。在起动和停止的过程中，也需要改变叶片的桨距角。

对于变速型机组，当风速小于额定风速时，控制系统可以根据风的大小发出改变发电机转速的指令，以便使风力机最大限度地捕获风能。

当风轮的轴向与风向偏离时，控制系统发出偏航指令，通过偏航系统校正风轮轴的指向，使风轮始终对准来风方向。

当需要停机时，控制系统发出关机指令，除了借助变桨距制动外，还可以通过安装在传动轴上的制动装置实现制动。

实际上，在风电机组中，能量流和信息流组成了闭环控制系统。同时，变桨距系统、偏航系统等也组成了若干闭环的子系统，实现相应的控制功能。

4.2.2　风力发电机组的结构分析

1. 风力发电机组的构成

从整体上看，风力发电机组可分为风轮、机舱、塔架和基础几个部分，如图 4.8 所示。风轮是风力机从风中吸收能量的部件，其作用是把空气流动的动能转变为风轮旋转的机械能。风轮由叶片和轮毂组成。叶片具有空气动力外形，在气流作用下产生力矩驱动风轮转动，通过轮毂将转矩输入到主传动系统。机舱由底盘、整流罩和机舱罩组成，底盘上安装除主控制器以外的主要部件。机舱罩后部的上方装有风速和风向传感器，舱壁上有隔音和通风装置等，底部与塔架连接。塔架支撑机舱达到所需要的高度，其上安置发电机和主控制器之间的动力电缆、控制和通信电缆，还装有供操作人员上下机舱的扶梯，大型机组还设有升降梯。基础为钢筋混凝土结构，根据当地地质情况设计成不同的形式。其中心预置与塔架连接的基础部件，保证将风力发电机组牢牢地固定在基础上，基础周围还要设置预防雷击的接地装置。

下面以目前使用最为广泛的水平轴风力发电机为例，对其结构作详细介绍。它主要由叶轮、调速或限速装置、偏航系统、传动机构、发电机系统、塔架等组成，如图 4.9 所示。

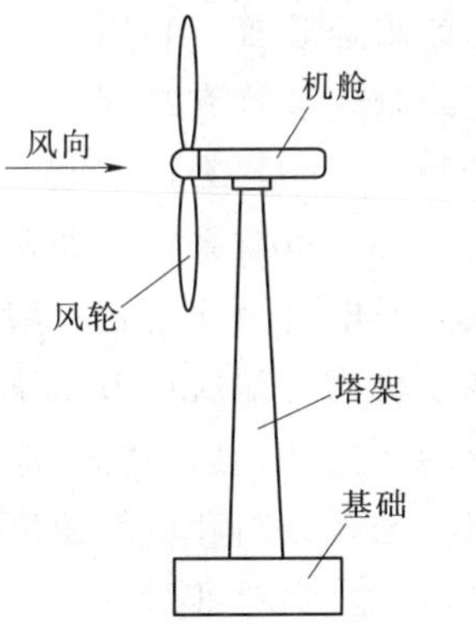

图 4.8　风力发电机组的外观

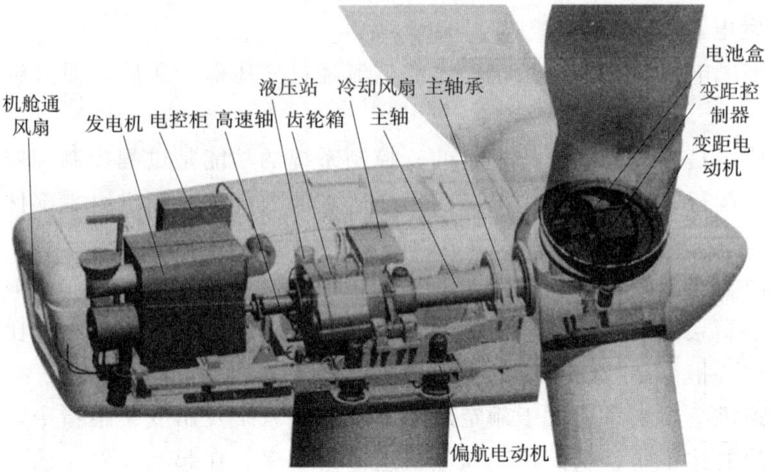

图 4.9　风力发电机组的内部结构

（1）叶轮。风力发电机区别于其他机械的最主要特征就是叶轮，如图 4.10 所示。叶轮一般由 1～3 个叶片和轮毂所组成，其功能是将风能转换为机械能。除小型风力发电机的叶片部分采用木质材料外，中、大型风力发电机的叶片都采用玻璃纤维或高强度复合材料制成。风力发电机叶片都要装在轮毂上。轮毂是叶轮的枢纽，也是叶片根部与主轴的连接件。所有从叶片传来的力，都通过轮毂传递到传动系统，再传到风力发电机驱动的对象。同时轮毂也是控制叶片桨距（使叶片作俯仰转动）的所在。轮毂的作用是连接叶片和低速轴，要求能承受大而复杂的载荷。中小型风力发电机常采用刚性连接，兆瓦级风力发电机常采用跷跷板连接方式。

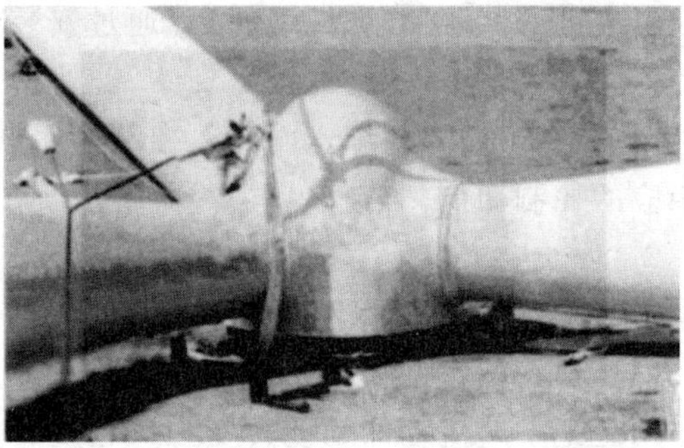

图 4.10　叶轮

（2）调速或限速装置。在很多情况下，要求风力发电机不论风速如何变化，转速总保持恒定或不超过某一限定值，为此采用了调速或限速装置。当风速过高时，这些装置还用来限制功率，并减小作用在叶片上的力。调速或限速装置有各种各样的类型，但从原理上来看大致有 3 类：①使叶轮偏离主风向；②利用气动阻力；③改变叶片的桨距角。

（3）偏航系统。通常风力发电机都会采用调向装置让叶轮能自然地对准风向，对大型风力发电机组而言，一般采用的是电动机驱动的风向跟踪系统。整个偏航系统由电动机及减速机构、偏航调节系统和扭缆保护装置等部分组成。偏航调节系统包括风向标和偏航系统调节软件。风向标对应每一个风向都有一个相应的脉冲输出信号，通过偏航系统软件确定其偏航方向和偏航角度，然后将偏航信号放大传送给电动机，通过减速机构转动风力机平台，直到对准风向为止。

（4）传动系统。传动系统结构如图 4.11 和图 4.12 所示。

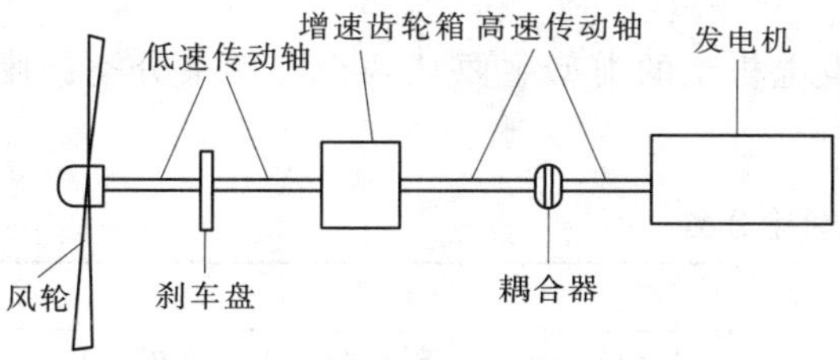

图 4.11　风力发电机传动系统示意图

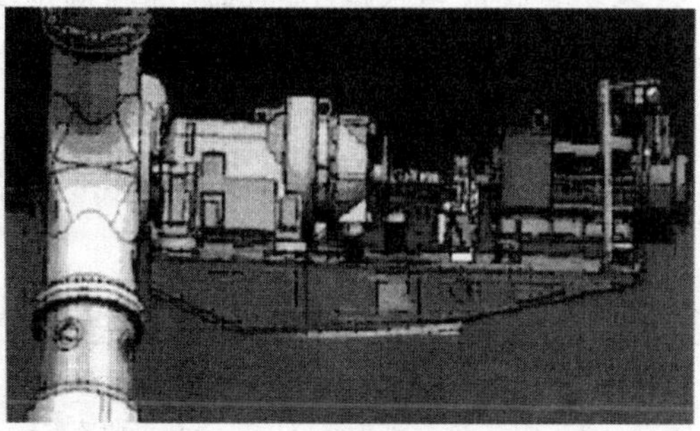

图 4.12　风力发电机传动系统

风力发电机的传动系统一般包括低速轴、高速轴、齿轮箱、联轴器和制动器等。但不是每一种风力发电机都必须具备所有这些环节。有些风力发电机的轮毂直接连接到齿轮箱上，不需要低速传动轴。也有一些风力发电机设计成无齿轮箱的，叶轮直接连接到发电机。

叶轮叶片产生的机械能由机舱里的传动系统传递给发电机，它包括一个齿轮箱、离合器和一个能使风力发电机在停止运行时的紧急情况下复位的刹车系统。齿轮箱用于增加叶轮转速，从 20～50r/min 到 1000～1500r/min，后者是驱动大多数发电机所需的转速。

(5) 发电机系统。发电机及其控制系统承担了由机械能到电能的能量转换任务。恒速恒频发电机系统一般来说比较简单，所采用的发电机主要有两种，即同步发电机和笼型感应发电机。

(6) 塔架。风力发电机的塔架除了要支撑风力机的重量，还要承受吹向风力发电机和塔架的风压，以及风力发电机运行中的动载荷。它的刚度和风力发电机的振动有密切关系。水平轴风力发电机的塔架主要可分为管柱型和桁架型两类。管柱型塔架（图 4.13）可从最简单的木杆，一直到大型钢管和混凝土管柱。小型风力机塔杆为了增加抗弯矩的能力，可以用拉线来加强。中型、大型塔架为了运输方便，可以将钢管分成几段。一般管柱型塔架对风的阻力较小，特别是对于下风向风力发电机，产生紊流的影响要比桁架型塔架小。桁架型塔架常用于中小型风力机上，其优点是造价不高，运输也方便。但这种塔架会使下风向风力机的叶片产生很大的紊流。

图 4.13　管柱型塔架

2. 风力发电机组的主要参数

风力发电机组最主要的参数是风轮直径（或风轮扫掠面积）和额定功率。风轮直径决定机组能够在多大的范围内获取风中蕴含的能量。额定功率是正常工作条件下，风力发电机组的设计要达到的最大连续输出电功率。

风轮直径应当根据不同的风况与额定功率匹配，以获得最大的年发电量和最低的发电成本，配置较大直径风轮供低风速区选用，配置较小直径风轮供高风速区选用。

3. 风力发电机组的分类

表4.4为风力发电机组机型分类表，风力发电机组的类型主要从两个方面来分类：按功率大小和按结构型式。

表4.4　**风力发电机组机型分类**

<table>
<tr><th rowspan="4">功　率</th><th colspan="11">结　构　型　式</th></tr>
<tr><th colspan="2">风轮轴方向</th><th colspan="3">功率调节方式</th><th colspan="3">传动形式</th><th colspan="3">转速变化</th></tr>
<tr><th rowspan="2">水平</th><th rowspan="2">垂直</th><th rowspan="2">定桨距</th><th rowspan="2">主动失速</th><th rowspan="2">变桨变速</th><th colspan="2">有齿轮箱</th><th rowspan="2">直接驱动</th><th rowspan="2">定速</th><th rowspan="2">多态定速</th><th rowspan="2">变速</th></tr>
<tr><th>高传动比</th><th>中传动比</th></tr>
<tr><td>0.1～1kW微型机组</td><td rowspan="4">有，常见</td><td rowspan="4">有，不常见</td><td rowspan="3">有，常见</td><td>无</td><td>无</td><td>无</td><td>无</td><td>有</td><td>有</td><td>无</td><td>无</td></tr>
<tr><td>1～100kW小型机组</td><td>有</td><td>有</td><td>有</td><td>无</td><td>无</td><td>有</td><td>有</td><td>有，不常见</td></tr>
<tr><td>100～1000kW中型机组</td><td rowspan="2">有，不常见</td><td rowspan="2">有，常见</td><td rowspan="2">有，常见</td><td>有，不常见</td><td>有，不常见</td><td>有</td><td>有</td><td>有，常见</td></tr>
<tr><td>1000kW以上大型机组</td><td>有，不常见</td><td>有，不常见</td><td>有，常见</td><td>有，不常见</td><td>有，不常见</td><td>有，常见</td></tr>
</table>

（1）按装机容量分类。

1）微型：0.1～1kW。

2）小型：1～100kW。

3）中型：100～1000kW。

4）大型：1000kW以上。

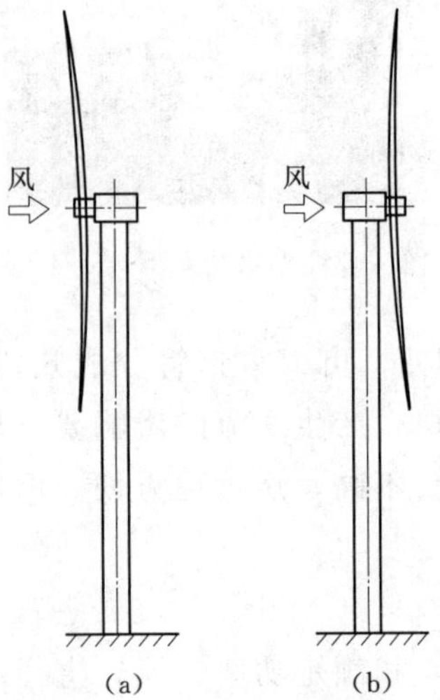

图4.14　水平轴风力发电机组
（a）上风向；（b）下风向

（2）按风轮轴方向分类。

1）水平轴机组。水平轴机组的风轮旋转轴与地面基本平行，安置在垂直地面的塔架上，如图4.14所示。

水平轴机组随风轮与塔架相对位置的不同而有上风向与下风向之分。风轮在塔架的前面迎风旋转，叫做上风向机组，如图4.14（a）所示。风轮安装在塔架后面，风先经过塔架，再到风轮，则称为下风向机组。上风向机组必须有某种调向装置来保持风轮迎风，如图4.14（b）所示。而下风向机组则能够自动对准风向，从而免去了调向装置。但对于下风向机组，由于一部分空气通过塔架后再吹向风轮，这样塔架就干扰了流过叶片的气流而形成所谓塔影效应，影响风力机的效率，使性能有所降低。并网型风力发电机组一般采用上风向水平轴风力发电机组。

2）垂直轴机组。垂直轴机组的风轮旋转轴与地面垂直。

垂直轴风轮按形成转矩的机理又分为阻力型和升力型。阻力型的效率低于升力型。升力型垂直轴开风力发电机组按风轮叶片形状还可分为Φ形和H形，如图4.15所示。其主要特点是可以接收来自任何方向的风，因而当风向改变时，无需对风。由于不需要调向装置，使它们的结构简化。垂直轴机组的另一个优点是齿轮箱和发电机可以安装在地面上。

由于垂直轴风力发电机组需要大量材料，占地面积大，目前商用大型风力发电机组采用较少。

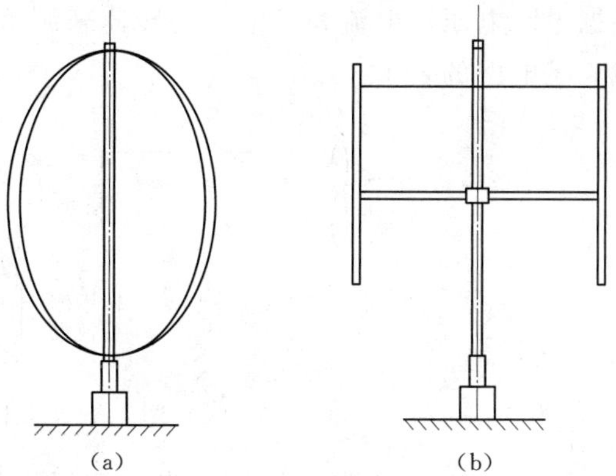

图 4.15　垂直轴机组
(a) Φ形；(b) H形

(3) 按功率调节方式分类。水平轴风力发电机组按功率调节方式可分为定桨距风力发电机组、主动失速型风力发电机组和变桨、变速型风力发电机组等。

1) 定桨距风力发电机组。定桨距风力发电机组又称为失速型风力发电机组，其风轮叶片直接与轮毂固定，安装角固定不变。工作原理是在一定迎角范围内叶片翼型的升力系数与迎角成正比，超出一定迎角后气流开始分离，不再保持正比关系，当迎角大到一定程度后，升力系数下降，阻力系数增加，称为失速。因定桨距风轮的转速变化很小，而叶片的安装角不变，因此当风速增大时，叶片的迎角也随之增大，当超过额定风速后叶片即产生失速，使功率下降到额定值以下，避免发电机产生过载而得以保护。

定桨距风电机组的最大优点是控制系统结构简单，制造成本低，可靠性高。但风能利用系数低，叶片上有较复杂的气动制动装置，当风速跃升时，会产生很大的机械应力，需要比较大的安全系数。

2) 主动失速型（负变距）风力发电机组。主动失速型风力发电机组是定桨距型与变桨距型风力发电机组的结合。叶片采用失速叶片，在低风速时，将桨距角调节到可获取最大功率输出的位置；当风速超过额定风速后，桨距角主动调到失速范围，使功率稳定在额定值或以下，限制功率超载。随着风速的不断变化，叶片仅需微调就能维持额定功率输出。

主动失速型风力发电机组的优点是既具备定桨距失速型风力发电机组的特点，又可进行变桨距调节，提高机组的运行效率，输出功率较平稳。

3) 变桨、变速型风力发电机组。变桨、变速型风力发电机组有如下几种类型：

a. 双馈型风力发电机组。双馈型风力发电组（图4.16）采用绕线式转子的异步发电机，定子直接连接电网，转子通过变流器与电网相连。通过采用变流装置，调节励磁电流的频率可以在不同的转速下实现恒频发电，满足用电负载和并网的要求，即变桨变速运行。可以按吸收最大风能跟踪风速变化去调节转速，提高风力发电机组的效率；通过调节励磁电流的有功分量和无功分量，独立调节发电机的有功功率和无功功率。这样不但可以调节电网的功率因数，补偿电网的功需求，还可以提高电力系统的静态和动态性能。此外，双馈型风力发电机组采用交流励磁，使发电机和电网系统构成了“柔性连接”，即可根据电网电压、电流和发电机的转速来调节励磁电流，精确地调节发电机输出电压，使其能满足电网的要求。

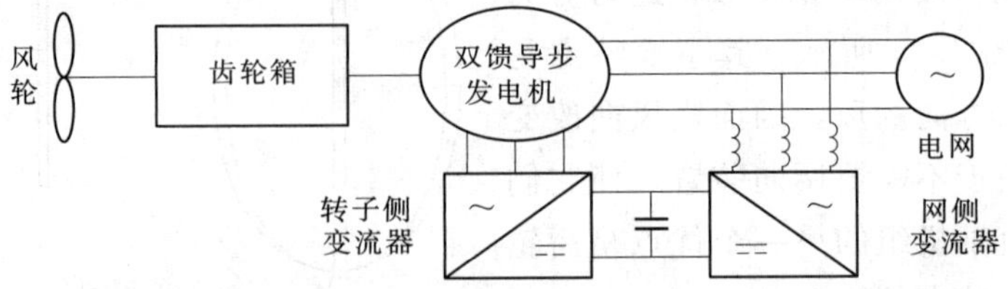

图 4.16 双馈型风力发电机组

b. 直驱型风力发电机组。直驱型风力发电机组又称无齿轮箱风力发电机组。直驱型风力发电机组通常采用永磁同步发电机（图 4.17），转子使用永磁体，没有励磁系统。直驱型风力发电机组将风能转化为频率、幅值都变化的三相交流电，经整流后通过逆变转换为恒频恒压的三相交流电馈入电网。通过全功率变流器，对系统的有功功率和无功功率进行控制，实现最大功率跟踪，最大效率地利用风能。由于风轮转速较低，直驱型风力发电机组输出的电流频率与电网一致，导致发电机尺寸和重量较大，给风力发电机组的运输和安装带来困难。直驱型风力发电机组也可以采用电励磁同步发电机（图 4.18）。

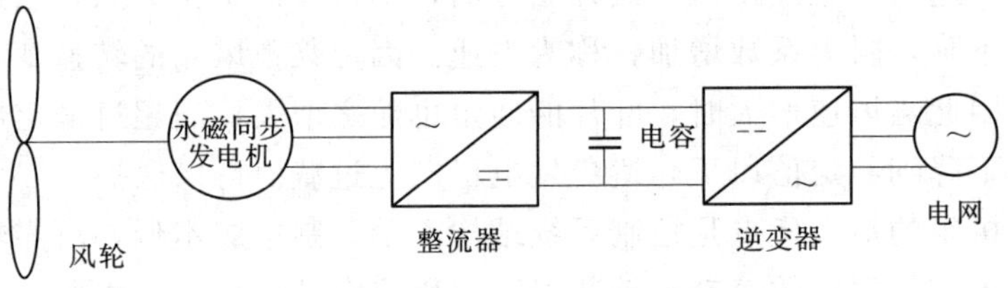

图 4.17 永磁直驱型风力发电机组

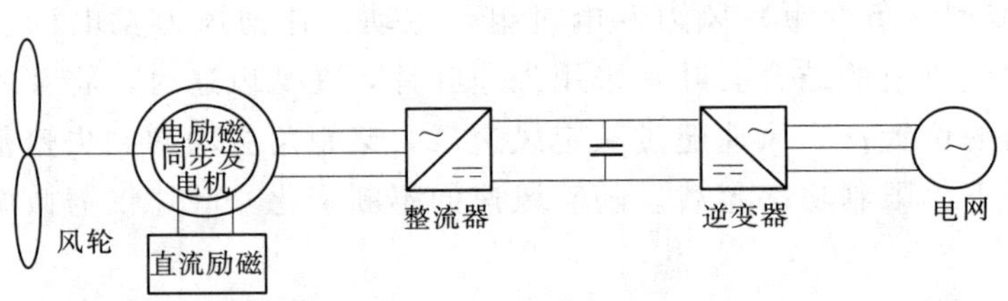

图 4.18 电励磁直驱型风力发电机组

c. 半直驱型风力发电机组。半直驱型风力发电机组又称混合型风力发电机组。一般采用单级齿轮箱升速，这种结构可以分别应用在双馈型与直驱型中（图 4.19 和图 4.20）。

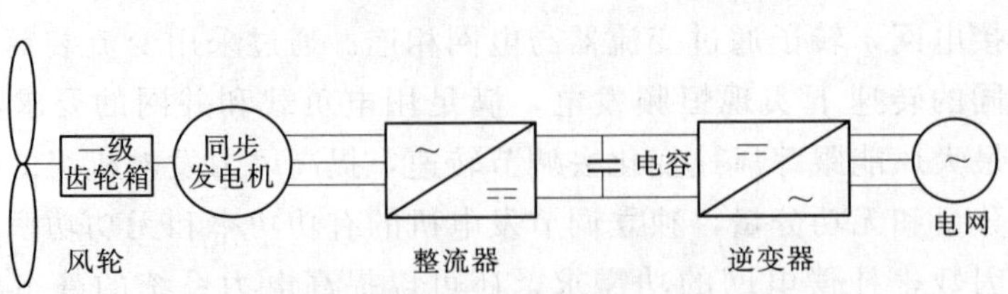

图 4.19 单级齿轮箱直驱型变桨变速风力发电机组

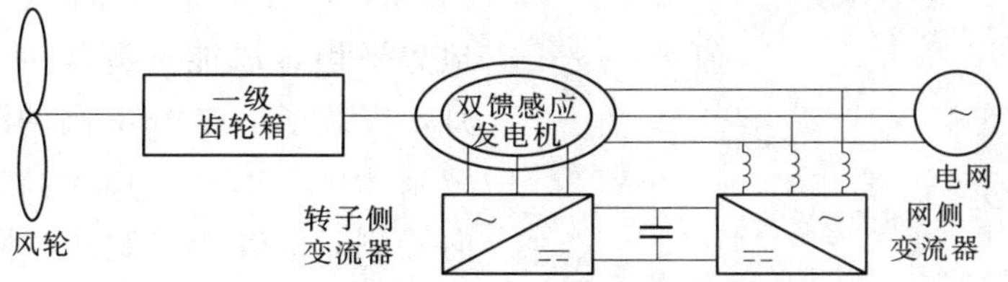

图 4.20 单级齿轮箱双馈型变桨变速风力发电机组

与直驱型风力发电机组相比，单级齿轮箱半直驱型风力发电机组具有较佳的能量成本比，同时由于发电机的特殊设计，大大减轻了发电机的体积和重量，方便安装和运输，具有较好的应用前景。

(4) 按转速变化分类。

1) 定速（又称恒速）。定速风力发电机组是指其发电机的转速是恒定不变的，它不随风速的变化而变化，始终在一个恒定不变的转速下运行。

2) 多态定速。多态定速风力发电机组中包含着两台或多台发电机，根据风速的变化，可以有不同大小和数量的发电机投入运行。

3) 变速。变速风力发电机组中的发电机工作在转速随风速时刻变化的状态下。目前，主流的大型风力发电机组都采用变速恒频运行方式。

(5) 按运行方式分类。

1) 离网型风力发电机组。离网型风力发电机组不与电网连接，运行不受电网电压及频率的限制，因此不必设置控制运行的复杂系统，一般用于没有电网地区，小型机组可直接与负载连接。

2) 并网型风力发电机组。并网型风力发电机组产生的电能向电网输送，电压和频率必须与电网一致。

【任务实施】

对 1kW 的水平轴风力发电机进行拆装，了解风力发电机的各个组成部分及其功用。

任务 4.3 风力发电案例分析

【任务目标】

(1) 了解华能洮北风电场的基本气象条件以及主要技术参数。

(2) 了解丹麦 Horns Rev 近海风电场的基本气象条件以及主要技术参数。

【相关知识】

4.3.1 陆上风电场实例

华能洮北风电场（图 4.21）由华能国际电力开发公司投资，华能新能源产业控股有限公司管理。该工程于 2005 年 6 月开工，12 月全部 58 台风力发电机组并网发电，2006 年 1 月通过 240h 启动调试。华能洮北风电场位于吉林省白城市洮北区青山草场，东经 122°51′～122°54′，北纬 45°48′～45°51′之间，海拔高度为 142～179m，距白城市区约

图 4.21　华能洮北风电场

25km，可开发利用面积大约为 $100km^2$，地势平坦，风能资源较为丰富。2002 年 9 月，安装了一座 48m 高的测风塔开始测风，记录 10m、40m、48m 高度处的风速、风向资料；2003 年 11 月，将测风塔加高到 70m，并增设了 2 座 70m 高的测风塔，根据现场测量数据，风向以北风为主。该风电场 10m 高年平均风速为 5.11m/s，风功率密度为 $142.40W/m^2$；40m 高年平均风速为 6.18m/s，风功率密度为 $234.76W/m^2$；48m 高年平均风速为 6.60m/s，风功率密度为 $274.37W/m^2$。该风电场风功率密度等级接近三级标准。

风电场规划装机容量为 200MW，一期工程装机容量为 40.3MW，该工程安装有 58 台 Gamesa 公司制造的单机容量为 850kW 的 G58－850 型风力发电机组，轮毂高度为一机一变（压器）形式，箱式变压器的额定容量为 900kVA，5～7 台风力发电机组为一个单元；场内建有一座 66kV 变电所，土建部分及输电线路按一期、二期 100MW 规模一次建成，送电线路采用两回 66kV 线路送入 32.26km 外的镇赉变电站。

该项目建成后，每年可节约标煤约 32370t，减少二氧化碳排放量约 93652t，相应减少二氧化碳排放量约 518t。

华能洮北风电场主要技术参数见表 4.5。

表 4.5　华能洮北风电场主要技术参数

序　号	名　称	数　据
1	最大装机容量	49.3MW
2	年发电量	9248.86 万 kW·h
3	年平均风速	6.81m/s（70m）
4	风力发电机组台数	58
5	风力发电机组型号	G58－850
6	轮毂高度	65m
7	每台风力发电机组风轮质量	12.6t
8	每台风力发电机组塔筒质量	83t
9	塔筒底部直径	3.62m
10	机舱质量	24t
11	叶片长	28.3m
12	风力发电机组间距	东西距 360m（列）
		南北距 480m（行）
13	场内道路	19.97km
14	场外主干道	7km
15	66kV 输电线路	32.26km
16	风电场面积	$8.7688hm^2$

华能洮北风电场单位千瓦投资为9699.46元（含送变电），如扣除二期前期及送变电投资，风电场部分实际单位千瓦投资为8687.90元，上网电价为0.63元/(kW·h)。

4.3.2 近海风电场实例

丹麦Horns Rev近海风电场位于丹麦西海岸的北海海域，离岸14～20km（至Blåvands Huk的距离将近14km），水深6.5～13.5m，当地风速9.7m/s，风电场占用面积约20km^2，是世界上第一个大型近海风电项目，Horns Rev近海风电场概貌如图4.22所示。2003年初投产运行，风电场工程包括80台风力发电机组及连接海岸的联网工程（近海变电站及接入陆地高压电网的海底电缆）。风电场由Eltra公司（风场所有者）与Elsam公司（电网经营商）联合开发。

图4.22 Horns Rev海上风电场概貌

Horns Rev近海风电场采用的风力发电机组是Vestas公司生产的V80-2.0MW风力发电机组，风轮直径为80m，额定功率为2.0MW。与陆地标准配置相比，该风力发电机组转速高，并在机舱顶部装备一个平台，用于从直升机上空降运行维护人员，同时在平台上还安装了航标灯，强度可调。风力发电机组配备了通信系统（含特高频无线电接收装置）和专有维护设备（如较大容量的吊车和用于叶片检查和修复的攀爬设备），加强风力发电机组表面防腐措施，如增加油漆和橡胶覆层。另外，该风力发电机组还安装了先进的震动监测设备。

丹麦Horns Rev近海风电场主要技术参数见表4.6。

表4.6 丹麦Horns Rev近海风电场主要技术参数

最大装机容量	160MW
年发电量	600GW·h
年平均风速（62m高度）	9.7m/s
风力发电机组台数	80
风力发电机组型号	V80-2.0MW
轮毂高度	70m（海平面上）
每台风力发电机组风轮和机舱质量	99t
每台风力发电机组塔筒质量	160t
每台风力发电机组基础质量	180～230t
风力发电机组间距	560m

续表

风电场面积	20km²
离岸距离	14～20km
水深	6.5～13.5m
设计海浪高度	8m

风电场内部的电压等级为 36kV。风力发电机组排布为 10 排，每排为 8 台风力发电机组，共 80 台。每相邻两排风力发电机组串联在一起，形成一条回路，每条回路包含 16 台风力发电机组，总共 5 个独立回路，每条回路与变电站（36/150kV）相连接，该风电场场内电气系统的布置图如图 4.23 所示。变电站平台的基础为三根直径为 1～2m 的基础桩，采用与风力发电机组基础相同的方法锤击入海床，平台由 20m×28m 的钢结构搭建而成，高 7m，置于海平面上 14m 处。变电站平台配备的设施：36kV 开关设备、36/150kV 变压器、150kV 开关设备、控制仪表和通信系统、应急柴油发电机（含 2×50t 柴油）、使用海水的灭火设备、人员和服务设施、直升机停机坪、吊车和救生船等。

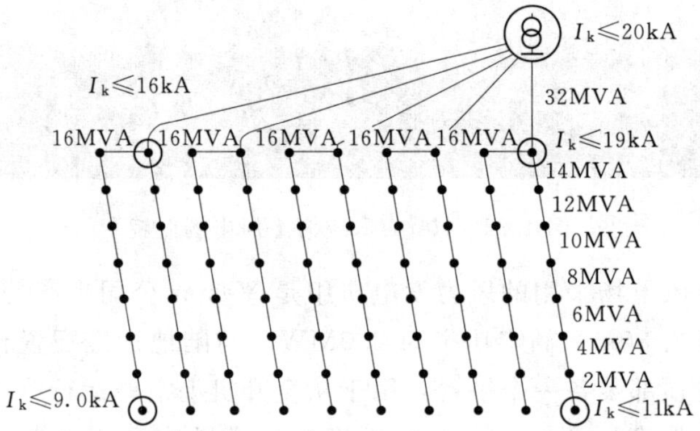

图 4.23　丹麦 Horns Rev 近海风电场内部的电气系统布置

工程建设总造价约为 20 亿丹麦克朗（约 2.7 亿欧元）。大约 3 亿丹麦克朗（约 0.4 亿欧元）用于联网工程，17 亿丹麦克朗（约 2.3 亿欧元）用于风电场建设。

项目投运后上网电量按等效满负荷小时数达到 42000h（约 10 年）以内，电价的固定部分为 0.353 丹麦克朗/(kW·h)，另加再生能源证书，其价格为 0.10～0.27 丹麦克朗/(kW·h)，即电价范围为 0.453～0.623 丹麦克朗/(kW·h)。以后电价为市场价格加再生能源证书价格。

【任务实施】

（1）收集一个陆上风电场实例，并以 PPT 形式做一个简介汇报。

（2）收集一个海上风电场实例，并以 PPT 形式做一个简介汇报。

任务 4.4　风力发电现状及趋势

【任务目标】

（1）了解全球风电产业现状以及风电技术发展现状。

(2) 了解风电未来发展趋势。

【相关知识】

随着全球经济的迅速发展和人类生活水平的不断提高，能源的需求呈大幅增长趋势，导致常规发电不断扩大规模。据预测，2020 年能源需求总量将比 2000 年增长 50%以上，2050 年将增长一倍以上，能源供应形势紧张。在众多新能源中，风能作为一种清洁、安全、可再生的绿色能源，以其对环境无污染、对生态无破坏、环保效益和生态效益良好的优势，脱颖而出，发展迅猛。

风能最主要的利用形式是风力发电，从 20 世纪初开始，很多地区和国家着手研究用风力进行发电，这就为风能发电开拓了广阔的前景。在 1941 年，美国研究并制造了世界上最大的风力发电机。在 20 世纪 50—60 年代，西欧各个国家也陆续开始研究并制造大型的风力涡轮发电机。20 世纪 70 年代，更多的国家和地区开始研究并制造出超大型风力发电机。尽管风力发电发展在整个世界工业史上看起来很短暂，但是它迅猛的发展速度以及技术上的巨大进步不得不让人叹为观止。目前，风力发电成为技术最成熟、最具规模化发展前景的可再生能源。

2017 年，我国新增风电并网容量 1449 万 kW，累计并网容量 7716 万 kW，同比增长 23%，年发电量 1349 亿 kW·h，同比增长 34%。

4.4.1 风力发电现状

1. 风电产业现状

根据全球风能理事会（GWEC）统计，截至 2013 年年底，全球风电累计装机达到 318105MW，全球累计风电装机容量（1996—2013 年）如图 4.24 所示。2013 年全球风电装机新增 35289MW，其中，非洲和中东地区风电新增装机 90MW，亚洲风电新增装机 18216MW，欧洲风电新增装机 12031MW，拉丁美洲和加勒比地区风电新增装机共 1235MW，北美地区风电新增装机 3063MW，大洋洲地区新增风电装机 655MW，全球各个区域新增装机容量如图 4.25 所示。放眼全世界，风力发电正在成为各个国家争相发展的新型能源。

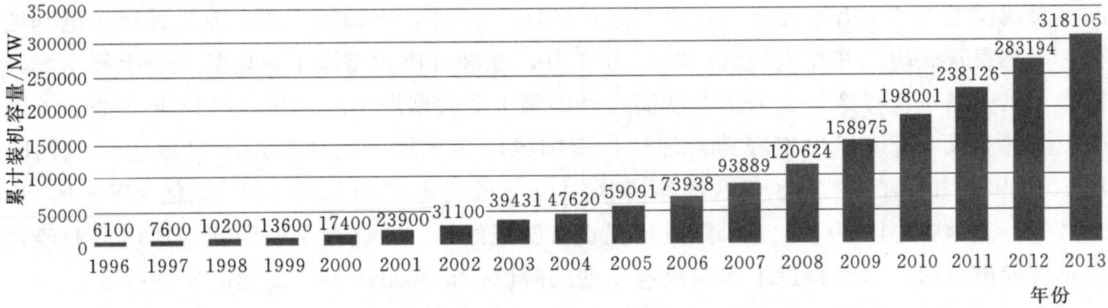

图 4.24 1996—2013 年全球累计装机容量统计

可见，1996—2013 年全球累计风电装机容量逐年递增，近 10 年的发展更为迅猛，预计未来还会保持稳步上升的趋势。

世界国家和地区因其风能资源状况、政府政策的不同，以及风电技术发展程度的差

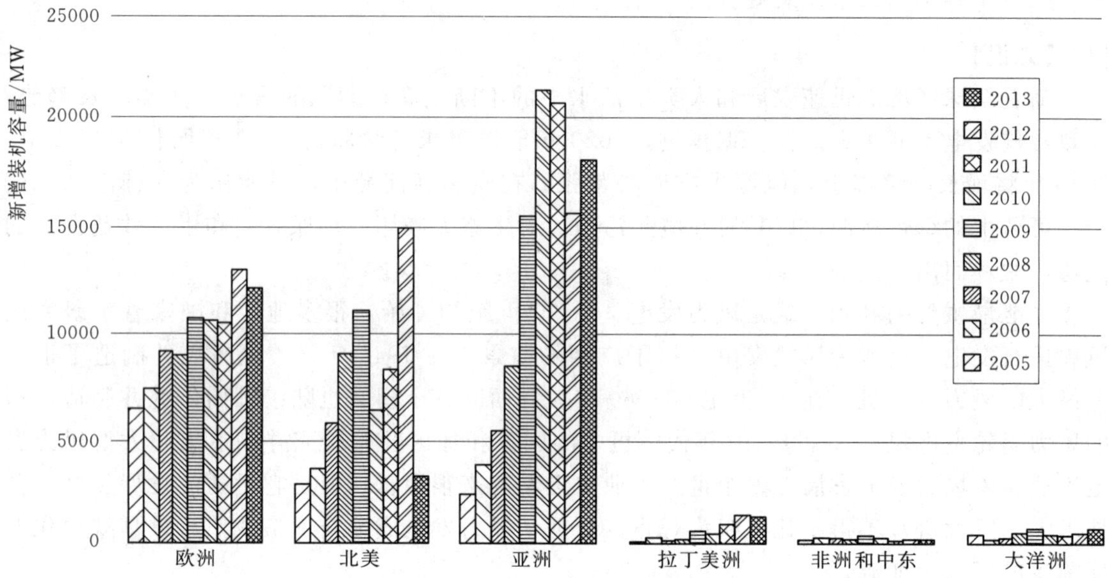

图 4.25　全球分区域年新增装机容量

异，风电产业发展各不相同。截至 2013 年年底，全球风电装机容量中排名前三的分别为中国、美国和德国。

我国位于亚洲东部、太平洋西岸，大部地区处在大陆季风性气候的影响之下，风能资源丰富。我国风电产业虽然起步较晚，但在国家政策驱动及全球发展态势的引领下，我国风电发展迅猛。统计数据显示，截至 2013 年，我国风电累计装机容量达 91412MW，跃居世界首位。2013 年年底，我国累计安装并网型风电机组 63120 台，风力发电量达到 1371 亿 kW・h，比 2012 年同期（1004 亿 kW・h）增长 36%。截至 2013 年年底，中国风电累计装机（台湾地区未计入）超过 600 万 kW 的省（自治区）有 5 个，分别为内蒙古（2027.031 万 kW）、河北（850 万 kW）、甘肃（709.6 万 kW）、山东（698 万 kW）和辽宁（675.8 万 kW）。目前，中国正大力投资在甘肃、新疆、河北、蒙东、蒙西、吉林和江苏沿海建设七大“千万千瓦级”风电基地；2010 年 6 月，中国第 1 座千万千瓦级风电基地在甘肃酒泉正式竣工并投入运营；2010 年 7 月，亚洲首座大型海上风电场——上海东海大桥海上风电场竣工投产，成为至今欧洲之外的第 1 个大型海上风电场。2013 年，我国并网建设条件和风电配套送出工程建设加快，全国风电场平均满负荷利用小时数达到 2074h，比 2012 年增加 115h。2013 年我国因弃风限电造成的电量损失为 162.31 亿 kW・h，比 2012 年下降 46 亿 kW・h；弃风限电情况也有明显好转。这些数字说明我国风电产业经过多年技术进步后，已经跨过了连续快速发展的阶段，正在步入稳定成熟的发展阶段。

美国从 1974 年起开始对风能进行系统的研究，能源部对风能项目的投资累计已达到 25 亿美元。据全球风能理事会统计，截至 2013 年，美国风电装机容量达 61091MW，占全球风电容量比重为 19.2%，位居第二。目前风力发电所提供的电力占全美电力需求的 10%。据能源部预测，在未来 15 年内，风电将增加 6 倍，并在保持现有风电增长率的基础上，实现 2030 年电力供应的 20%来自于风能。

德国是欧洲风力发电增长量最多的国家，风电发展非常迅速。根据全球风能理事会的统计数据，截至 2013 年，德国风电累计装机容量达到 34250MW，占到全球风电容量比重为 10.8%，已超过丹麦，成为世界第三。目前，其国内市场逐渐饱和，出口已成为德国风电事业的主要增长点，其风电设备生产总额约占全球市场的 37%。

风电事业如此迅猛的发展，极大依赖于风电技术的成熟和各国优惠政策的扶持。很多国家积极出台促进风能发展的计划与政策，例如，中国政府自 1995 年以后相继出台了各种优惠的鼓励政策，通过科技公关和国家 863 高科技项目、风电特许权经营、《中华人民共和国可再生能源法》颁布等措施促使风电市场得以飞速发展；美国政府实施一系列法律法规及经济激励措施；德国也出台促进风电入市政策；英国实施风电到户计划，2007 年 12 月，政府宣布全面风力发电计划，将在英国沿岸地区安装 7000 座风力发电机，预计 2020 年实现家家户户使用风电；丹麦确立风电长期发展目标，在能源法中提出：2030 年以前丹麦风电装机容量将达 5.5GW，实现发电量占全国总发电量 50%的目标；西班牙确定风能发展的长期政策，在加大信贷对风电开发支持的同时，将风能发电量与二氧化碳排放权直接挂钩，从而为未来风能发展确定了长期的经济政策；印度出台促进风能发展的优惠政策，历来重视以租赁形式促进风电场项目开发，并发挥私营企业在风力发电计划实施中的重要作用，同时推动大型私营企业与机构转向投资风能开发项目等。

自 20 世纪 90 年代中期以来，在各国风电扶持政策的推动下，风电成本达到每 5 年下降 20%，预计到 2020 年，即使没有补贴，风电成本也将接近常规能源，这为未来风电的发展创造了广阔的前景。

2. 风电技术现状

近年来，风电技术的发展也很迅速，主要表现在以下几个方面：

（1）风电机组单机容量持续增大。近年来，风电机组的单机容量不断增大，2001 年安装的风电机组平均单机容量为 801kW；2002 年安装的风电机组平均单机容量为 974kW，其中 700～1500kW 的风电机组占装机容量的 55.7%，1501～2500kW 的风电机组占装机容量的 30%；2005 年安装的风电机组平均单机容量为 1320kW，其中 750～1500kW 的风电机组占装机容量的 53.2%，1501～2500kW 风电机组占装机容量的 40.8%。随着单机容量不断增大和风能利用效率的提高，世界上主流机型已经从 2000 年的 500～1000kW 增加到 2008 年的 2～3MW，5～6MW 的风电机组也已进入运行阶段，并开始 10MW 风电机组的研制。

（2）变桨变速风电机组逐步替代定桨定速风电机组。随着风能技术和电力电子技术的进步，风轮变桨距技术和风电机组变速恒频技术在兆瓦级风电机组中得到广泛的应用，90%以上新安装的风电机组已采用变桨变速风电机组，其中主要是双馈变速恒频型风电机组，其次是直驱变速恒频型风电机组。

无齿轮箱的直驱变速恒频型风电机组能有效地减小由于齿轮箱造成的机组故障，可提高系统的运行可靠性和寿命，大大减少维护成本，得到了市场的青睐。在直驱变速恒频型风电机组中，要采用全功率变流的并网技术，使风轮和发电机的调速范围为 0～150%的额定转速，从而提高风能的利用效率，改善风电向电网供电的质量。

（3）风电机组性能不断完善。随着风电机组的单机容量不断增大，其性能也不断完善，通过采用先进翼型和对风轮叶片变桨距系统的优化设计，风轮的风能利用系数 C_p 已接近 0.5。

(4) 风电场建设和运行水平日益提高。随着投资者对风电场建设前期工作和建成后运行质量越来越高的要求，已经针对风能资源评估开发了先进的测试设备和评估软件。在风电场选址，特别是在复杂地形下的选址和风电机组接入系统的设计方面，也已开发出商业化的应用软件。

(5) 风电标准、检测与认证体系逐步完善。风电机组标准、检测和认证是提高风电机组性能、保证风电机组产品质量、规范风电市场和推动风电发展的重要基础。除了国际电工委员会制定风电国际标准外，各国也根据自己的国情制定风电国家标准。许多国家还设有风电检测中心和认证机构。

另外，风电机组的齿轮箱、发电机、变流器等部件的运行效率也都进一步提高，在效率增加的同时，风电机组的可靠性特别是抗恶劣气候环境的能力增加，可利用效率一般都在95%以上。

4.4.2　风力发电趋势

(1) 发展海上风电场。建设海上风电场是风能发展的重要方向，特别是欧洲，陆上风能资源可开发的区域已越来越少，继续在陆上建设风电场，会带来占用土地，影响自然景观，噪声对周围居民生活带来不便等问题。另外，海上风能资源比陆地丰富，不但风速高，而且很少有静风期，能更有效地利用风电机组的发电容量。海水表面粗糙度低，海平面摩擦力小，风速随高度的变化小，不需要很高的塔架，可有效降低风力发电机组的成本。海上风的湍流强度也低，作用在风力发电机组上的疲劳载荷小，可延长机组使用寿命。因此，近年来在欧洲已呈现将风电场建设从陆地移向海上。

海上风电场分为近海风电场和深海风电场，目前主要发展近海风电场。

2007年3月，欧盟公布了能源发展绿皮书，提出了风电在2020年的发电总量中占据12%，其中海上风电占1/3的总体目标。按照欧洲风能协会的计算，2020年风电装机容量为180GW，海上风电约为80MW。近海风电场建设时，风电机组单机容量要求大；另外，风电机组基础施工、运输、安装困难，投资成本一般要高出陆地风电场一倍左右。但是，随着规模化发展，建设运行经验的积累，大型风电机组和基础设计建造以及吊装等技术的成熟，市场上将能够购买到更便宜的标准部件和设备，这无疑将大大降低其度电成本。据估计，2020年近海风电的单位投资成本可以降低20%以上。

(2) 电网与风电场协调发展。并网发电是大规模风能利用的主要形式，确保风电场输出的电能品质和电网的稳定运行是持续发展风能的重要前提。风电是一种间歇性电源，大规模风电的开发势必受到电网消纳随机电量能力的限制。关于电网可以接纳风电间歇性电源的比例，并没有明确的结论，但欧洲国家的风电在电力系统中的比例仍在逐步升高，2006年欧盟25个国家风电总装机容量和发电量已分别达到了其总发电装机容量和总发电量的5.4%和3%。其中，丹麦达到25%和16%，德国达到17%和7%，西班牙达到15%和6%。欧洲风电发展模式采用的是分散式风电系统，风电场多数是10～201MW的装机容量，最大的风电场也只有50～60MW。这样的模式将大大降低风电对电网的冲击。

目前，我国电网的网架结构在“南北互联、西电东送、全国联网”的发展战略指导下不断得到加强，已经逐步形成了东北、华北、华中、华东、川渝、南方四省500kV骨干电网，以及西部地区结构紧密的330kV的骨干电网；实现了华北—东北、华中—华东、华中—西北、华中—南方等大区电网之间的互联，开始进入跨大区联网送电、逐步实现全国统一联合电网的新阶段。2008 年，风电发电量在全国总发电量中的比例约为 0.35%，风电总装机容量约占 1.5%，低于欧盟的水平。

另外，除了加强风电开发区的电网建设外，为了做好电网与风电场协调发展，还要进一步开展以下工作：

1）采用单机状态监测技术，提高故障预诊断精度，减少发电量损失。

2）改进风电场的输出电能质量，满足电网越来越严格的要求。

3）发展短期发电量预测技术和智能电网技术，有利于电网调度。

（3）风电产业持续发展。进入 21 世纪以来，全球风能产业从探索阶段逐渐走向成熟，无论是制造商、开发商，还是运营商，都有明显的国际化、大型化和一体化的趋势。大型的风电设备制造商均已开始向全球扩张，企业之间频频发生并购重组事件，一些巨型国际电气设备制造企业也加入风电行业，导致国际风电制造业集中度不断上升，市场竞争日趋激烈。1999—2005 年，前 5 家风电制造企业的市场份额从 68.3%递增到 77.8%。

企业的不断扩张和产业集中度的持续上升反映了风电产业规模经济性要求和一体化趋势。随着项目规模的增大，所有相关的业务都在变大。除了建立完整的风电产业链外，很多开发商还要求制造商也参与项目投资，共同管理和运营，并且提供更长期限的设备保修期，这些能力只有大公司才能具备。

（4）风力发电应用范围扩大。为了克服风电的间歇性，改善风电对电网的影响和扩大风能的应用，将风能与其他能源组成互补系统是一种解决的技术途径。目前，除在技术上已较成熟的风/光互补发电系统、风/柴互补发电系统外，近年来又提出了风/水互补发电系统和风/燃气轮机互补发电系统等。互补发电系统不仅可以并网应用，也可以组成分布式电源系统，独立运行，有较好的应用前景。

另一种解决的技术途径是风电的大规模直接应用，目前正在探索一些可采用间歇直流电电源的高耗能产业，如电解铝以及在海水淡化、盐化工等，直接应用风电的可能性。若低风速时间较长时，可由电网补充少量电能维持运行，或与大规模蓄能技术相结合保持持续供电等应用。

【任务实施】

收集近几年我国风电产业发展现状和前景分析的相关资料，撰写一篇研究报告，要求字数不少于 2000 字。

【思考与练习】

（1）自动测风系统主要由哪几部分组成？各部分有何功能？

（2）简述风力发电机组的组成及其各部分的功用。

（3）何谓水平轴机组和垂直轴机组，各有何优缺点？

（4）什么叫定桨距机组？其有何优点？

（5）按运行方式分，可分为哪两类发电机组？

（6）当前风电技术的发展现状主要体现在哪些方面？

（7）为什么建设海上风电场是未来风能发展的重要方向？

项目5　地热发电系统的组成及案例分析

【项目说明】

地球是个庞大的热库，蕴藏着巨大的热能，人们已有悠久的利用地热的历史。地热发电是利用地下热水和蒸汽为动力的一种新型发电技术。本项目要求大家掌握地热的基本知识，了解地热资源的定义、类型和分布情况，掌握地热发电原理、系统组成，对世界和我国的地热发电的现状及前景进行分析。

任务5.1　地热基本知识

【任务目标】

（1）了解地球的构造和热量的来源。

（2）了解地热的蕴藏量。

（3）了解地热的分布。

【相关知识】

所谓地热能，简单地说，就是来自地下的热能，即地球内部的热能。但是，地热是从何而来？地球内部的温度有多高？地热水蒸气是怎样形成的呢？这是人们在开发利用地热能时不禁要提出的问题。为了说明这些问题，我们得从地球的构造说起。

5.1.1　地球的构造

地球是一个平均直径为12742.2km的巨大的实心椭球体，其表面积约为5.11亿km^2，体积约为$1.0833\times10^{12}km^3$，赤道半径为6378km，极半径为6357km，地球的构造好像是一只半熟的鸡蛋，主要分为3层，如图5.1所示。

地球的最外面一层（即地球外表）相当于鸡蛋壳的部分称为地壳。地壳由土层和坚硬的岩石组成，它的厚度各处不一，介于10～70km之间，陆地上平均为30～40km，高山底下可达60～70km，海底下仅为10km左右。地球的中间部分，即地壳下面相当于鸡蛋白的部分称为地幔，也称中间层。地幔大部分是熔融状态的岩浆，分为上地幔和下地幔两部分，地幔的厚度约为2900km，它由硅镁物质组成，温度在1100～1300℃。地球的中心，即地球内部相当于鸡蛋黄的部分称为地核。地核的温度在2000～5000℃，外核深2900～5100km，内核以下深5100km以下至地心。一般认为地核是由铁、镍等重金属组成的，呈液态。进入地球内部越深，温度越高。地球内部温度示意如图5.2所示。

5.1.2　热量的来源

地球内部的温度如此高，它的热量是从哪里来的呢？地球内热的来源问题与地球的起源问题密切相关。关于地球的起源问题，目前有许多不同的假说，因此关于地热的来源问题，也有许多不同的解释。目前，地球科学家普遍认为，地球内部放射性元素衰变所释放的能量是地球内部热量的主要来源。

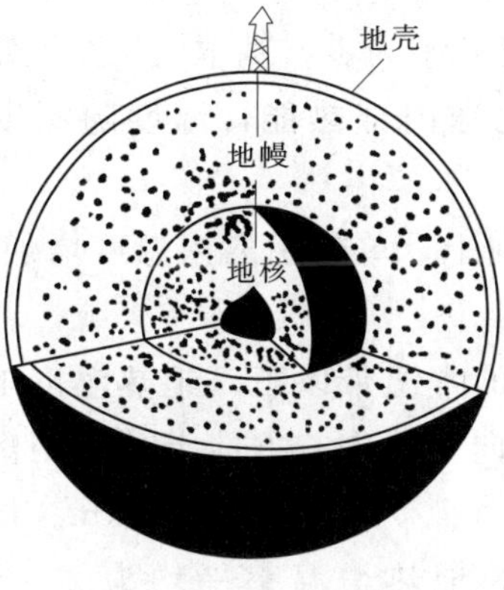

图5.1 地球构造示意图

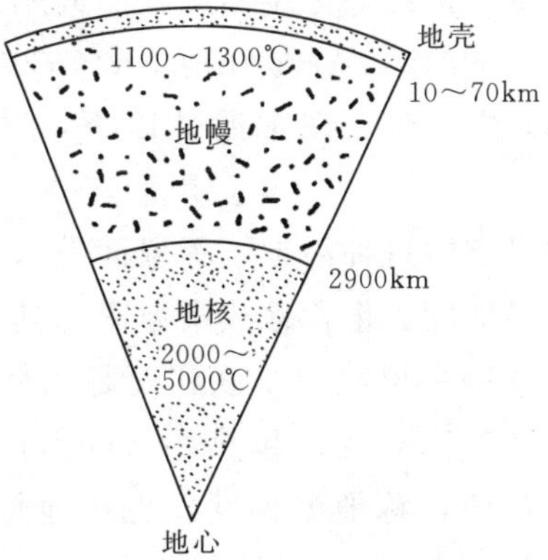

图5.2 地球内部温度示意图

地球内部有些元素的原子核很不稳定，无需外力的作用就能自发地放出电子、氦核和光子等高速粒子。这些高速度的粒子流称为射线，这样的元素称为放射性元素。这种放射变化的过程，总是不停地、稳定地、有规律地进行着称为蜕变，也称衰变。

放射性元素的衰变是原子核能的释放过程。这些粒子和射线的动能与辐射能在同其他物质的碰撞过程中转变为热能。

放射性元素有铀238（^{238}U）、铀235（^{235}U）、钍232（^{232}Th）和钾40（^{40}K）等，集中分布在地壳及上地幔顶部，而且大都存在于花岗岩中。虽然这种放射性元素数量很少，常被称为微量放射性元素，但是它们衰变时所释放的热量是相当巨大的，是地球内部热能的主要来源。

除此之外，地球内热的来源还有重力分异热、潮汐摩擦热、化学反应热等，不过所占比重都不大。

5.1.3 地热的蕴藏量

地球内部是一个高温高压的世界，还是一个庞大的热库，蕴藏着巨大的热能。假定地球的平均温度为2000℃，地球的质量为6×10^{27}kg，地球内部的比热为1.045J/(g·℃)，那么整个地球内部的热含量大约为1.25×10^{31}J。

地球通过火山爆发、间歇喷泉和温泉等途径，源源不断地把它内部的热能通过传导、对流和辐射的方式传到地面上来。据估计，全世界地热资源的总量大约为1.45×10^{26}J，相当于4.948×10^{15}t标准煤燃烧时所放出的热量。若以地球上储存的全部煤炭燃烧时所放出的热量为标准（100%），石油的储存量约为煤炭的3%，目前可利用的核燃料的储存量约为煤炭的15%，而地热能的总储存量则为煤炭的1.7亿倍。

仅地表下10km深度范围内所包含的热量在2.6×10^{25}J以上，在地壳表面3km以内可利用的热能就有8.37×10^{20}J。

可见，地球是一个名副其实的巨大热库，我们居住的地球实际上是一个庞大的热球。

5.1.4　地热的垂直分布

地质学中把地壳中地热的分布划分为3个带，即可变温度带、常温带和增温带。

（1）可变温度带。其厚度大多为15～20m，由于受到太阳辐射热的影响，温度有着昼夜、年度、世纪，甚至是更长的周期变化。

（2）常温带。一般在地下20～30m，温度变化幅度几乎为零，基本上保持恒定。

（3）增温带。在常温带以下，其热量主要来自地球内部热能，温度随深度增加而升高。

增温带中这种沿地下等温面的法线向地球中心方向上，单位距离内温度增加的数值，称为地温梯度，也称地热增温率，其单位通常为℃/km。

地球每一层次的温度状况是迥然不同的，在地壳的常温带以下，地热温度随深度增加而不断升高，越深越热。这种沿地下等温面的法线向地球中心方向上单位距离内温度增加的数值，称地温梯度，也称地热增温率，其单位通常为℃/hm或℃/km。地球各层次的地热增温率差别是很大的，地表至15km深处，地热增温率平均为2～3℃/km；15～25km深处，地热增温率降为平均1.5℃/km；再往下，则只有0.8℃/km。根据各种资料推断，地壳底部至地幔上部的温度为1100～1300℃，地核的温度在2000～5000℃之间。假如按正常的地热增温率来推算，则80℃的地下热水大致埋藏在2000～2500m左右的地下。

5.1.5　地热异常区

按照地热增温率的差别，我们把陆地上的不同地区划分为地热正常区和地热异常区。

除地热增温率外，大地热流值也是衡量地热正常区和地热异常区的重要指标之一。大地热流值是指单位时间内通过地球表面单位面积所散失的热量，通常用符号HFU表示热流单位，$1HFU=4.1868\times10^{-7}J/(cm^2\cdot s)$。

从全球来看，地表大地平均热流值为1.4～1.5HFU，地表平均地温梯度为1.5～3.0℃/km。凡接近上述平均热流值和地温梯度的地区，称为地热正常区；凡热流值和地温梯度超过上述平均值的地区，称为地热异常区。在地热正常区，较高温度的热水或蒸汽埋藏在地壳的较深处；在地热异常区，由于地热增温率较大，因此较高温度的热水或蒸汽埋藏在地壳的较浅部位，有的甚至露出地表。一般把那些天然露出的地下热水和蒸汽称为温泉，温泉是当前技术水平下最容易利用的一种地热资源。在地热异常区，除温泉外，人们也较容易通过钻井等人工方法把地下热水或蒸汽引导到地面上来加以利用。

人们要想获得高温地下热水或蒸汽，就得去寻找那些由于某些原因，破坏了地壳的正常增温，而使地壳表层的地热增温率大大提高了的地热异常区。地热异常区的形成区域，一种是近代地壳断裂运动活跃的地区，另一种则主要是现代火山区和近代岩浆活动区。除此之外，还有由于其他原因所形成的局部的地热异常区。在地热异常区，如果具备良好的地质构造和水文地质条件，就能够形成大量热水或蒸汽的具有重大经济价值的热水田或蒸汽田，统称为地热田。目前世界上已知的一些地热田中，有的在构造上同火山的作用有关，有的则产生在火山中心地区的断块构造地带上。

【任务实施】

(1) 上网查资料，加深对地球构造和热量来源的认识。

(2) 分组讨论地球热量蕴藏量。

任务5.2 地热资源的分析

【任务目标】

(1) 了解地热资源的定义和类型。

(2) 认识地热田。

(3) 了解世界和我国地热资源的分布情况。

(4) 了解地热资源的利用方式。

【相关知识】

5.2.1 地热资源的定义

地球每年通过地表传输的总热量也很大，但并不集中，以目前的技术经济条件还无法抽取和利用，尚不构成资源。地球内部的很多热量藏在地球内部的深处，这样的热量也是很难被人类利用的。只有经过某种地质过程集中到地面以下特定深度范围内的热量，才能成为可用的能量。

在某些地质因素（例如地壳内的火山活动和年轻的造山运动）的作用下，地球内部的热能会以热蒸汽、热水、干热岩等形式向地壳内某些有限的地域范围聚集，如果达到可开发利用的条件，就成了具有开发意义的地热资源。

地热资源（简称地热）是指在当前技术经济和地质环境条件下，能够从地壳内科学、合理地开发出来的岩石中的热能量和地热流体中的热能量及其伴生的有用组成。地热能是通过漫长的地质作用而形成的集热、矿、水为一体的矿产资源。

地热资源是开发利用地热能的物质基础。各种类型地热资源，均要通过一定程序的地热地质勘察研究工作，才能查明其数量、质量和开采技术条件以及开发后的地质环境变化情况。

经过地质调查和勘探验证，地质构造和热资源储量已经查明的地热资源，称为已查明地热资源或确认地热资源；经过了初步调查或是根据某些地热现象，如温泉、地热等物探资料推测、估算的地热资源，称为推测地热资源。

从技术经济角度，目前地热资源勘察的深度可达到地表以下5000m，其中深度在地表下2000m以内的为经济型地热资源，深度为2000～5000m的为亚经济型地热资源。

地热资源赋存在一定的地质构造部位，有明显的矿产资源属性，因而对地热资源要实行开发和保护并重的科学原则。

5.2.2 地热资源的类型

根据在地下的存在状态，地热资源可分为热水型、干蒸汽型、地压型、干热岩型和岩浆型资源等几类。

其中，热水型和蒸汽型还经常统称为水热型，或热液型、水热对流系统；岩浆、地下干热岩体，统称为热火成岩系统。

1. 热水型地热资源

热水型资源是指地下热储中以水为主的对流水热系统，是存在于地热区的水从周围储热岩体中获得热量形成的，它包括喷出地面时呈现的热水以及水汽混合的湿蒸汽。这种地热能分布较广，储量丰富，主要存在于火山活动地区和沉积盆地，约占已探明的地热资源的10%；其温度范围也很广，从接近于室温到高达390℃。90℃以下称为低温热水田；90～150℃称为中温热水田；150℃以上称为高温热水田。中温、低温热水田分布广，储量大，我国已发现的地热田大多属这种类型。

地热水中常含有二氧化碳（CO_2）、硫化氢（H_2S）等气体，以及氯化钠、碳酸钠、硫酸钠、碳酸钙等盐分，不同地区的地热水中盐分的含量不同，一般为0.1%～40%。

在利用地热水时，必须要考虑不凝性气体、盐分等对热利用设备的影响。地热水的开采方法主要是钻井，然后通过自流或水泵将地热水抽出加以利用。

2. 干蒸汽型地热资源

干蒸汽型资源是指以温度较高的蒸汽为主的地下对流水热系统。

含有高温饱和蒸汽而又封闭良好的地层，当热水排放量大于补给量的时候，就会因缺乏液态水分而形成“干蒸汽”。

地热蒸汽的温度一般在200℃以上。干蒸汽几乎不含液态水分，但可能掺杂有少量其他气体。干蒸汽型地热资源可钻井开采，并能直接加以利用。干蒸汽的腐蚀性较弱，可以直接进入汽轮机等应用设备。

这类地热资源的形成需要特殊的地质条件，因而资源储量少，只占全部地热资源的0.5%左右，而且地区局限性大。到目前为止只发现两处具有一定规模的高质量干热蒸汽储藏，一个位于意大利的拉德瑞罗，另一个位于美国的盖瑟尔斯地热田。

3. 地压型地热资源

地压型地热资源主要是以高压水的形式储存于地表以下2～3km深处可渗透的多孔沉积岩中，往往被不透水的岩石盖层所封闭，形成长达上千千米、宽数百千米的巨型热水体，因而承受很高的压力，一般可达几十MPa，温度为150～260℃。

地压水除了具有高压、高温的特点之外，还溶有大量的碳氢化合物（如甲烷等），每立方米地压水中含气量可达1.5～6m^3。因此，地压型资源中的能量，实际上是由机械能（高压）、热能（高温）和化学能（天然气）三个部分组成的。

地压型地热资源可以通过钻井开采，往往和油气资源同时开发，但需要评价长期开采对周围环境和地质条件产生的潜在影响。

地压型资源是在钻探石油时意外发现的，目前尚未被人们充分认识，但可能是一种十分重要的地热资源。

4. 干热岩型地热资源

在地壳的深处，岩石层具有很高的温度，储存着大量的热能。由于岩石中没有传热的流体介质，也不存在流体进入的通道，因而被称为“干热岩”。

现阶段，干热岩型地热资源主要指埋深较浅、温度较高的有开发经济价值的热岩石。干热岩的埋藏深度为2～12km，温度远远高于100℃，多为200～650℃。

干热岩地热资源十分丰富，比上述三类地热资源大得多，是未来人们开发地热资源的重点目标，美国墨西哥湾沿岸的地热区就是这种类型。

提取干热岩中的热量需要有特殊的办法，技术难度较大。一般要在岩层中建立合适的渗透通道，使地表的冷水与之形成一个封闭的热交换系统，通过被加热的流体将地热能带到地面，再与地面的转换装置连接而加以利用。渗透通道的形成，可以通过爆破碎裂法或者凿井。

使热流体在干热岩中循环，然后从干热岩取热是一种对环境十分安全的办法。它既不会污染地下水或地表水，也不会排出对环境有害的气体和固体尘埃，已有试验验证过这种技术思路的可行性。

5. 岩浆型地热资源

岩浆型地热资源比其他几种都多，约占总地热资源的40%，其温度为600～1500℃。其储存深度为3000～10000m，即大都埋藏在目前钻探还比较困难的地层中。在一些多火山地区，这类资源可以在地表以下较浅的地层中找到，有时火山喷发还会把这种熔岩喷射到地面上。

在开采这种地热能时，需要在火山地区打几千米深的钻孔，且尚缺乏耐高温（1000℃）和耐高压（400MPa）且耐强腐蚀性的材料以及人类对高温高压的熔岩的运动规律缺乏了解，所冒的风险很大，因此这种地热能目前尚未得到实际开发利用。

5.2.3 地热田

在目前技术经济条件下具有开采价值的地热资源集中分布的地区为地热田，可以开发的地热田有两大类型，即热水田和蒸汽田。

1. 热水田

这种地热田提供的地热资源主要是液态的热水，温度一般为60～120℃。

从地质构造来看，通常在储水层上方没有不透水的覆盖岩层，此处的地热增温率和储水层的深度足以维持对流循环，并保证储水层上部的温度不超过该处气压下的沸点。热水田是地热田中一种较普遍的类型，既可直接用于供暖和工农业生产，也可用于减压扩容法地热发电系统。

地下热水的形成过程，大致可分为以下两种情况。

（1）深循环型。目前一般认为，约90%的地下热水来自大气降水，仅有极少量是从岩浆释放出来的原生热水。大气降水落到地面后，在重力的作用下，沿土壤或缝隙向地下深处渗流，成为地下水。在渗流过程中，地下水不断吸收周围岩石的热量，逐渐被加热成为地下热水，渗入越深，水温越高。这种地下热水的温度一般符合地热增温率规律，在常温带以下每深入100m平均约增温3℃，所以在地下2000m左右就可获得60～80℃的热水。热水受热后会膨胀，并在下部强大压力的作用下，又沿着另外的岩石缝隙系统向地表移动，成为浅埋藏的地下热水，甚至露出地表成为温泉。一边冷水下落，一边热水上升，这就构成了地下热水的循环运动。深循环型地下热水的形成过程如图5.3所示。

深循环型地下热水的形成、运动和储存与地质构造密切相关。在地壳变动比较剧烈、岩石发生较大断裂的地区，深入地壳内部的岩层裂隙就较多，从而为冷热水的循环提供了通道。尤其是几组不同走向的断层交汇处，岩层在不同方向力的挤压下，断裂破碎程度会更大，裂隙也将更多，从而成为集聚热水的含水层。因此，在断层复合交叉的部位及其附近常是存在深循环型地下热水的地区。热水田大都是属于深循环型的。

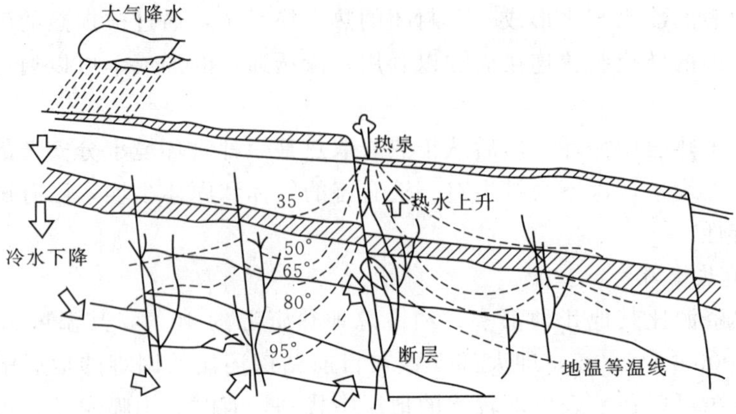

图 5.3　深循环型地下热水

(2) 特殊热源型。数十亿年来，地壳岩层一直在经历着断裂、挤压、折曲及破碎等变化。每当岩层破裂时，地球深部的岩浆就会通过裂缝向地表涌来，如果涌出地表，即成为火山爆发，如果停驻在地表下一定的深度，则成为岩浆侵入体。岩浆侵入体是一个特殊的高温热源，它使渗入的大气降水受到强烈加热，形成高强度的地热异常区，其地热增温率可达每百米几十摄氏度。

例如，新西兰怀拉基地热田地热增温率达 30～40℃/100m。岩浆侵入体的时代越新，它所保留的余热就越多，对地下水加热的程度就越强烈。此外，岩浆侵入体的规模、埋深及覆盖岩层情况等关系到侵人体释放热量的多少。一般认为，第四纪以前地质时期中发生的岩浆侵入体的余热早已散尽，只有近期的侵入体可构成特殊热源。可见，以侵入体为热源的地下热水的埋藏深度取决于热岩体的停驻位置及其温度影响范围，如侵入体较靠近地表，就有可能在地下几百米的地方形成温度很高的热水。特殊热源型地下热水的形成过程如图 5.4 所示。

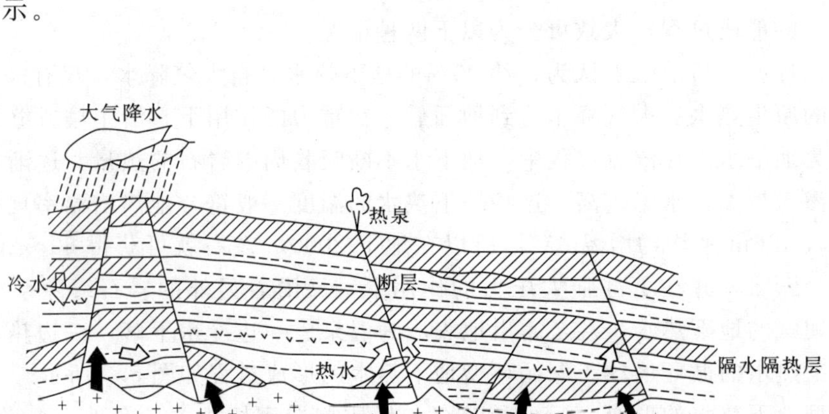

图 5.4　特殊热源型地下热水的形成过程

2. 蒸汽田

蒸汽田的地热资源由水蒸气和高温热水组成。能够形成蒸汽田的地质结构，一般是周围的岩层透水性和导热性很差，而且没有裂隙。由于盖层的隔水、隔热作用，下面的储水层在长期受热的条件下，就聚集了大量蒸汽和热水，从而在该地区形成蒸汽田。

如图5.5所示为蒸汽田的模型。可见，储水层上部为蒸汽，压力大于地表的气压；下部为液态热水，静压大于蒸汽压力。

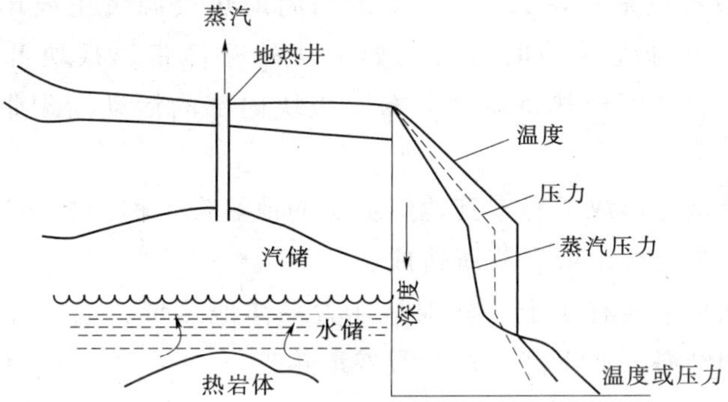

图5.5 蒸汽田模型示意图

按井口喷出介质的状态，蒸汽田可以分为于蒸汽田和湿蒸汽田。干蒸汽田井口喷出的是纯蒸汽。湿蒸汽田井口喷出的是蒸汽与热水的混合物。干、湿蒸汽田的地质条件一般是类似的。有时同一地热田在某个时期喷出的是干蒸汽，而在另一个时期喷出湿蒸汽。

目前，蒸汽田开发不如热水田广泛。实际上，蒸汽田的利用价值可能更高。

3. 地热田的品质

地热资源的开发潜力主要体现在地热田的规模大小。而地热资源温度的高低是影响其开发利用价值的最重要因素。划分地热温度等级的方法，目前在国际上尚不统一。

《地热资源地质勘察规范》（GB 11615—1989）规定，地热资源按温度分为高温（大于150℃）、中温（90～150℃）、低温（小于90℃）三级，按地热田规模分为大型（大于50MW）、中型（10～50MW）、小型（小于10MW）三类。

由地质条件所导致的地球化学作用的影响，不同地热田的热水和蒸汽的化学成分各不相同。

通常热水中含有较多的硫酸和铵、铁、铝等硫酸盐，有时还含有盐酸、硅酸、偏硼酸等。地热水和蒸汽中掺杂的气体成分主要有二氧化碳、硫化氢、甲烷、氨、氮、氢、乙烷等；有的热水中还含有二氧化硫、盐酸气体和氢氟酸气体等。此外，热水和蒸汽都还常常携带有泥沙等固体异物。

地热水和天然蒸汽中的各种杂质都会对地热发电产生影响。例如，各种盐类和固体异物可能使管道、阀门、汽轮机叶片等产生沉盐、结垢、磨损和堵塞等现象；伴生的气体成分则可能导致管道、热交换器、冷凝器等发生堵塞、腐蚀以及冷凝器真空度降低和污染环境等。因此，地热水和天然蒸汽中杂质的成分和含量等因素是地热电站在设计和运行中必须加以考虑的重要因素之一。

5.2.4 世界地热资源分布

1. 世界地热资源的分布规律

就全球来看，地热资源的分布是很不平衡的，但具有一定的分布规律。

地热资源的生成与地球岩石圈板块发生、发展、演化及其相伴的地壳热状态、热历史有着密切的内在联系。

从全球地质构造观点来看，大于150℃的高温地热资源带主要出现在地壳表层各大板块的边缘，即分布在地壳活动的地带，如板块的碰撞带、板块开裂部位和现代裂谷带；小于150℃的中、低温地热资源则分布于板块内部的活动断裂带、断陷谷和凹陷盆地地区。

在各大板块的交接处形成了有丰富地热资源的地热带，称为板间地热带。板间地热带的地热源温度高，多是由火山或岩浆所造成。

环球性的板间地热带共有4个，分别是环太平洋地热带、地中海—喜马拉雅地热带、大西洋中脊地热带和红海—亚丁湾—东非裂谷地热带。

2. 环球性的地热资源分布带

(1) 环太平洋地热带。这个地热带处于世界最大的太平洋板块与美洲、欧亚、印度板块的碰撞边界。世界许多著名的大型地热田，如美国的盖瑟尔斯、长谷、罗斯福地热田，墨西哥的塞罗、普列托地热田，新西兰的怀拉基地热田，菲律宾的蒂威和汤加纳地热田，日本的松川、大岳地热田，中国的台湾马槽、大屯地热田等均在这一带。

(2) 地中海—喜马拉雅地热带。这个地热带位于欧亚板块与非洲板块和印度板块的碰撞边界。世界第一座地热发电站意大利的拉德瑞罗地热田就位于这个地热带中。中国的西藏羊八井及云南腾冲地热田也在这个地热带中。

(3) 大西洋中脊地热带。这是大西洋海洋板块开裂部位，其大部分在洋底，中脊露出海面的部分主要是冰岛。从冰岛至亚速尔群岛有许多地热田，其中最著名的是冰岛首都的雷克雅未克地热田，此外还有冰岛的纳马菲亚尔、马克拉弗拉和亚速尔群岛等一些地热田。

(4) 红海—亚丁湾—东非裂谷地热带。这一地热带位于阿拉伯板块与非洲块板的边界，北起红海和亚丁湾地堑，向南经埃塞俄比亚地堑与非洲裂谷系连接，包括吉布提、埃塞俄比亚、肯尼亚等国的地热田，如著名的肯尼亚阿尔卡利亚高温地热田等。

除了在板块边界部位形成地壳高热流区而出现高温地热田外，在板块内部靠近板块边界部位，在一定地质条件下也可形成相对的高热流区，其热流值大于大陆平均热流值。这种在板块内部地壳隆起区和沉降区内发育的中低温地热带和少量特殊形成的高温地热带，称为板内地热带，如中国东部的胶东半岛、辽东半岛，华北平原及东南沿海等地。

地球上的地热带可分为上述的板间地热带和板内地热带两大类。

3. 世界高温地热分布

世界上主要的高温地热田情况见表5.1。

表5.1　世界高温地热概括

国别	资源概况	热田名称	储热温度/℃
意大利	有大量蒸汽区分布在托斯卡纳、亚平宁山脉西南侧及西西里岛等地	拦德瑞罗	245
		蒙特阿米亚特	165
新西兰	沸点以上的高温蒸汽区密布于北岛陶波火山带	怀拉基	266
		卡韦劳	285
		维奥塔普	295
		布罗德兰兹	296
冰岛	约有1000多个热泉，30多个活火山，沸点以上的高温地热田28个，分布在冰岛西南及东北部	雷克雅未克	146
		亨伊尔	230
		雷克亚内斯	286
		纳马菲雅尔马克拉弗拉	280
菲律宾	已知有71个地热田，与新生代安山岩大山中心有关	吕宋岛的蒂威和汤加钠	320
墨西哥	约有300多处地热显示区，含有大量沸点以上的高温蒸汽区，约有9个活火山，都集中分布在中央火山轴上	帕泰	150
		塞罗普列托	388
日本	25℃以上的温泉约有22200个，其中90年90℃以上的高温蒸汽区，约有50个活火山	松川	250
		大岳	206
中国	高温地热资源分布在西藏，云南西部和台湾省	西藏羊八井	329
		台湾土场—清水	226

5.2.5　我国的地热资源

1. 我国地热资源整体情况

我国拥有丰富的地热资源。世界上四大板块地热带中，经过我国版图的就有两个，分别是太平洋地热带和地中海—喜马拉雅地热带。

全国地热可采储量，是已探明煤炭可采储量的2.5倍，其中距地表2000m以内储藏的地热能为2500亿t标准煤。我国是以中低温地热资源为主。可供高温发电的约580万kW以上，而可供中低温直接利用的盆地型潜在地热资源的埋藏量在2000亿t标煤当量以上。

目前，全国经正式勘察并经国土资源储量行政主管部门审批的地热田有103处，经初步评价的地热田有214个。每年全国可开发利用的地热水总量约68.45亿m，所含地热量为973万亿kJ（9.73×10^{17}J），折合每年3284万t标准煤的发电量。

2. 我国的地热资源分布带

我国地热分布广泛，高温地热资源主要分布在西藏自治区南部、云南西部、四川西部和台湾省，中、低温资源则遍布全国。

根据现有资料，按照地热资源的分布特点、成因和控制等因素，我国的地热资源分布可以划分为7个地热带。

（1）藏滇地热带（又称喜马拉雅地热带）。藏滇地热带地处欧亚和印度两大板块的边界，属于地中海—喜马拉雅地热带，主要包括喜马拉雅山脉以北，冈底斯山、念青唐古拉山以南，西起西藏阿里地区，向东至怒江和澜沧江，呈弧形向南转入云南腾冲火山区，特别是雅鲁藏布江流域。这里水热活动强烈，地热显示集中，已经发现温泉700多处，其中高于当地沸点的热水区有近百处。

藏滇地热带是中国内地地热活动最强烈的地带。

西藏可能是世界上地热最丰富的地区。拉萨附近的羊八井，热水温度高达329.8℃，流体的干度47%，是我国目前温度最高的地热井，建有国内最大的地热电站。

云南省地热资源也十分丰富，东部主要是中低温热水区，西部以高温地热田居多。腾冲地区是中国内地有名的高温地热区，平均热流值达到73.5MW/m^2。著名的热海热田、瑞滇热田就在这一区域。

(2) 台湾地热带。台湾地热带位于太平洋板块和欧亚板块的边界，是环太平洋地热带西部弧形地热亚带的一部分。这里是中国地震最为强烈、最为频繁的地带。地热资源非常丰富，主要集中在东、西两条强震集中发生区，在8个地热区中有6个地区温度在100℃以上。

(3) 东南沿海地热带。这一地带主要包括福建、广东、海南、浙江以及江西和湖南的一部分。当地已有大量地热水被发现，其分布受北东向断裂构造的控制，一般为中低温地热水，福州市区的地热水温度可达90℃。

(4) 鲁皖鄂断裂地热带（也叫鲁皖庐江断裂地热带）。这一地带包括自山东招远向西南延伸，贯穿皖、鄂边境，直达汉江盆地，包括湖北英山和应城。这条地壳断裂带很深，至今还有活动，也是一条地震带。

这里蕴藏的主要是低温地热资源，除招远的地热水可达90～100℃外，其余一般均为50～70℃。初步分析该断裂的深部有较高温度的地热水存在。

(5) 川滇青新地热带。这一地带主要分布在昆明到康定一线的南北向狭长地带，经河西走廊延伸人青海和新疆境内，扩大到准噶尔盆地、柴达木盆地、吐鲁番盆地和塔里木盆地。该地热带以低温热水型资源为主。

(6) 祁吕弧形地热带。这一地带包括热河一带山地、吕梁山、汾渭谷地、秦岭及祁连山等地，甚至向东北延伸到辽南一带，有的是近代地震活动带，有的是历史性温泉出露地，主要地热资源为低温热水。

(7) 松辽及其他地热带。松辽盆地跨越吉林、黑龙江大部分地区和辽河流域。整个东北大平原属新生代沉积盆地，沉积厚度不大，一般不超过1000m，主要为中生代白垩纪碎屑岩热储，盆地基底多为燕山期花岗岩，有裂隙地热形成，温度为40～80℃。

此外，还有一些孤立的地热区，如广西的南宁盆地。

3. 我国地热资源的成因

根据地热资源成因，我国地热资源分为如下几种类型：

(1) 现（近）代火山型。这种类型的地热资源主要分布在台湾北部大屯火山区和云南西部腾冲火山区。腾冲火山高温地热区是印度板块与欧亚板块碰撞的产物。台湾大屯火山高温地热区属于太平洋岛弧之一环，是欧亚板块与菲律宾小板块碰撞的产物，在那里已探到293℃高温地热流体，并在靖水建有装机3MW地热试验电站。

(2) 岩浆型。在现代大陆板块碰撞边界附近，地表以下6～10km，隐伏着众多的高温岩浆，成为高温地热资源的热源。如在我国西藏南部高温地热田，均沿雅鲁藏布江即欧亚板块与印度板块的碰撞边界出露，就是这种成生模式较为典型的代表。西藏羊八井地热田，在井深1500～2000m处，探获329.8℃的高温地热流体；羊易地热田，在井深380m处，探获204℃高温地热流体。

（3）断裂型。主要分布在板块内侧基岩隆起区或远离板块边界由断裂形成的断层谷地、山间盆地，如辽宁、山东、山西、陕西、福建以及广东等。这类地热资源的成生和分布主要受活动性的断裂构造控制，热田面积一般几平方公里，甚至小于1km^2。热储温度以中温为主，个别也有高温，单个地热田热能潜力不大，但点多面广。

（4）断陷、凹陷盆地型。主要分布在板块内部巨型断陷、凹陷盆地之内，如华北盆地、松辽盆地、江汉盆地等。地热资源主要受盆地内部断块凸起或褶皱隆起控制，该类地热源的热储层常常具有多层性、面状分布的特点，单个地热田的面积较大，几十平方公里，甚至几平方公里，地热资源潜力大，有很高的开发价值。

我国地热能资源丰富，分布广泛，但目前仍未大规模开发利用。

5.2.6 地热的利用方式

地热资源的利用方式可分为地热直接利用和地热发电两类。

1. 地热直接利用

从热力学的角度来看，将中、低温地热能直接用于中、低温的用热过程是最合理不过的。对地热能进行直接利用，不但能量的损耗要小得多，而且对地下热水的温度要求也低得多，在15～180℃的温度范围内均可利用。在全部的地热资源中，这类中、低温地热资源是十分丰富的，远比高温地热资源丰富得多。但是，对地热能的直接利用也有其局限性，由于受热水输送距离的制约，因此一般来说，热源不宜离用热的城镇或居民点过远，不然会造成投资多、损耗大、经济性差的情况。

地热能的直接利用技术要求较低，所需设备也较容易。目前对地热能的直接利用发展十分迅速，已广泛地用于工业加工、民用采暖和空调、洗浴、医疗、农业温室、农田灌溉、土壤加温、水产养殖、畜禽饲养等各个方面，收到了良好的经济技术效益，减轻了环境污染，节约了能源。目前，我国地热直接利用的年产出能量和设备总装机容量分别在世界排名第1位和第2位。

2. 地热发电

地热发电是利用地下热水和蒸汽为动力的一种新型发电技术。地热发电原理与火力发电是基本一样的，都是将蒸汽的热能经过汽轮机转变为机械能，然后带动发电机发电。所不同的是，地热发电不需要消耗燃料，它所用的能源就是地热能，另外由于地热能源温度和压力总是较低，因此地热发电一般采用低参数小容量机组。

地热发电的热效率低，对温度的要求较高。所谓热效率低，是指由于地热类型不同以及所采用的汽轮机类型不同，地热发电的热效率一般只有6.4%～18.6%，大部分的热量都白白地消耗掉了；所谓对温度要求较高，是指利用地热能发电一般要求地下热水或蒸汽的温变在150℃以上，否则将严重影响其经济性。

【任务实施】

（1）通过网络等媒介查阅热水型、蒸汽型、地压型、干热岩型和岩浆型资源等类型地热资源的相关知识。

（2）分组讨论在周边哪些地区是否有地热资源分布。

（3）分组讨论生活中常见的地热资源的利用方式。

任务5.3 地热发电原理和技术分析

【任务目标】

（1）掌握地热发电的原理。

（2）认识蒸汽型地热发电系统。

（3）认识热水型地热发电系统。

（4）了解高温岩体和岩浆发电技术。

【相关知识】

地热发电是高温地热资源最主要的利用方式。地热发电是以地下热水和蒸汽为动力的发电技术。

5.3.1 地热发电原理概述

1. 地热发电与火电比较

地热发电的基本原理与常规的燃煤、燃油火力发电是相似的。都是用高温高压的蒸汽驱动汽轮机（将热能转变为机械能），带动发电机发电。所不同的是，火电厂是利用煤炭、石油、天然气等化石燃料燃烧时所产生的热量，在锅炉中把水加热成高温高压蒸汽。而地热发电不需要消耗燃料，而是直接利用地热蒸汽或利用由地热能加热其他工作流体所产生的蒸汽。

煤炭、石油、天然气等化石能源储量有限，越用越少。相对而言，地热资源算是取之不尽、用之不竭的。

地热发电的流体性质，与常规的火力发电也有所差别。火电厂所用的工作流体是纯水蒸气；而地热发电所用的工作流体要么是地热蒸汽（含有硫化氢、氡气等气态杂质，这些物质通常是不允许排放到大气中的），要么是低沸点的液体工质（如异丁烷、氟利昂等）经地热加热后所形成的蒸汽（一般也不能直接排放）。

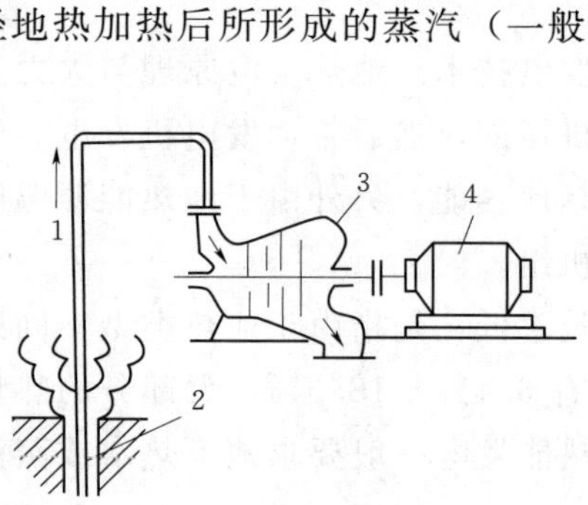

图5.6 地热发电示意图

1—地热蒸汽；2—地热蒸汽井；3—汽轮机；4—发电机

此外，地热电站的蒸汽温度要比火电厂料锅炉出来的蒸汽温度低得多，因而地热蒸汽经涡轮机的转换效率较低，一般只有10%左右（火电厂涡轮机的能量转换效率一般为35%～40%），也就是说，3倍的地热蒸汽流才能产生与火电厂的蒸汽流对等的能量输出。

2. 地热发电的过程和条件

地热发电的过程，就是先把地热能转变为机械能，再把机械能转变为电能的过程。地热发电的示意如图5.6所示。

要利用地下热能，首先需要有“载热体”把地下的热能带到地面上来。目前能够被地热电站利用的载热体，主要是地下的天然蒸汽和热水。

地热发电的热效率低，对于不同类型的地热资源和汽轮发电机组，地热发电的热转换效率一般在5%～20%之间，说明地热资源提供的大部分热量都白白地浪费掉了，而没有变成电能。

地热资源的温度越低，其热转换效率也就越低。因此，地热发电对地热资源温度的要求较高，一般要求地下热水或蒸汽的温度达到特定的范围，否则其经济性就很难保证。地热发电一般要求地热流体的温度在150℃甚至200℃以上，这时具有相对较高的热转换效率，因而发电成本较低，经济性较好。在缺乏高温地热资源的地区，中低温（例如100℃以下）的地热水也可以用来发电，只是经济性较差。由于地热能源温度和压力低，地热发电一般采用低参数小容量机组。

经过发电利用的地热流都将重新被注入地下，这样做既能保持地下水位不变，还可以在后续的循环中再从地下取回更多的热量。

地热发电是利用地下热水和蒸汽为动力源的一种新型发电技术，它涉及地质学、地球物理、地球化学、钻探技术、材料科学和发电工程等多种现代科学技术。

地热发电的种类比较多，由于各地区的地热温度、压力大小以及水和汽的成分各不同，发电的方式也不一样。按照载热体的类型、温度、压力和其他特性，可把地热发电的方式划分为蒸汽型地热发电和热水型（含水汽混合的情况）地热发电两大类。此外，还有正在研究试验的全流发电系统和干热岩发电系统。

5.3.2 蒸汽型地热发电系统

蒸汽型地热发电是把地热蒸汽田中的干蒸汽直接引入汽轮机发电机组进行发电的一种发电模式。

有些高温地热田能够获得地下干蒸汽，并且具有较大的压力，可以直接驱动汽轮发电机组发电。不过，在把地热蒸汽引入汽轮机之前，先要把地热蒸汽中的岩屑、矿粒和水滴分离出去。这种发电方式最为简单，但干蒸汽地热资源十分有限，且多存于较深的地层，开采技术难度大，所以其发展有一定的局限性。

蒸汽型地热发电系统又可分为两种形式，即背压式汽轮机发电系统和凝汽式汽轮机发电系统。

1. 背压式汽轮机发电系统

背压式汽轮机地热蒸汽发电系统，是最简单的地热干蒸汽发电方式。

这种系统主要由净化分离器和汽轮机组成，如图5.7所示。其工作原理为首先把干蒸汽从蒸汽井中引出，加以净化，经过分离器分离出所含的固体杂质，然后把蒸汽通入汽轮机做功，驱动发电机发电。做功后的蒸汽可直接排入大气，也可用于工业生产中的加热过程。

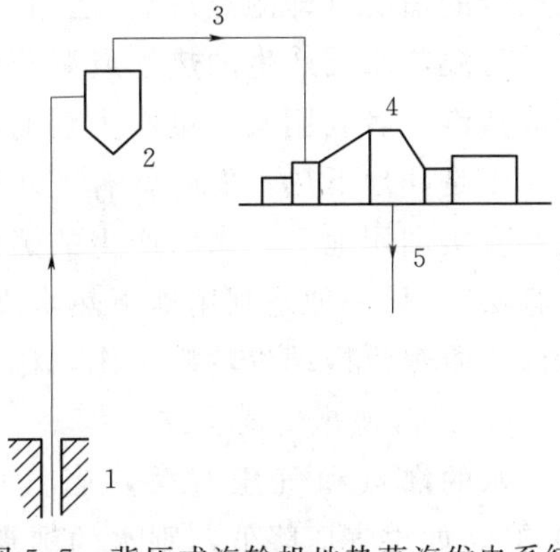

图5.7 背压式汽轮机地热蒸汽发电系统
1—蒸汽井；2—净化分离器；3—干蒸汽；4—汽轮发电机组；5—排汽

这种系统大多用于地热蒸汽中不凝结气体含量很

高的场合，或者综合利用于工农业生产和人民生活的场合。1913年，世界上第一座地热电站，即意大利拉德瑞罗地热电站中的第一台机组，就是采用背压式汽轮机发电系统，容量为250kW。

2. 凝汽式汽轮机发电系统

凝汽式汽轮机地热蒸汽发电系统，如图5.8所示。在该系统中，由于蒸汽在汽轮机中能膨胀到很低的压力，因而能做出更多的功。做功后的蒸汽排入混合式凝汽器，并在其中被循环水泵打入的冷却水所冷却而凝结成水，然后排走。在凝汽器中，为保持很低的冷凝压力，即真空状态，设有两台带有冷却器的抽汽器，用来把由地热蒸汽带来的各种不凝结气体和外界漏入系统中的空气从凝汽器中抽走。

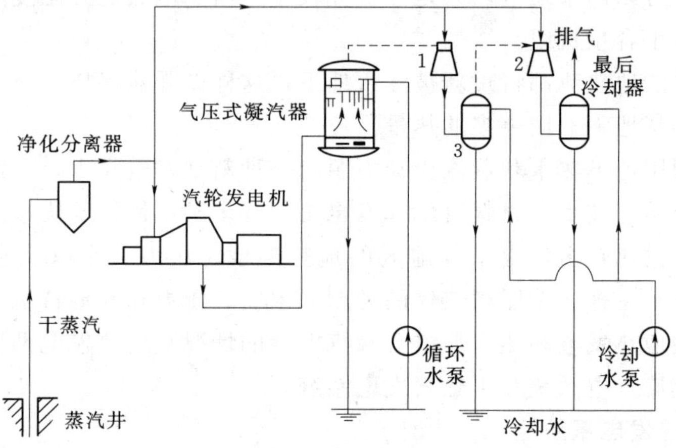

图5.8　凝汽式汽轮机地热蒸汽发电系统

1—一级抽汽器；2—二级抽汽器；3—中间冷却器

采用凝汽式汽轮机，可以提高蒸汽型地热电站的机组出力和发电效率，因此这种方式常被采用。

5.3.3 热水型地下发电系统

热水型地热发电是目前地热发电的主要方式。这里所说的“热水型”，包括热水和蒸汽混合的情况（即湿蒸汽）。适用于分布最为广泛的中低温地热资源。

低温热水层产生的热水或湿蒸汽不能直接送入汽轮机，需要通过一定的手段，把热水变成蒸汽或者利用其热量产生别的蒸汽，才能用于发电。

于是，地下热水发电就有了两种方式：一种是通过减压等方法将热水快速地转变为蒸汽，直接利用地下热水所产生的蒸汽进入汽轮机工作，称为闪蒸地热发电系统，即“减压扩容法”；另一种是利用地下热水来加热某种低沸点工质，使其产生蒸汽进入汽轮机工作，由该工质蒸汽推动汽轮机工作，称为双循环地热发电系统，即“低沸点工质法”。

1. 闪蒸地热发电系统

水的沸点和气压有关，当气压为一个标准大气压即101.325kPa时，水的沸点是100℃。如果气压降低，则水的沸点也相应地降低。当气压为50.663kPa时，水的沸点降到81℃；当气压为20.265kPa时，水的沸点为60℃。

根据水的沸点和压力之间的这种关系，可以把100℃以下的地下热水送入一个密封的容器中进行抽汽降压，使温度不太高的地下热水因气压降低而沸腾，变成蒸汽。由于热水降压蒸发的速度很快，是一种闪急蒸发过程，同时当热水蒸发产生蒸汽时，它的体积要迅速扩大，因此这个容器就称为闪蒸器或扩容器。用这种方法来产生蒸汽的发电系统，称为闪蒸地热发电系统，也称为减压扩容地热发电系统。

闪蒸后剩下的热水和汽轮机中的凝结水可以供给其他热水用户利用。利用完后的热水再回灌到地层内。适合于地热水质较好且不凝气体含量较少的地热资源。

闪蒸地热发电又可以分为单级闪蒸地热发电系统、两级闪蒸地热发电系统和全流法地热发电系统等几种。

（1）单级闪蒸地热发电系统。根据地热资源的不同，单级闪蒸地热发电系统又可以分为湿蒸汽型和热水型两种，分别如图 5.9 和图 5.10 所示。两种形式的差别在于蒸汽的来源或形成方式。如果地热井出口的流体是湿蒸汽，则先进入汽水分离器，分离出的蒸汽送往汽轮机，分离下来的水再进入闪蒸汽，得到的蒸汽再进入汽轮机发电。

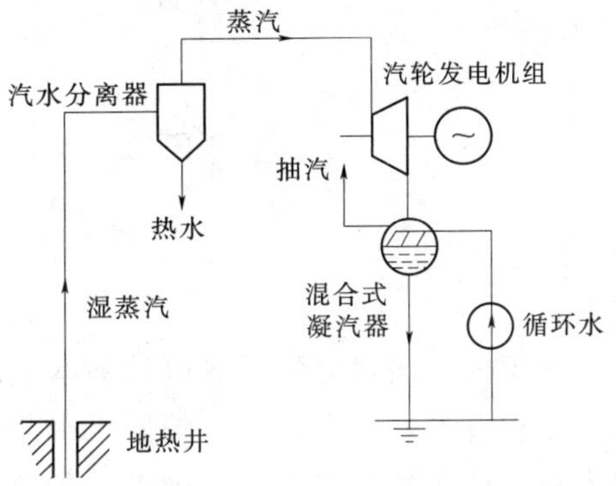

图 5.9　单级闪蒸地热发电系统（湿蒸汽型）

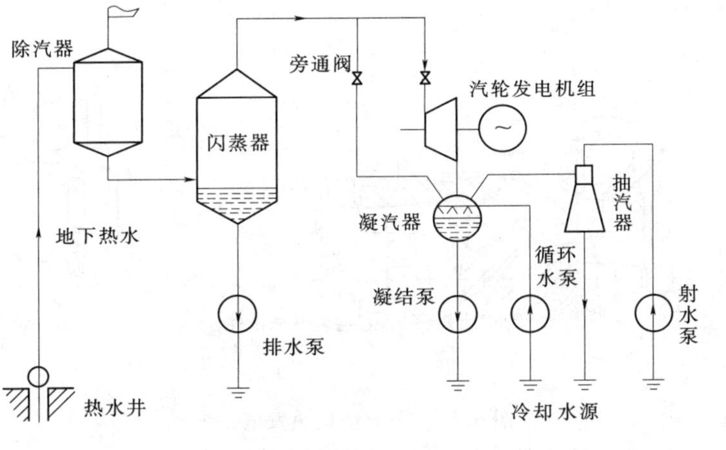

图 5.10　单级闪蒸地热发电系统（热水型）

（2）两级闪蒸地热发电系统。两级闪蒸地热发电系统如图 5.11 所示。在这种系统中，第一次闪蒸器中剩下来汽化的热水，又第二次进入压力进一步降低的闪蒸器，产生压力更低的蒸汽再进入汽轮机做功。它的发电量可比单级闪蒸地热发电系统增加 15%～20%。

（3）全流法地热发电系统。全流法地热发电系统如图 5.12 所示。这种系统是把地热井口的全部流体，包括蒸汽、热水、不凝气体及化学物质等，不经处理直接送进全流动力机械中膨胀做功，然后排放或收集到凝汽器中，这样可以充分地利用地热流体的全部能量。

该系统由全流膨胀器、汽轮发电机组和凝汽器等部分组成。它的单位净输出功率可比单级闪蒸地热发电系统和两级闪蒸地热发电系统的单位净输出功率分别提高 60%和 30%

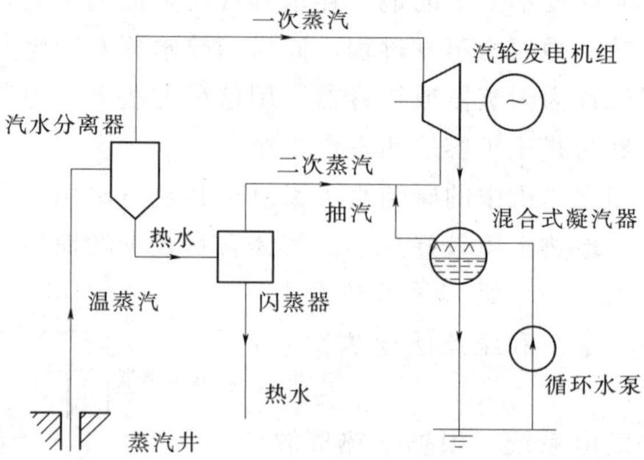

图5.11 两级闪蒸地热发电系统

左右。

采用闪蒸法发电的地热电站基本上沿用火力发电厂的技术，即将地下热水送入减压设备——扩容器，然后将产生的低压水蒸气导入汽轮机做功。在热水温度低于100℃时，全热力系统处于负压状态。这种电站的优点是系统简单，可以采用混合式热交换器，建设、运行和维护方便，造价低；其缺点是设备尺寸大，容易结垢、受腐蚀，热效率较低。这种电站由于直接以地下热水蒸气为工质，因而对于地下热水的温度、矿化度以及不凝气体含量等有较高的要求。

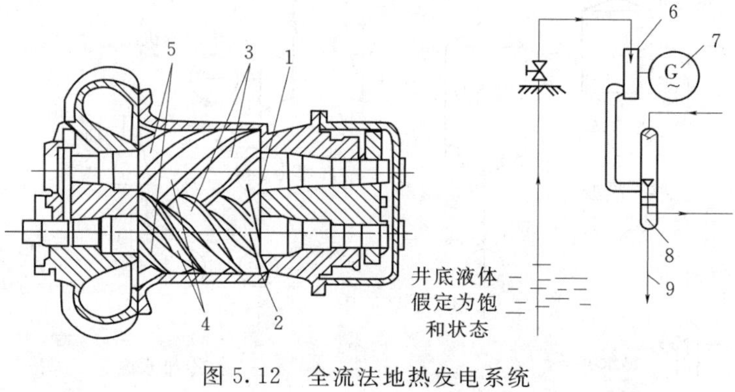

图5.12 全流法地热发电系统

1—高压气室；2～4—啮合螺旋转子；5—排出口；6—全流膨胀器；
7—汽轮发电机组；8—凝汽器；9—热水排放

2. 双循环地热发电系统

这是20世纪60年代以来在国际上兴起的一种地热发电技术。这种发电技术不是直接利用地下热水所产生的蒸汽进入汽轮机做功，而是通过热交换器利用地下热水来加热某种低沸点的工质，使之变为蒸汽，然后用此蒸汽去推动汽轮机，并带动发电机发电；汽轮机排出的乏汽经凝汽器冷凝成液体，使工质再回到蒸发器重新受热，循环使用。

在这种双循环发电系统中，常采用两种各自独立循环的流体：一种是作为热源的地热流体；另一种是作为工作介质来完成将地下热水的热能转变为机械能的低沸点工质流体。所谓双循环地热发电系统即由此而得名。

双循环发电常用的低沸点工质，多为碳氢化合物或碳氟化合物，如异丁烷（常压下沸点为−11.7℃）、正丁烷（−0.5℃）、丙烷（−42.17℃）、氯乙烷（12.4℃）和各种氟利昂，以及异丁烷和异戊烷等的混合物。

（1）双循环发电系统的优点：

1）热效率较高，可以利用温度较低的地热资源。

2）低沸点工质蒸汽压力高，因而设备紧凑，汽轮机的尺寸小。

3）地热水与发电系统并不直接接触，易于适应化学成分比较复杂的地下热水。

（2）双循环发电系统的缺点：

1）低沸点工质价格较高，来源有限，有些易燃、易爆，或者有毒、有腐蚀性。

2）大部分低沸点工质传热性都比水差，需要相当大的金属换热面积。

3）不像扩容法那样可以方便地使用混合式蒸发器和冷凝器。

双循环地热发电系统又可分为单级双循环地热发电系统（图 5.13）、两级双循环地热发电系统（图 5.14）、闪蒸与双循环两级串联发电系统（图 5.15）。

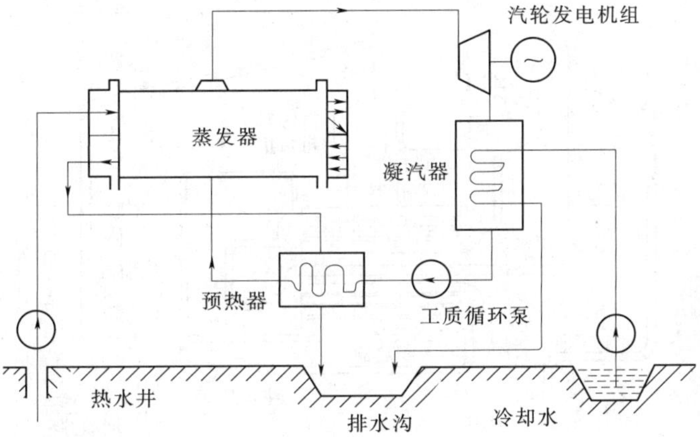

图 5.13　单级双循环地热发电系统

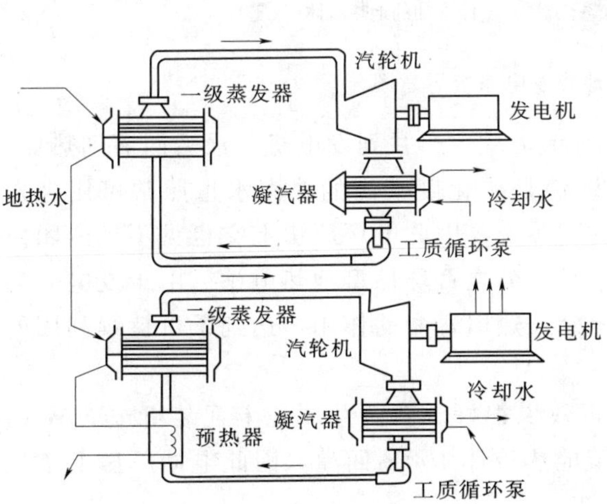

图 5.14　两级双循环地热发电系统

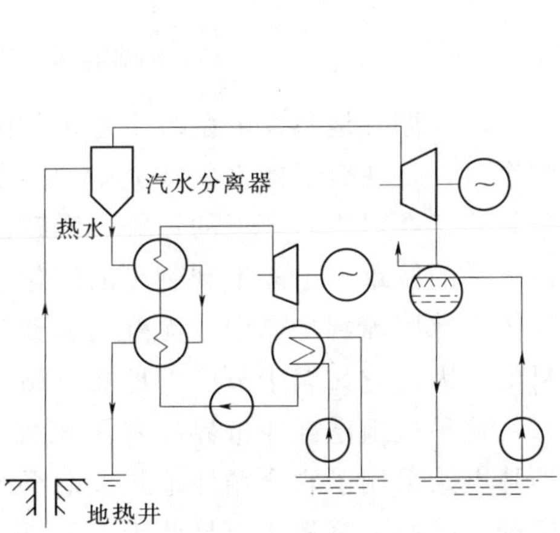

图 5.15　闪蒸与双循环两级串联发电系统

单级双循环发电系统发电后的热排水还有很高的温度，可达50～60℃，可以再次利用。两级双循环地热发电系统就是利用排水中的热量再次发电的系统。采用两级利用方案，各级蒸发器中的蒸发压力要综合考虑，选择最佳数值。闪蒸与双循环两级串联发电系统就是第一级采用闪蒸发电，然后利用排水中的热量加热低沸点工质再一次发电的系统。如果这些系统中温度与压力数值选择得合理，那么在地下热水的水量和温度一定的情况下，一般可提高发电量20%左右。两级循环地热发电系统和闪蒸与双循环两级串联发电系统的优点是都能更充分地利用地下热水的热量，降低了发电的热水消耗率；缺点是都增加了设备的投资和运行的复杂性。

汽轮机排出的蒸汽经凝汽器冷却成液体后，再用工质泵送回换热器重新加热，循环使用。为了充分利用地热能，让从换热器排出的地热水经过一个预热器来预热来自凝汽器的低沸点工质液体，经过预热器的地热水再回灌到地层中。

5.3.4　联合循环地热发电系统

20世纪90年代中期，以色列奥玛特（Ormat）公司把上述地热蒸汽发电和地下热水发电两种系统合二为一，设计出一个新的联合循环地热发电系统，如图5.16所示。

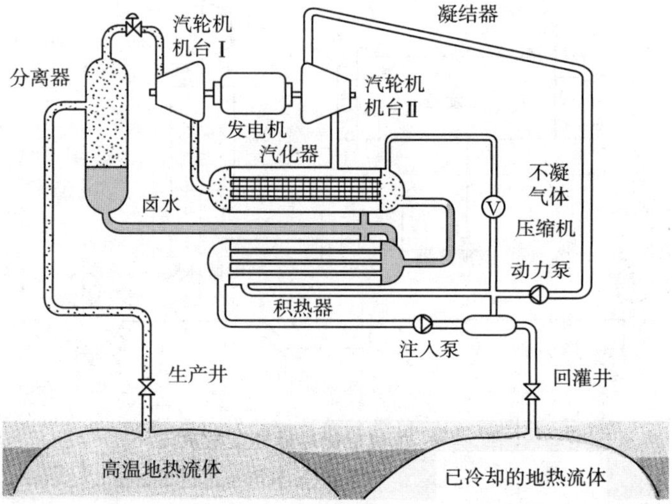

图5.16　联合循环地热发电系统示意图

联合循环地热发电系统示意图如图5.16所示，从生产井到发电机，最后回灌到热储，整个过程是在全封闭系统中运行的。因此，即使是矿化度甚高的热卤水也照常可用来发电，不存在对生态环境的污染。同时由于是封闭系统，因此电厂厂房上空也见不到团团白色气雾的笼罩，也闻不到刺鼻的硫化氢气味，是百分之百环保型地热电站。由于发电后的流体全部回灌到热储层，无疑又起到节约资源延长热田寿命的作用，达到了可持续利用的目的，因此它又属于节能型地热电站。

这种机组已经在世界一些国家安装运行，效果很好。新西兰罗托卡瓦装机27MW的地热电站采用了联合循环地热发电系统，由于地热流体100%回灌，因此电站厂房上空呈现的不是白云蒸汽，而是蓝天白云。

这种联合循环地热发电系统最大优点是：可以适用于大于1500℃的高温地热流体发

电，经过一次发电后的流体，在并不低于 120℃的工况下，再进入双工质发电系统进行二次做功，这就充分利用了地热流体的热能，既提高了发电的效率又能将以往经过一次发电后的排放尾水进行再利用，从而大大地节约了资源。

5.3.5　高温岩体和岩浆发电技术

除了上述几种基本的地热发电方式外，在 21 世纪，有些国家对利用高温干热岩体和岩浆的热能发电进行了一系列试验性研究。

高温岩体发电的方法是打两口深井至地壳深处的干热岩层，一口为注水井，另一口为生产井。首先用水压破碎法在井底形成渗透性很好的裂隙带，然后通过注水井将水从地面注入高温岩体中，使其加热后再从生产井抽出地表进行发电。发电后的乏水再通过注水井回灌至地下形成循环。

高温岩体发电在许多方面比天然蒸汽或热水发电优越。首先干热岩热能的储量比较大，可以较稳定地供给发电机热量，且使用寿命长。从地表注入地下的清洁水被干热岩加热后，热水的温度高，由于它们在地下停留时间短，来不及溶解岩层中大量的矿物质，因此比一般地热水夹带的杂质少。据日本中央电力研究所估算干热岩发电成本接近于水力发电成本。但目前处在试验阶段。

这种发电方式的构想是 1970 年美国新墨西哥州的洛斯-阿拉斯国立研究所提出的。在地面以下 3～4km 处有 200～300℃高温的低渗透率的花岗岩体，通过注入高压水制造一个高渗透的裂隙带作为人工热储层。然后在人工储层中打一口注水井和一口生产井。通过封闭的水循环系统把高温岩体热量带到地面进行发电。1977 年洛斯—阿拉斯国立研究所在实验基地内钻的两口深度约为 3km 的井，温度约为 200℃。这一循环进行了 286 天，获得 3500～5000kW 的热能，相当于 500kW 的电能。从而在世界上首次证实了这种方案的可行性。1978 年日本在岐阜县上郡肘折地区也进行了高温干热岩体的发电实验。与美国洛斯—阿拉斯国立研究所试验不同的是它钻探了三口生产井，1991 年开始在深度为 1800m、温度为 250℃的干热岩中进行了为期 80 天的循环实验，估计得到 8000kW 的热能。

所谓岩浆发电就是把井钻到岩浆，直接获取那里的热量。这一方式在技术上是否可行，是否能把井钻至高温岩浆，人们一直在研究中。在夏威夷进行了钻井研究，想用喷水式钻头把井钻到岩浆温度为 1020～1170℃的岩浆中，并深入岩浆 29m，可就此也只是地表的个别情况，如果真正钻到地下几千米才钻到岩浆，采用现有技术也是很难实现的。

另外，从岩浆中提取热量，只进行了理论研究。

【任务实施】

（1）简述蒸汽型地热发电过程。

（2）简述热水型地热发电过程。

（3）分析联合循环地热发电的优点。

任务 5.4　地热发电系统案例分析

【任务目标】

（1）了解地热发电系统的主要组成设备。

(2) 了解地热发电的关键技术问题。

(3) 学习地热发电实例。

【相关知识】

5.4.1 地热发电系统

地热发电系统设备与常规火力发电设备基本相似，但由于地热的压力和水质有其特殊性，因而在设备的结构和材质等方面有许多不同。

1. 汽轮机

地热发电站由于机组小，一些固定的损失，如机械损失和进、排汽损失等占输出功率的百分数比较大，因而汽轮机的效率，比大型汽轮机的效率要低。为了得到较高的效率，在地下热水温度较高的情况下，常采用多级轴流式汽轮机，如二级、三级汽轮机。轴流式汽轮机又包括冲击式和反击式汽轮机，蒸汽在其中进行能量转换时，大致沿着轴线方向流动。

(1) 冲击式汽轮机。图5.17为多级冲击式汽轮机的简图。多级汽轮机在结构上相当于几个单级汽轮机的串联，在工作原理上就是使蒸汽膨胀能量分级利用。多级汽轮机的最大优点，就是对于每一个级可以选取不大的焓降，降低喷管的蒸汽速度，减少喷管损失。同时可在较低的圆周速度下，保证最佳的速度比，获得较高的效率。

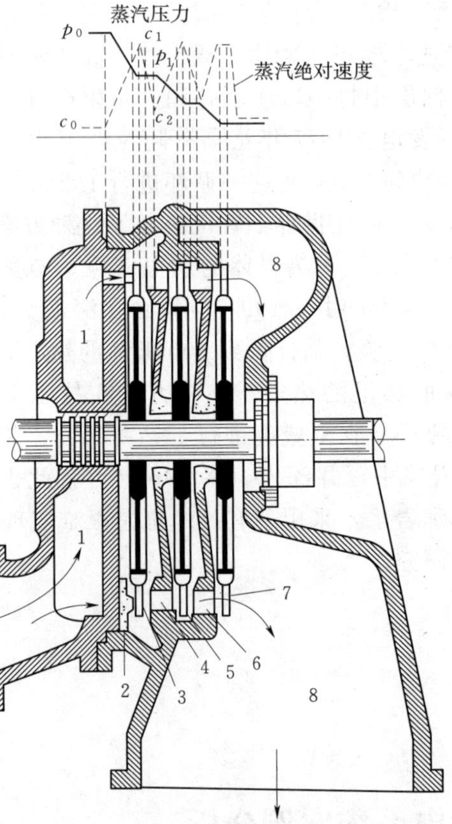

图5.17 冲击式多级汽轮机结构简图

1—进汽室；2—第一级喷管；3—第一级叶片；4—第二级喷管；5—第二级叶片；6—第三级喷管；7—第三级叶片；8—排气管

冲击式汽轮机只在喷管里有压力降，喷管出口的高速气流冲击叶片，转动叶轮及轴做功。在冲击式汽轮机里，无论单级或多级，蒸汽都集中在喷管内膨胀，结果喷管的出口速度比较高，因而损失比较大，效率比较低。

(2) 反击式汽轮机。反击式汽轮机，蒸汽不仅在喷管里膨胀，同时也在叶片里膨胀，叶片不仅受冲击力的作用做功，同时由于蒸汽在叶片通道中膨胀，流速增大，还靠反击力驱动叶轮做功。图5.18为反击式多级汽轮机的结构简图，反击式汽轮机的叶片是直接装在转鼓上的。

反击式汽轮机，由于在喷管中可以取较小的焓降，所以损失较小，效率较高。它的缺点是级数多，制造和安装技术要求高，不然漏气损失大，反而降低了效率。

对于地热发电来说，尤其是双循环法地热发电，焓降都比较小，蒸汽流量比较

图 5.18　反击式多级汽轮机结构简图

大，所以只要设计得当，不但级数少（一般为一级、二级、三级），机体小，结构紧凑，而且可以保证必需的速度比，得到较高的叶片高度，实现全部进汽。因此，和一般水蒸气的小功率汽轮机相比较，低沸点工质汽轮机，具有比较高的效率。计算和实验表明，这种汽轮机的相对内效率一般为0.6～0.7。但是，轴流式汽轮机，由于喷管损失、叶片损失以及余速损失均较大，而且圆周速度愈高，损失愈大，致使汽轮机效率限制在上述水平。同时由于叶片型线复杂，制造工艺要求也较高。

2. 蒸发器

管壳式蒸发器在双循环地热发电站中用得比较普遍，其任务是利用地下热水的热量加热低沸点介质使其沸腾产生蒸汽。管壳式的蒸发器可以是卧式的，也可以是立式的。河北张家口市怀来地热试验电站的蒸发器就属于前一种，江西温汤地热试验电站的蒸发器属于后一种。卧式蒸发器的结构简图如图 5.19 所示。

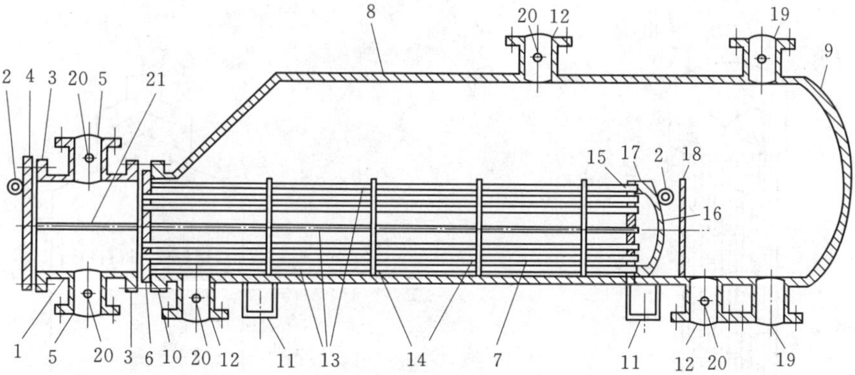

图 5.19　卧式蒸发器结构简图

1—水室；2—吊耳；3—水室法兰；4—水室盖板；5—水室接管；6—固定管板；7—管子；8—壳体；9—壳盖；10—壳体法兰；11—鞍式支座；12—壳体接管；13—拉杆和定距管；14—横向折流板或支持板；15—浮动管板；16—浮头盖；17—浮头法兰；18—堰板；19—液面计接口；20—仪表接口；21—分程隔板

蒸发器由壳体、管子和水室三个主要部分组成。管子胀接在管板上，胀有管子的固定管板则装在壳体和水室两法兰间，于壳体的下半部，可以抽出清洗，热水从水室的下部入口进入，在管内流动，通过分程隔板可以按需要分成若干流程，最后从上部出口排出。低沸点介质由壳体的下部进入，在管外受热沸腾，产生的蒸汽从上部出口排出。管束置于壳体的下半部，为的是使上部有足够的蒸汽空间和一定的蒸发液面。除了这种管束可以抽出的蒸发器外，还有一种固定在两管板间的卧式蒸发器用得也比较普遍。

立式蒸发器的结构简图如图5.20所示。直径相同的许多长金属管按一定的排列方法竖立布置，胀接在上下两块管板上，管板之间有用薄钢板制成的外壳，上下两端各有椭圆形封头一个，用法兰连接。热水在管外横向流过管束；低沸点介质在管内受热蒸发。上部有一水室，供蒸汽汇集和分离液滴用；下部封头作为底壳，储存一部分由工质泵送来的液体并分配到各蒸发管。为使热水垂直冲刷管束并具有较高的流速以增强传热，设置了若干水平方向的隔板使热水按图中箭头方向自下而上流动。蒸发器还装有液位计、压力表、温度计插座、放水阀及排污阀等附件。

蒸发器立式布置比卧式布置有更多优点。由于热水在管外流动，外壳承压很小，可以用薄钢板制作，免去了卧式蒸发器因管外承压需用厚钢板卷制外壳，节省了金属，简化了制造工艺。如果采用的低沸点介质压力不高，那么蒸发器的断面可以做成长方形，上下两端采用带有加强肋的半圆柱形封头。这样，外壳可由若干块平直的钢板拼成，拆卸方便，有利于洗刷管外污垢，也免去了卷制圆形外壳的麻烦。

闪蒸地热发电站的扩容器实际上是一个特殊蒸发器。地下热水经过节流阀进入扩容器后，由于容器内压力远低于进水温度相应的饱和压力，因而使一部分水沸腾产生蒸汽。扩容器的结构简图如图5.21所示。热水从上部进入圆柱形筒体，经分水盘溢流后均匀下落产生的蒸汽逆水流而上经汽水分离装置由顶部排出，余下未汽化的水则由底部排出。在多数情况下，为了从具有一定真空度的扩容器排水，必须安装一台排水泵。若适当选择扩容器的安装高度，使溢水管的垂直段高度起气压柱的作用，则扩容器的排水能够以自流形式

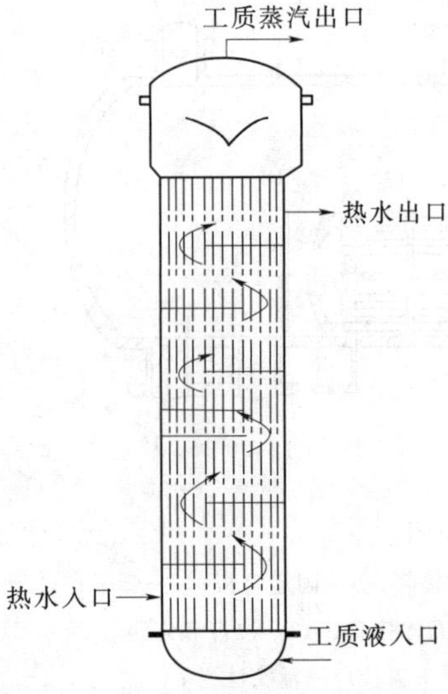

图5.20 立式蒸发器结构简图

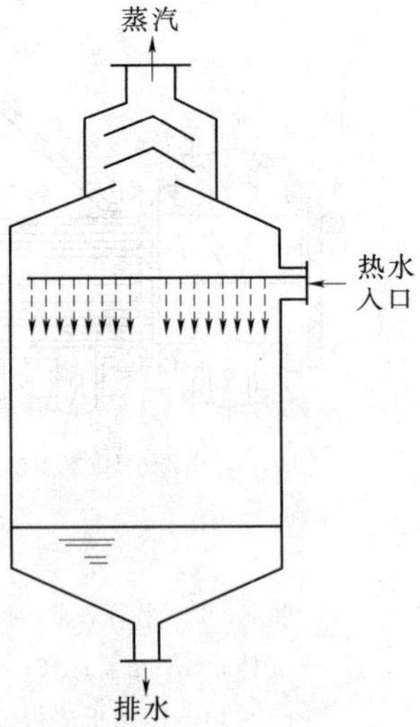

图5.21 扩容器结构简图

进行，这样不但省去了排水泵，节约厂用电，亦简化了系统。

3. 凝汽器

除低沸点工质循环外，地热电站的凝汽器几乎全是混合式的。这是因为：①地热电站的凝结水不像常规火电站那样回收作为锅炉给水，凝结水不怕污染，因而无须采用昂贵的表面式凝汽器；②在地热电站投资中，低压饱和蒸汽循环凝汽器所占的比重，远超过一般火电站中高压过热蒸汽循环中凝汽器所占的比重，所以要求降低凝汽器的造价；③通常用的表面式凝汽器采用铜合金管，而铜合金与地热接触会被硫化氢腐蚀，为防止硫化氢对金属的腐蚀，凝汽器的内表面应有防腐蚀衬里，并且衬里还应经受注射水的冲击，所以多采用奥氏体不锈钢制造。凝汽器的外壳可采用铸铁或碳钢制造。凝汽器上的连接管，也应采用奥氏体不锈钢制造，或用铝管制造。

4. 抽气器

常规火电站抽气器的主要功能是抽出法兰、轴封和凝汽器管子垫圈等处漏进的空气。漏进的空气量大约为每小时通过蒸汽质量的 0.025%，数量很少。然而地热电站蒸汽中的不凝结气体的质量，很少有小于蒸汽总质量的 0.33%的，有的甚至可高达 4%～6%。又因为地热电站采用的是混合式凝汽器，冷却水中凝结的空气也将带进凝汽器，一般为冷却水容积的 3%左右，因此地热电站抽气器的选择十分重要，其作用远比火电站的抽气器大得多。应采用抗二氧化碳和硫化氢腐蚀的材料制造。目前常用的有射水抽气器和射气抽气器两种，这两种抽气器均具有结构简单、运行可靠、维护方便的优点。但射气抽气器要消耗大量的新鲜蒸汽，约为汽轮机全负荷时蒸汽量的 4.5%～6.5%；而射水抽气器则需要一个专用水泵，投资相对较大。为减少抽气器的汽耗，也可像火电站那样采用多级抽气的方式。

5.4.2 地热发电的关键技术问题

在地热资源的实际利用中，有一些关键技术问题需要解决。应针对地热的特点采用相应的利用方法，实现经济高效的地热能利用。

1. 电站建设和运行的技术改进

高温热水发电，需要深入较深的地层，掘井开采技术难度大。在双循环系统中所使用的低沸点工作流体易挥发、对金属有腐蚀性、不易控制、破坏臭氧层等缺点。这些都使地热的发展受到一定的限制。

2. 提高地热能的利用率

适当降低供暖排水温度可提高地热能的利用率。降低地热水供暖的尾水排放温度，必须要考虑供暖系统的初投资，因为降低尾水排放温度就要增加散热器的面积。据有关专家分析，散热器的进出口温差每增加 5℃，散热器面积需增加 12%，因此地热供暖尾水排放温度的降低与散热器面积的增加存在一个优化问题。为充分利用地热水的热能，可对供暖排水再次利用，实现地热资源的梯级综合利用。供暖尾水可用于养殖、温室大棚和洗浴。在地热能的开发利用中热泵技术是目前世界上的一个热点，近 5 年来，全世界地热热泵容量以平均 30%的年增长量在发展。对低温地热或地热供暖尾水可利用热泵技术提升其热能品位，使地热资源得到充分利用。

3. 回灌技术

在地热资源利用过程中，回灌技术是另一个值得重视的问题。如果只开采利用而不回灌会带来一系列问题：①引起地面下沉，这在我国地热开采利用较早的地区已表现出来；②造成环境污染，地热水的排放一般在40～50℃，不回灌会造成热污染，而且地热水中的砷、汞、氟等有害元素也会污染环境；③大量开采地热资源而不采用回灌技术会影响地下结构的稳定性。

4. 防止管道结垢

地热水汽中能够造成结垢物质，主要有氧化铁、硫酸钙、碳酸钙和硫酸盐等。水垢的传热性能差，管道结垢大大地降低换热器的传热性能，使得地热能利用率下降；另外，结垢使水的流动阻力增加，增大了流体输送的能耗。

5. 防止腐蚀

在地热的利用中，防腐是一项重要问题，腐蚀主要由氧、氯等元素引起。为保证管道等设备的可靠性和使用寿命，可采取适当的措施减少或防止腐蚀：利用非金属材料解决腐蚀问题；从开采到利用采用密闭系统，防止空气（氧）进入系统中；对含氯的地热水可采用前置换热器等。

在地热资源开发利用中，国家、地方政府要从政策、资金上加以扶持，从制度上加以引导，以免一哄而上，乱开乱采，造成资源的浪费甚至污染环境。在技术上要吸收各国成功的先进经验（如开采与回灌技术、发电与热利用技术），引进用于中低温地热利用的热泵技术，实现地热资源的梯级综合利用，提高地热能源的利用率。地热资源的开发与利用要保持环境和经济效益的协调一致，保护生态平衡，走可持续发展之路。

5.4.3　地热发电实例

羊八井地热发电站（图5.22和图5.23）是我国自行设计建设的一座用于商业应用的、装机容量最大的高温地热电站。1976年开始在羊八井地热田勘探，并进行地热电厂的设计和筹建。1977年国庆节前夕，1000kW高温地热发电试验机组试验发电成功。到1991年期间，陆续完成8台机组安装，使羊八井地热电厂达到25.1MW的总装机容量。羊八井地热电厂在当时拉萨电力紧缺的状况下，曾担负拉萨平时供电的50%和冬季供电的60%，至今还每年发电1.2亿kW·h左右。

在1977—1991年的14年中，共装机25.18MW，最后一台3MW机组于1991年初投入运行。自1993年以来，年发电均保持在1亿kW·h左右。截至2003年12月，羊八井地热发电站总共发电量17.5亿kW·h，电站年平均运行在4000h左右。地热电力在拉萨电网总电量中占30%～35%，缓和拉萨地区电力紧缺的状况起了重要作用。同时为我国的地热发电事业积累了大量的经验，培养了大批的专家和技术人才。

【任务实施】

(1) 查阅资料，结合一个实际的地热发电系统，认识汽轮机、蒸发器、凝汽器和抽汽器等设备。

(2) 观看羊八井地热电站的相关视频，加深对其的了解和认识。

图 5.22　羊八井地热电站外景

图 5.23　羊八井地热电站厂区

任务 5.5　地热发电的现状及前景分析

【任务目标】

(1) 了解世界地热发电的现状与展望。

(2) 了解中国地热发电的现状与展望。

【相关知识】

5.5.1　世界地热发电的现状与展望

地热发电自 1913 年在意大利起步以来，已经取得了较大规模的发展。2005 年统计资料显示，全世界地热发电装机容量合计为 9169.2MW，美国占 30.5%，居第一位，菲律宾占 21%，居第二位，以下依次为墨西哥、印度尼西亚和意大利，日本居第六位，占 5.8%，具体情况见表 5.2。

表 5.2　　2005 年全球地热发电量统计

国　家	装机容量/MW	运行能力/MW	发电量/(GW·h)	机组数目/台
澳大利亚	0.2	0.1	0.5	1
奥地利	1.2	1.1	3.2	2
中国	28	19	96	13

续表

国　　家	装机容量/MW	运行能力/MW	发电量/(GW·h)	机组数目/台
哥斯达黎加	163	163	1145	5
萨尔瓦多	151	119	967	5
埃塞俄比亚	7.3	7.3	0	2
法国	15	15	102	2
德国	0.2	0.2	1.5	1
危地马拉	33	29	212	8
冰岛	202	202	1483	19
印度尼西亚	797	838	6085	15
意大利	791	699	5340	32
日本	535	530	3467	19
肯尼亚	129	129	1088	9
墨西哥	953	953	6282	36
新西兰	435	403	2774	33
尼加拉瓜	77	38	271	3
巴布亚新几内亚	6	6	17	1
菲律宾	1930	1838	9253	57
葡萄牙	16	13	90	5
俄罗斯	79	79	85	11
泰国	0.3	0.3	1.8	1
土耳其	20	18	105	1
美国	2800	1935	17917	209
总计	9169.2	8035	56786	490

下面对世界上地热发电装机容量较大的国家作简要介绍。

1. 美国

美国是全球地热发电装机容量最大的国家，自从加利福尼亚盖瑟尔斯地热田于1960年耗资400万美元建造第一座12.5MW电站以来，其地热发电事业取得了迅速的发展，并长期处于世界领先地位。1972年装机302MW，1980年增至926MW，1999年装机已经达到2228MW。根据美国能源部公布的最新数据显示，美国目前的地热发电能力已经超过了2800MW，另外地热可以为家庭、学校提供600MW的供热能力。

美国能源部地热工艺处在其1998年6月制定的地热发展规划中提出的在地热发电方向的具体目标：在国内，到2010年，达到用地热能供应700万个美国家庭、共约1800万人需用的电力，使地热发电成为经济上和环境上受欢迎的电力发展方案；在国际地热发电方面，到2010年，达到用美国的地热工艺设备在发展中国家至少装备10000MW的地热发电装机容量，以满足发展中国家1亿人口的基本用电需求。

2. 菲律宾

菲律宾政府大力推进开发本土的电力资源，以降低对进口石油的依赖。菲律宾拥有丰富的地热资源，1991 年 12 月被确认的地热资源蕴藏量为 1400MW，主要分布在吕宋岛南部、莱特岛、民答那峨岛东部等地。开发最早的为吕宋岛南部的蒂威地热田，早在 1968 年就利用 200m 深的地热井产生的蒸汽成功地进行了发电。1977 年，菲律宾开始大规模建造地热发电厂。截至 1980 年，菲律宾的地热发电装机容量已经高达 446MW，超过意大利，仅次于美国跃居第二位。1999 年，菲律宾的地热发电容量增加到 1909MW，约占全国发电装机量的 23%。2000 年的地热发电量占全国能源总量的 12.94%。

3. 墨西哥

墨西哥是中美洲最大的石油输出国，发电燃料主要为石油。为了增加石油出口量，墨西哥采取了大量利用水力、天然气、煤炭、地热等发电的多样化能源政策。墨西哥的地热资源主要集中在塞罗·普里埃托地热田，该地热田位于墨西哥中部横贯东西的火山带。1959 年，在普里埃托建成第一座地热电站，装机容量为 3.5MW。截至 1990 年，装机容量达到 700MW，已有 16 台机组，地热发电量达 5100GW·h，占全国总发电量的 4.5%。目前最大的地热电站是塞罗。普里埃托地热电站，装机容量为 803MW，最大单机容量为 110MW，在墨西哥中部距墨西哥城西北 200km 处还建有洛斯·阿苏弗莱斯地热电站。1982 年开始发电，装机容量为 93MW，另有 100MW 正在建设中。

4. 意大利

意大利是世界上第一个利用地热发电的国家。1913 年，第一座装机容量 0.25MW 的电站在意大利建成并运行，标志着商业性地热发电的开端。到 1940 年装机容量达到 120.68MW，20 世纪 60 年代初装机容量达 420MW，1980 年为 440MW，1983 年增至 450.7MW。截至 2005 年 1 月，装机容量达到 791MW，年发电量 5340GW·h。意大利发电的主要区域是在托斯卡纳地区，能满足该地区用电需求的 35%，占该地区电力生产的 40%以上。

意大利的地热电站主要基地建在拉德瑞罗地热田，它是世界上著名的干蒸汽田。这一地区共钻井 511 口，平均深度 565m，最深达 4500m，平均温度 250℃。

5. 日本

日本地热利用的研究开发十分活跃，正在进行的研究项目：推进地热资源的普查、小型双循环地热发电系统的试验示范、裂隙型热储勘探方法的开发、深层热储的调查、开发 10MW 级双循环地热示范电站、地热井兆瓦级系统的开发、干热岩发电系统的开发、包括深层热储钻井与生产工艺的开发等。

5.5.2　中国地热发电的现状与展望

中国地热发电的研究试验工作开始于 20 世纪 70 年代初。30 余年来的发展经历了两大阶段：1970—1985 年期间，为以发展中、低温地热试验电站为主的阶段；1985 年以后，进入发展商业应用高温地热电站的阶段。1970 年，广东省丰顺县邓屋建立起中国第一座闪蒸系统地热试验电站，利用 91℃的地热水发电，机组功率为 86kW。随后，江西省宜春市温汤和河北省怀来县也相继建设起双循环地热试验电站。20 世纪 70 年代中后期，湖南省灰汤、辽宁省熊岳以及山东省招远又先后建成了闪蒸及双循环系统地热试验电站。所有这些电站发电机组的功率都不大（50～300kW）；地热水温度均较低（61～92℃）。这些地热试验电站曾对中国地热发电技术的发展与提高起了积极的作用，并取得了一系列科研成果，积累了经验。目前，这些地热试验电站多数已经停运，但也有个别电站至今仍在运行发电。全国（包括台湾地区）地热装机总量为32.08MW，其中88%都在西藏，见表5.3。据2005年世界地热大会的统计，世界上有24个国家建设了地热发电站，我国排名第15位。

表5.3　　我国地热电站装机容量及运行情况一览表

电站名称	机组编号	单机容量/MW	机组运行/（年．月）	总装机量/MW	运行情况	备　注
西藏羊八井	1	1	1997.10	25.18	停运	火电机组改装除1号、5号（进口快装机组）外，其他均为青岛捷能动力集团公司生产的D3-1.7/0.5型机组
	2	3	1981.11		运行	
	3	3	1982.11		运行	
	4	3	1985.9		运行	
	5	3.18	1986.3		运行	
	6	3	1988.12		运行	
	7	3	1989.2		运行	
	8	3	1991.12		运行	
	9	3	1991.2		运行	
西藏那曲	1	1	1993.11	1	间断运行	“ORMAT”双循环
西藏朗久	1	1	1987.10	2	间断运行	改装机组
	2	1				
广东丰顺	1	0.3	1984.4	0.3	运行	减压扩容
湖南灰汤	1	0.3	1975.10	0.3	运行	减压扩容
台湾清水	1	3	1981.9	3	1995年停运	
台湾土场	1	0.3	1985	0.3	停运	“ORMAT”双循环

关于中国地热发电未来的初步设想，一些专家和相关职能部门也有一些计划和预测：努力勘探开发藏滇高温地热200～250℃以上的深部热储，力争单井地热发电潜力达到10MW以上，单机发电装机容量达到10MW以上。

中国2020年的目标是地热发电装机容量达到400～585MW。

【任务实施】

（1）上网查阅相关资料，了解世界及我国地热发电的现状。

（2）分组讨论，为我国地热资源发展献言献策。

【思考与练习】

（1）何谓地热能。地热是如何形成的？

（2）地球的构造由哪几层组成？各层的温度大概为多少？

（3）何谓地热资源。地热资源可分为哪几大类？目前能为人类开发利用的主要是哪些类型？

（4）地热资源的利用方式有几种？分别是什么？

（5）地热发电有几种方式？简述各种发电方式的工作原理。

项目6　潮汐能发电技术系统的组成及案例分析

【项目说明】

海洋潮汐能是由于太阳、月球和地球相对位置不断改变及地球自转在一昼夜中地表各处受太阳、月球引力的合力不断改变，导致海水周期性地涨落的现象，它取之不尽、用之不竭，是一种蕴藏量极大、不需开采和运输、洁净无污染的可再生能源，也是目前人类可以依赖的能源之一。

任务6.1　认识潮汐和潮汐能

【任务目标】

（1）认识潮汐和潮汐能。

（2）掌握潮汐能的分类和应用。

【相关知识】

6.1.1　潮汐

潮汐现象是指海水在天体（主要是月球和太阳）引潮力作用下所产生的周期性运动，习惯上把海面垂直方向涨落称为潮汐，而海水在水平方向的流动称为潮流，是沿海地区的一种自然现象，古代称白天的河海涌水为“潮”，晚上的称为“汐”，合称为“潮汐”（图6.1）。

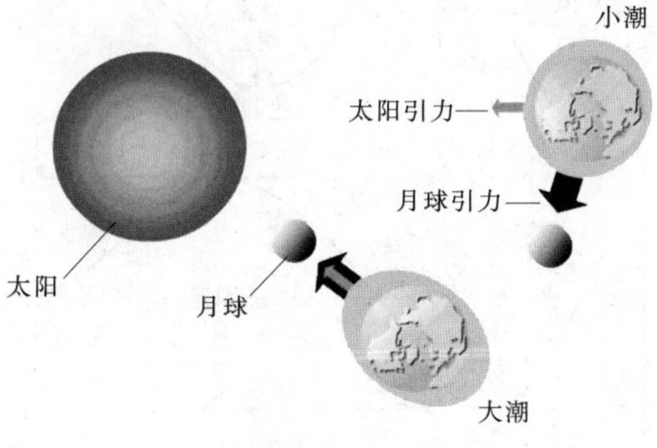

图6.1　潮汐

1. 潮汐的分类

潮汐根据周期又可分为以下3类：

（1）半日潮。多数海区潮汐的涨落在24h50min（天文学上称为“一个太阴日”）内有两个周期，即出现两次高潮和两次低潮，这种半日完成一个周期的潮汐为“半日潮”，它的特点是相邻两个高潮或低潮的潮高几乎相等；涨、落潮时也几乎相等。我国渤海、东海、黄海的多数地点属半日潮海区，如上海、大沽、青岛、厦门等地区的沿海区就是比较典型的半日潮海区。

（2）全日潮。在某些海区，在一个太阳日内潮汐仅出现一次高潮和一次低潮。这种一日完成一个周期的潮汐，称为“全日潮”。如南海汕头、渤海秦皇岛等。南海的北部湾是世界上典型的全日潮海区。

（3）混合潮。每日升降两次和一次混杂出现的潮汐，称为“混合潮”。它又分为不正规半日潮和不正规全日潮两类。前者在一个太阳日内有两次高潮和两次低潮，但相邻的高潮或低潮的高度不等，涨潮时和落潮时也不等；后者在半个月内的大多数日子里为不正规半日潮，但有时也发生一天一次高潮和一次低潮的全日潮现象。所以，混合潮是介于半日潮和全日潮之间的一种形式。我国南海多数地点属混合潮型。如榆林港，15天出现全日潮，其余日子为不规则的半日潮，潮差较大。不论哪种潮汐类型，在农历每月初一、十五以后2～3天内，各要发生一次潮差最大的大潮，那时潮水涨得最高，落得最低。在农历每月初八、二十三以后2～3天内，各有一次潮差最小的小潮，届时潮水涨得不太高，落得也不太低。潮汐的3种类型如图6.2所示。

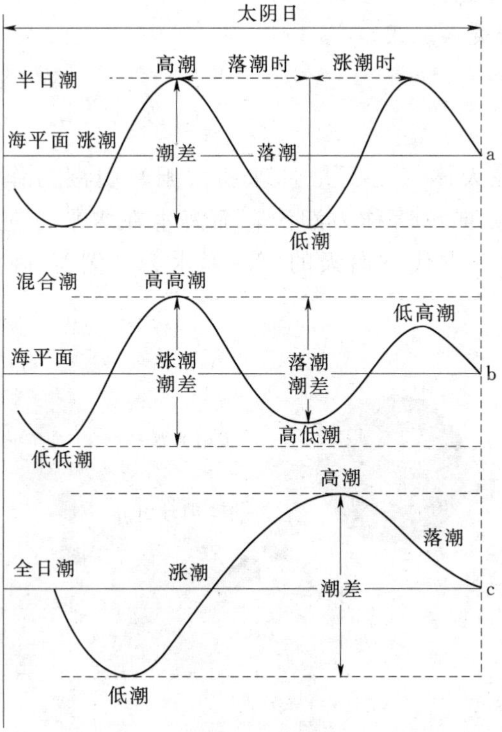

图6.2　潮汐的3种类型

2. 潮汐的形成原因

在不考虑其他星球的微弱作用的情况下，月球和太阳对海洋的引潮力的作用是引起海水涨落的原因如图6.3和图6.4所示。

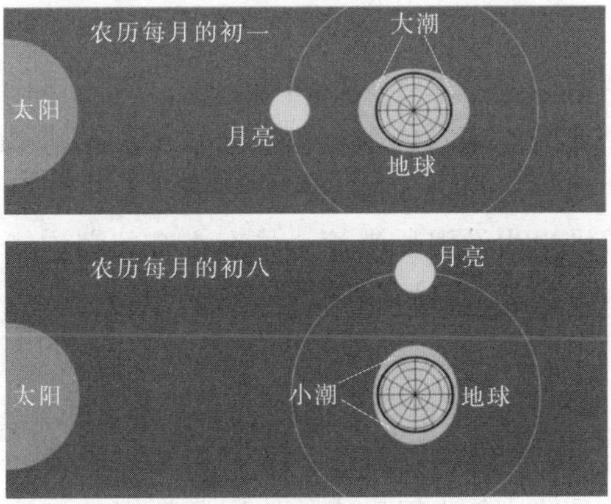

图 6.3　潮汐形成的示意图（一）

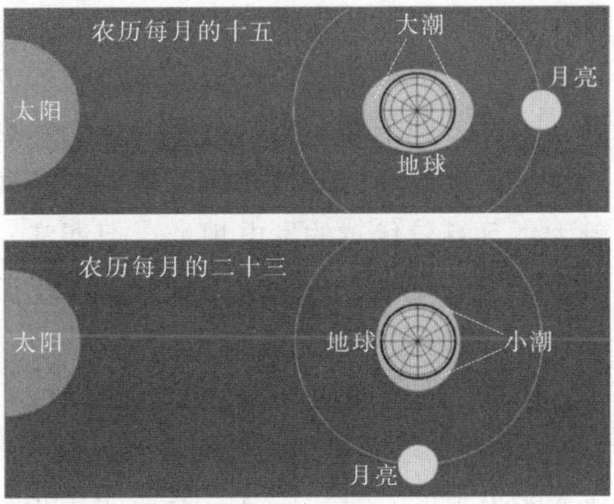

图 6.4　潮汐形成的示意图（二）

在农历每月的初一太阳和月球在地球的一侧，两者引潮力相加，会引起较高的潮差，称之为“大潮”；在农历每月的十五或十六附近，太阳和月亮在地球的两侧，太阳和月球的引潮力你推我拉也会引起较高的潮差，也称之为“大潮”；在月相为上弦和下弦时，即农历的初八和二十三时，太阳引潮力和月球引潮力互相抵消了一部分，所以就发生了“小潮”，故农谚中有“初一十五涨大潮，初八二十三到处见海滩”之说。

6.1.2　潮汐能

潮汐能就是潮汐所具有的能量，是指海水涨潮和落潮形成的水的动能和势能。潮汐能的能量与潮量和潮差成正比。或者说，与潮差的平方和水库的面积成正比。潮差越大，能量也就越大。

由于深海大洋中的潮差一般较小，因此潮汐能的利用主要集中在潮差较大的浅海、海湾和河口地区。和水力发电相比，潮汐能的能量密度很低，相当于微水头发电的水平。世界上潮差的较大值约为13～15m，但一般说来，平均潮差在3m以上就有实际应用价值。

全世界潮汐能的理论蕴藏量约为30亿kW·h。我国海岸线曲折，全长约1.8万km，沿海还有6000多个大小岛屿，组成1.4万km的海岸线，漫长的海岸蕴藏着十分丰富的潮汐能资源。我国潮汐能的理论蕴藏量达1.1亿kW·h，可开发利用量约2100万kW·h，其中浙江、福建两省蕴藏量最大，约占全国的80.9%，但这都是理论估算值，实际可利用的远小于上述数字。

中国潮汐能资源特点如下：

(1) 蕴藏量十分可观。中国潮汐能资源的总蕴藏量为1.9亿kW，年发电量2750亿kW·h，其中可开发200kW及以上的潮汐能电站站址有424处，可开发装机容量200kW及以上潮汐资源的总装机容量为21790MW，年发电量为624亿kW·h。

(2) 地理分布十分不均匀。沿海潮差以东海为最大，黄海次之，渤海南部和南海最小。河口潮汐能资源以钱塘江口为最丰富，其次为长江口，以下依次为珠江、晋江、闽江和瓯江等河口。以地区而言，主要集中在华东沿海，其中以福建、浙江、上海长江北支为最多，占中国可开发潮汐能的88%。

(3) 地形地质方面，中国沿海主要为平原型和港湾型两类，以杭州湾为界，杭州湾以北，大部分归平原海岸，海岸线平直，地形平坦，并由沙或淤泥组成，潮差较小，且缺乏较优越的港湾坝址；杭州湾以南，港湾海岸较多，地势险峻，坡陡水深，海湾、海岸潮差较大，且有较优越的发电坝址。但浙江、福建两省沿岸为淤泥质港湾，虽有丰富的潮汐能资源，但开发存在较大的困难，需着重研究解决水库的泥沙淤积问题。

6.1.3　潮汐能的利用

潮汐能的主要利用方式是潮汐发电。

20世纪初，欧美一些国家开始研究潮汐发电。1913年，德国在北海海岸建立了第一座潮汐发电站。第一座具有商业实用价值的潮汐电站是1966年建成的法国郎斯电站。该电站位于法国圣马洛湾郎斯河口。郎斯河口最大潮差13.4m，平均潮差8m。一道750m长的大坝横跨郎斯河。坝上是通行车辆的公路桥，坝下设置船闸、泄水闸和发电机房。郎斯潮汐电站机房中安装有24台双向涡轮发电机，涨潮、落潮都能发电。总装机容量24万kW，年发电量5亿多kW·h，输入国家电网。

1968年，前苏联在其北方摩尔曼斯克附近的基斯拉雅湾建成了一座800kW的试验潮汐电站。1980年，加拿大在芬地湾兴建了一座2万kW的中间试验潮汐电站。

由于常规电站廉价电费的竞争，建成投产的商业用潮汐电站不多。然而，由于潮汐能蕴藏量的巨大和潮汐发电的许多优点，人们还是非常重视对潮汐发电的研究和试验。

1978年8月1日山东乳山县白沙口潮汐电站开始发电，年发电量230万kW·h。1980年8月4日我国第一座"单库双向"式潮汐电站——江厦潮汐试验电站正式发电，装机容量为3000kW，年平均发电1070万kW·h，其规模仅次于法国朗斯潮汐电站（装机容量为24万kW，年发电5.4亿kW·h），是当时世界第二大潮汐发电站。

简单地说，潮汐发电就是在海湾或有潮汐的河口建筑一座拦水堤坝，形成水库，并在坝中或坝旁放置水轮发电机组，利用潮汐涨落时海水水位的升降，使海水通过水轮机时推动水轮发电机组发电。从能量的角度说，就是利用海水的势能和动能，通过水轮发电机转化为电能。

在全球范围内潮汐能是海洋能中技术最成熟和利用规模最大的一种，潮汐发电在国外发展很快。欧洲各国拥有浩瀚的海洋和漫长海岸线，因而有大量、稳定、廉价的潮汐资源，在开发利用潮汐方面一直走在世界前列。法、加、英等国在潮汐发电的研究与开发领域保持领先优势。

我国海岸线曲折漫长，主要集中在福建、浙江、江苏等省的沿海地区。我国潮汐能的开发始于20世纪50年代，经过多年来对潮汐电站建设的研究和试点，我国潮汐发电行业不仅在技术上日趋成熟，而且在降低成本，提高经济效益方面也取得了较大进展，已经建成一批性能良好、效益显著的潮汐电站。我国现运行发电的主要潮汐电站简况见表6.1。

表 6.1　　我国运行发电的主要潮汐电站简况

站名	位置	型式	机组数量	装机容量/kW		每年耗电量/(万 kW·h)		建站年份	投产年份
				设计	实际	设计	实际		
沙山	浙江温岭	单库单向	1	40×1	40	9.3	8.5	1958	1959
岳甫	浙江象山	单库单向	4	75×4	75×1	60	6.2	1970	1972
海山	浙江玉环	双库单向	2	75×2	150	31	5～7	1973	1975
江厦	浙江温岭	单库双向	6	500×6	500×1	1070	116	1972	1980
白沙口	山东乳山	单库单向	6	160×6	640	232	—	1970	1978
浏河	江苏太仓	双向双贯流式	2	75×2	150	25	6	1970	1978
筹东	福建长乐	卧轴轴伸式	1	40×1	40	—	—	1958	1959
果子山	广西龙门港	单库单向	1	40×1	40	—	—	1976	1977

20 世纪 50 年代，世界很多国家逐步开始重视潮汐能发电技术的开发利用，但近代建造的潮汐电站不多，法国的朗斯电站是最大的，具有 240MW，是单库双向电站，也是第一个商业化的电站。另外还有加拿大的安娜波利斯电站，接近 20MW，单库单向工作；前苏联的基斯洛湾试验潮汐电站，装机容量为 400kW，单库双向工作：我国的江厦潮汐电站，为单库双向工作。世界现有投入运行的潮汐电站具体数据见表 6.2。

表 6.2　　世界现有投入运行的潮汐电站具体数据

地　　点	平均潮差/m	库区面积/km^2	装机容量/MW	发电量/(GW·h)	投入运行年份
朗斯（法国）	8.0	17	240.0	540	1966
基斯洛湾（前苏联）	2.4	2	0.4	—	1968
江厦（中国）	7.1	2	3.2	11	1980
安娜波利斯（加拿大）	6.4	6	17.8	30	1984

【任务实施】

（1）观看潮汐和潮汐发电的相关视频。

（2）现场参观潮汐电站的组成和发电过程。

任务 6.2　潮汐能发电原理及类型分析

【任务目标】

（1）了解潮汐发电站的基本概念和类型。

（2）掌握潮汐发电站的基本组成及原理。

（3）能说明潮汐电站各组成部分及作用。

（4）能识别潮汐发电站的主要设备。

【相关知识】

潮汐能利用可分为两种形式：一是利用潮汐的动能，即直接利用潮流前进的力量来推动水轮机发电，称为潮流发电，但利用潮汐的动能对潮汐能的利用率非常低，目前应用较少；二是利用潮汐的位能发电，称为潮位发电，是目前应用较多的形式。

6.2.1 潮汐发电原理

由于电能具有易于生产、便于传输、使用方便、利用率高等一系列优点，因而利用潮汐的能量来发电目前已成为世界各国利用潮汐能的基本方式。

1. 潮汐发电条件

利用潮汐发电必须具备两个物理条件：首先潮汐的幅度必须大，至少要有几米；第二海岸地形必须能储蓄大量海水，并可进行土建工程。也就是说，区域蕴有足够大的潮汐能是十分重要的。潮汐能普查计算的方法：首先选定适于建潮汐电站的站址，再计算这些地点可开发的发电装机容量，叠加起来即为估算的资源量。

2. 潮汐发电原理

潮汐发电，就是利用海水涨落及其所造成的水位差来推动水轮机，再由水轮机带动发电机来发电。其发电的原理与一般的水力发电差别不大。不过，一般的水力发电的水流方向是单向的，而潮汐发电则不同。从能量转换的角度来说，潮汐发电首先是把潮汐的动能和势能通过水轮机变成机械能，然后再由水轮机带动发电机，把机械能转变为电能。如果建筑一条大坝，把靠海的河口或海湾同大海隔开，造成一个天然的水库，在大坝中间留一个缺口，并在缺口中安装上水轮发电机组，那么涨潮时，海水从大海通过缺口流进水库，冲击水轮机旋转，从而就带动发电机发出电来；而在落潮时，海水又从水库通过缺口流入大海，则又可从相反的方向带动发电机组发电。这样，海水一涨一落，电站就可源源不断地发出电来。潮汐发电的原理如图6.5所示。

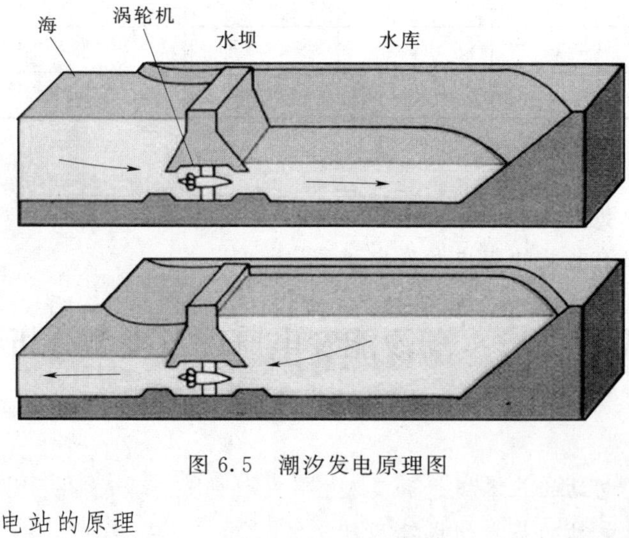

图6.5 潮汐发电原理图

3. 潮汐位能发电站的原理

利用潮汐的位能就是营造水头，利用落差发电。在有条件的海湾或潮差大的河口建筑堤坝、闸门和水轮发电机厂房，将海湾（或河口）与外海隔开围成水库，对水闸适当地进行启闭调节，使库侧水位与海侧潮位形成一定的高度差（即工作水头），从而驱动水轮发电机组发电。

一个潮汐位能发电站的示意图如图 6.6 和图 6.7 所示。图 6.6 是海水涨潮时水位高于水库水位，海水向水库流动推动水轮机运转。

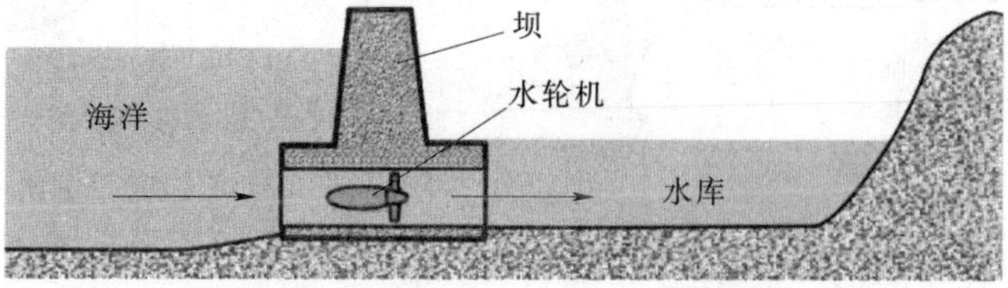

图 6.6　海水涨潮时推动水轮机运转

图 6.7 是海水退潮时水位低于水库水位，水库水向海洋流动推动水轮机运转。

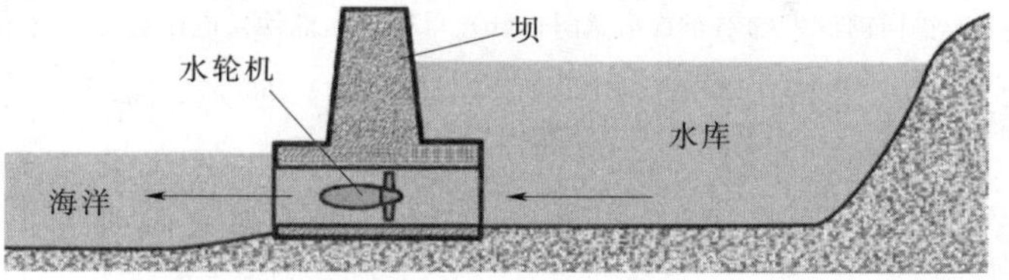

图 6.7　海水退潮时推动水轮机运转

这个原理与普通水力发电相似，与普通水力发电的差别在于蓄积的海水落差不大，并且呈间歇性，但流量大，所以潮汐发电的水轮机应具有适合低水头、大流量的特点。

4. 潮汐动能发电站的原理

如果海湾或河口处在潮汐涨落中的流速较高，可直接利用潮流前进的动能来推动水轮机发电，方法类似于风力发电机，称之为海流发电机。国外在这方面已有成功先例，比较典型的是英国研制的一种桨叶式潮汐发电机，名为“SeaGen”，形似倒置的风车，由一对涡轮组成，每个涡轮直径 20m，容量 1200kW，如图 6.8 所示。

图 6.8　SeaGen 桨叶式潮汐发电机

6.2.2　潮汐位能电站的类型

潮汐能的利用可直接用潮汐的动能推动水轮机发电，但更多的是利用潮汐的位能发电，潮汐位能电站有单库单向电站、单库双向电站和双库连续发电电站、发电结合抽水蓄能式电站四种类型。

1. 单库单向电站

在海湾出口或河口处，建造堤坝、发电厂房和水闸，将海湾与外海分隔，形成水库。在涨潮时开启闸门将潮水充满水库，当落潮外海潮位下降时，产生一定落差，利用该落差推动水轮发电机组发电。这种电站只建造一个水库，而且只在落潮时发电，称为单库单向发电。单库单向潮汐发电站布置示意图如图 6.9（a）所示。

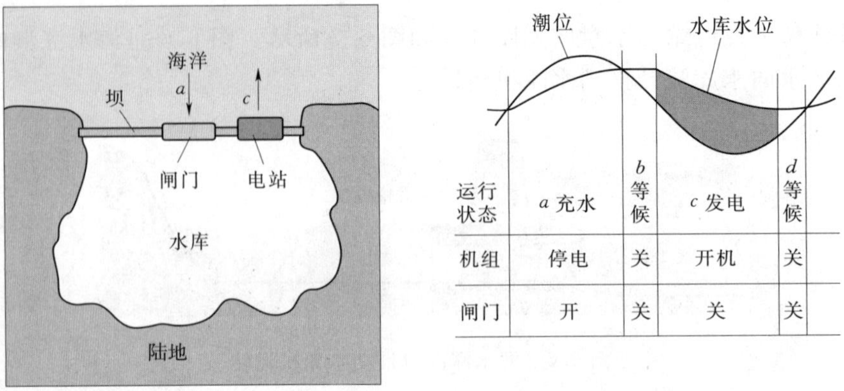

（a） （b）

图 6.9 单库单向潮汐发电示意图

（a）单库单向潮汐发电站布置示意图；（b）单库单向潮汐发电站运行工况示意图

单库单向潮汐发电站运行工况示意图如图 6.9（b）所示，运行工况可分为以下 4 个步骤：

（1）充水。开启水闸，水轮机停运，库外上涨的潮水经水闸进入水库，至库内外水位齐平为止。

（2）等候。水闸关闭，水轮机停运，水库内水位保持不变，库外水位因退潮差下降，待库内外水位差达到一定水头时，启动水轮机发电。

（3）发电。水库的水向库外流动推动机组发电，水库水位下降，直至与外海潮位的水位差小于机组发电需要的最小水头为止。

（4）等候。水轮机停运，水库水位保持不变，待库内外水位齐平后，转入下一循环。

由于每昼夜涨潮退潮各两次，故单库单向电站每昼夜发电两次，停运两次，平均每日发电约 9～11h。由于采用单向机组，机组结构简单，发电水头较大，机组效率较高。也可采用涨潮时充水发电，退潮时泄水的形式。单库单向电站多用于小型潮汐电站。

2. 单库双向电站

为了在涨落潮时都能发电，则建造单库双向电站。在海湾出口或河口处，建造堤坝、发电厂房和水闸，采用双向发电的水轮发电机组使涨落潮两向均能发电。单库双向潮汐发电站布置示意图如图 6.10（a）所示。

图 6.10（b）是单库双向潮汐发电站运行工况示意图，运行工况可分为以下 6 个步骤：

（1）在海水开始涨潮时，库外潮位与水库水位之差不足以发电时，关闭闸门等待潮位上涨。

（2）库外潮位上涨与水库水位之差可以发电时，启动水轮发电机发电，闸门依然关闭。

（3）库外潮位开始退潮，潮位与水库水位之差不足以发电时停止水轮机发电，打开闸门让海水进入水库，直至两者水位相同时关闭闸门。

（4）水库保持水位，直到潮位降至水库水位以下可以发电。

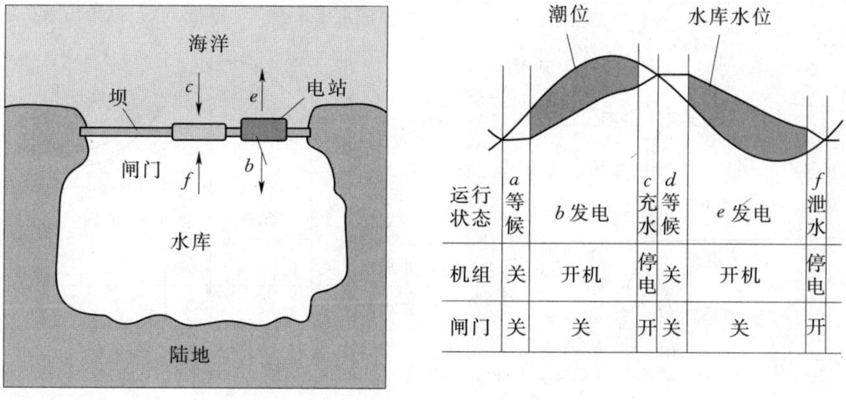

(a) (b)

图 6.10 单库双向潮汐发电示意图

(a) 单库双向潮汐发电站布置示意图；(b) 单库双向潮汐发电站运行工况示意图

(5) 开启水轮发电机发电，直到潮位重新上涨与水库水位之差不可以发电，停止发电。

(6) 打开闸门把水库中的水泄入海中，直到两者水位相同，关闭闸门。

关闭闸门后又进入等待状态，开始下一个循环。

单库双向电站每昼夜发电 4 次，停电 4 次，平均每日发电约 14～16h。跟单库单向电站相比，发电小时数约增长 1/3，发电量约增加 1/5。但由于兼顾正反两向发电，发电平均水头较单向发电小，相应机组单位千瓦造价比单向发电为高。设备制造和操作运行技术要求也高，宜在大中型电站中采用。

这种电站也可以采用单向发电机组，但从水工建筑物布置上要设置流道使涨潮和落潮时，使水流都能按同一方向进入和流出水轮机，从而使涨落潮两向均能发电，由于增加了流道与闸门，操作也麻烦，只在中小电站采用。

3. 双库连续发电电站

在海湾或河口处建造相邻的两个水库，各与外海用一个水闸相通，一个水库（高水库）在涨潮时进水；一个水库（低水库）在退潮时泄水，在两个水库之间有中间堤坝并设置发电厂房相连通，在潮汐涨落中，控制进水闸和出水闸，使高水库与低水库间始终保持一定落差，从而在水流由高水库流向低水库时连续不断发电。双库连续潮汐发电站布置示意图如图 6.11 (a) 所示。

图 6.11 (b) 是双库连续潮汐发电站运行工况示意图，首先高水库在涨潮充满水，低水库在退潮时将水位泄至最低，开启水轮发电机发电，然后以 4 个步骤进行循环：

(1) 当海水水位在高水库水位与底水库水位之间时，关闭进水闸与泄水闸，此间由于水轮机运转，高水库水位逐步下降，低水库水位逐步上升。

(2) 当海水涨潮时水位高于高水库水位时，打开进水闸，充水到与海水水位相同时关闭进水闸，此间由于水轮机运转，低水库水位继续上升。

(3) 海水退潮在水位低于高水库水位与高于低水库水位时，进水闸与泄水闸处关闭状

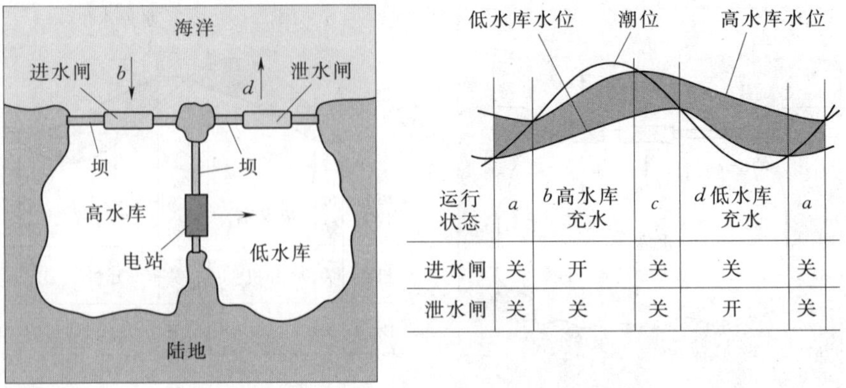

(a)　　(b)

图 6.11　双库连续潮汐发电示意图

(a) 双库连续潮汐发电站布置示意图；(b) 双库连续潮汐发电站运行工况示意图

态，由于水轮机运转，高水库水位逐步下降，低水库水位继续上升。

(4) 海水退潮至低水库水位以下时，打开泄水闸，将低水库水位泄至海水水位时关闭泄水闸，此间由于水轮机运转，高水库水位逐步下降。

下步又进入 (1) 步骤继续循环。水闸与电站流量控制要点就是保持高水库与低水库间的落差，使水轮发电机组运转发电。

双库连续发电电站的优点十分明显，但要把一个大海湾或河口分隔成两个水库，使可用水库面积减小，而且工程建筑量大、分散，投资高。只有地形条件不用增建中间堤坝或少建中间堤坝，并利于布置厂房和水闸，才适合建设双库连续发电电站。

4. 发电结合抽水蓄能式电站

这种电站的工作原理是：在潮汐电站水库水位与潮位接近并且水头小时，用电网的电力抽水蓄能。涨潮时将水抽入水库，落潮时将水库内的水往海中抽，以增加发电的有效水头，提高发电量。

上述 4 种形式的电站各有特点、各有利弊，在建设时，要根据当地的潮型、潮差、地形、电力系统的负荷要求、发电设备的组成情况以及建筑材料和施工条件等技术经济指标，综合进行考虑，慎重选择。

6.2.3　潮汐发电机组型式

海洋潮汐发电机组属于低水头水电机组，除了海水，与传统的淡水江河用低水头发电机组没有根本区别。它有以下 4 种主要形式：

(1) 灯泡形贯流式机组。灯泡式机组属于轴流式机组的一个分支，是一种新型机组。它比传统的轴流定桨或转桨式机组重量减轻了 20%～30%，它的轴线几乎与水流平行，而不像转桨式那样垂直（水流经过尾水管肘管要转 90%以上的拐弯，对于上、下游水位相差不大的低水头电站来说，平面尺寸和跨度间隔太大）。

(2) 轴伸形贯流式机组。水轮机置于流道中，发电机则置于陆地上，其间用长轴传动，或通过齿轮增速器使发电机加速。当水头很低，甚至低于 5m 时，采用这种又称为竖井式的机组则可通过增速器来加大容量，而灯泡式机组只能加大泡体直径来提高功率。

(3) 圆环形全贯流式机组。这种机型水轮机在流道中，而发电机在水轮机外围，转子磁极直接装在水轮机转轮叶片外缘，其间采用迷宫密封来防止流道中的水漏到发电机内部。这种机型的特点是直径较大，可以增加功率。

(4) 圆筒形正交式机组。这是最新机型，与前几种不同，它们的轴线几乎都与水流的流线平行，而这种机型却与流线垂直。水轮机转轮呈圆筒形，通常为3～4个叶片，叶片断面类似螺旋桨，两面翼型不同，叶片长度方向与轴线平行，但断面翼型沿叶片全长都一样，便于大量生产。这种机型的过水能力比轴流转桨式大约1.4倍，机组重量却减少55%，混凝土用量也减少12%，很有前途。

6.2.4 潮汐能发电的主要技术问题

对于潮汐能发电，人类已经取得了许多宝贵的经验，目前开发研究的主要技术问题如下：

(1) 潮汐电站开发方式的选择。采用单库还是双（多）库与潮型、水库容积特性、海湾特点和电力系统情况，以及水闸和机组的匹配等因素相关，需要进行电站的总体规划设计。

(2) 超低水头大容量水轮发电机组的开发。潮汐电站的装机容量和发电量取决于站址的平均潮差。所以对于潮差小的电站必须研究低水头、大容量的潮汐发电机组（机组投资一般会占总投资的一半），使其发电效率高、造价低、耐腐蚀。

(3) 薄壁沉箱式厂房、水闸等浮运钢筋混凝土结构的制造、运输和沉放的研究开发。这种技术解决得好，可以缩短电站的施工期限。

(4) 水下基础处理的研究开发。每一个潮汐电站都需要进行水下基础的处理，大多数大型、中型潮汐电站的厂房和水闸都需要布置在海中，应尽量避开深厚淤泥基础，水下基础处理工作是决定潮汐电站经济性甚至建设成败的关键问题之一。

(5) 潮汐电站对于环境影响以及综合利用效益的研究开发。潮汐电站建设过程中和建成之后，都会使其所拦截海湾的纳潮量和湾内相应潮位发生变化，导致湾内生态环境的变化，影响到生物品种与数量，以及其他水质指标和泥沙冲淤情况，直至影响到水库调节能力的变化，以及水库的使用寿命。作为潮汐电站，除发电之外，视具体情况还可以有围垦、水生物养殖、抗风暴潮等综合效益。若处理得好，这种综合效益的经济价值甚至可以超过发电效益。

我国的潮汐能开发技术研究已取得很大进展，小型潮汐电站开发技术已趋成熟。江厦潮汐电站已成功地使用了我国自己设计制造安装的双向灯泡形贯流式机组，水轮机转轮采用GZN005 S形叶片的转轮，直径为2.5m，具有正、反向发电和泄水的工况。为了保证潮汐电站的发电质量，提高经济效益，有些电站也采用了新的电子技术，实行自动运行控制。如江苏浏河潮汐电站，采用了计算机控制两台75kW发电机组，自动进行开启、增速、电压、频率的控制和电力并网，当水头低于设计的发电要求时，能够自动停机，避免发生意外，实现了运行控制的完全自动化。江厦潮汐电站利用计算机能正确地做潮位预报，从而能够保证机组的最大出力。

【任务实施】

（1）观看潮汐发电原理的相关视频。

（2）分组讨论潮汐电站的类型和组成。

任务6.3　潮汐能电站案例分析

【任务目标】

（1）了解世界三大潮汐能电站的基本情况。

（2）重点分析江厦潮汐电站效益。

【相关知识】

法国的朗斯潮汐电站、加拿大安纳波利斯潮汐电站以及我国的江厦潮汐电站，是当今世界已建成并长期运行的三大潮汐能电站。

6.3.1　法国朗斯潮汐电站

法国朗斯潮汐电站建于法国朗斯河口，于20世纪60年代中期在法国投入商业运行，是世界上第一座大型潮汐电站，也是第一个商业化电站。

该电站大坝高12m，宽25m，枢纽建筑物总长750m。大坝两端建有船闸和泄水闸门，中段设置电站厂房，这段是空腹混凝土坝，顶部做成拱形以承受水压力。坝上有公路沟通朗斯河两岸。全部建筑用围堰法抽干水后进行施工，共浇注混凝土35万m^3，用钢材1.6万t。发电厂房现安装24台灯泡贯流式水轮发电机组，总容量24万kW，设计年发电量5.4亿kW·h。工程于1959年开工，1966年全部机组投产，是当时世界上最大的海洋能发电工程。

该站址属世界上著名大潮差地点之一，潮差最大13.4m，平均8m。单库面积最高海平面时为$22m^2$，平均海平面时为$12m^2$。站址处河面宽700m，地基良好。其开发方式为单库双向型，与常规水电站不同，法国朗斯潮汐电站选用了灯泡贯流式水轮发电机组，选用此种卧式布置的机组对于过流和节省基础开挖工程量十分有利。灯泡式水轮机采用卡普兰转轮，转轮直径5.5m，额定水头5.6m，为水泵水轮机，可作6种工况运行，除正向发电、反向发电、正向排水、反向排水外，还能正向泵水和反向泵水。各种工况的优化运行，用计算机进行控制。以最经济的办法最大限度地克服了潮汐电力间歇性的缺点，并为减少工程量和增加发电量创造了条件。这种多功能机组在当时是一项重大的技术成就。这一技术创新不但提高了潮汐能的利用效率，同时降低了电站的造价。该电站还对库区进行了综合开发，旅游业与坝上高速公路的收入进一步降低了电站的运营成本。朗斯站址处基岩良好，无漏水之虞，采用混凝土拦河建筑物。其内布置40台机组（内2台属预留），两侧各有5孔泄水闸，还有一座船闸和相应航道，如图6.12所示。机组中心距为13.5m。按全面开发，满流量时单机出力9000kW计，最大装机出力可达36万kW，现装机24台，单机最大出力1万kW，设计年平均发电量5.4亿kW·h。按40台机组，设计年发电量扣去抽水耗电后可净发电8亿kW·h。

在电气接线方面每4台或5台机组组成1个单元。每个单元配置1台升压变压器。朗斯潮汐电站的机组和厂房机电设计是成功的，并取得了开发大型潮汐能源的经验。

图 6.12 法国朗斯潮汐电站

6.3.2 加拿大安纳波利斯潮汐电站

1984 年，加拿大在芬迪湾建成安纳波利斯潮汐电站，该地潮差为 4.2～8.5m，安装了 1 台容量为 2 万 kW 的全贯流式水轮发电机组，这是当时世界上单机容量最大的潮汐发电机组，也是技术上最先进的全贯流式水轮发电机组。全贯流式水轮机安装在水平的水流通道中，发电机转子固定在水轮机桨叶周边组成旋转体，定子安装在水轮机转轮外边，构成没有传动轴的直接耦合机组。由于发电机的尺度不受限制，可以采用最优的转子直径，得到较高的转子转动惯量，以改进电网发生意外事故的动力稳定性，较易解决通风问题，检查、维修也方便。这些都是优于灯泡式机组之处。全贯流机组由于其结构紧凑，可以比采用灯泡式机组，工程造价低。但其难点在能经受推力和转子飞逸时保持稳定和转子轴承的安全运行，以及转子轮缘和壳体中间的密封。该电站所采用的受力轴承是常规的水动力套筒式。密封由特殊的合成材料弯曲压贴在构件上，用水作润滑。机组转子直径 7.6m，4 个叶轮叶片，18 个导叶，定子直径 13m，设计水头 5.5m，工作水头为 1.4～7.1m，流量 $378m^3/s$，额定转速 50r/min，电站采用单库单向发电方式，每个潮期工作 6～6.5h，全年发电量约 5000 万 kW·h。经过多年运行证明这种全贯流水轮机运行正常、效果很好。不过，该电站同时也暴露出较多的环境问题，成为各界争论的焦点。图 6.13 为加拿大安纳波利斯潮汐电站剖面图。

机组由对河川小型全贯流机组有经验的瑞士设计、加拿大制造。该电站利用了现成控制洪水的堤坝，包括一条长 225m 的堆石坝，一个人工岛，和另一侧控制水量的有 2 个闸门的建筑和一小堤道。机房设在人工岛上，由 100km 外的一座水电站遥控。

6.3.3 中国江厦潮汐试验电站

江厦潮汐试验电站是我国最大的潮汐能电站，也是目前世界第三大潮汐能电站。电站位于浙江省温岭市西南的江厦港上。电站于 1972 年经当时的国家计委批准建设，电站工程被列为水利电力潮汐电站项目，研究重点包括潮汐能特点、潮汐机组研制、海工建筑物技术问题、综合利用等。电站当时设计安装 6 台 500kW 双向灯泡贯流式机组，1 号机组于 1980 年 5 月 4 日投产发电，到 1985 年 12 月完成了共 5 台机组的安装建设和并网发电，当时总装机容量为 3200kW。2007 年 10 月又完成了第 6 台 700kW 机组的安装，从而使江厦潮汐电站的总装机容量达到 3900kW。规模至今仍是亚洲第一、世界第三，可昼夜发电 14～15h，年发电量稳定在 600 多万 kW·h。江厦港为封闭式海港，港口筑高 15.5m 的黏土

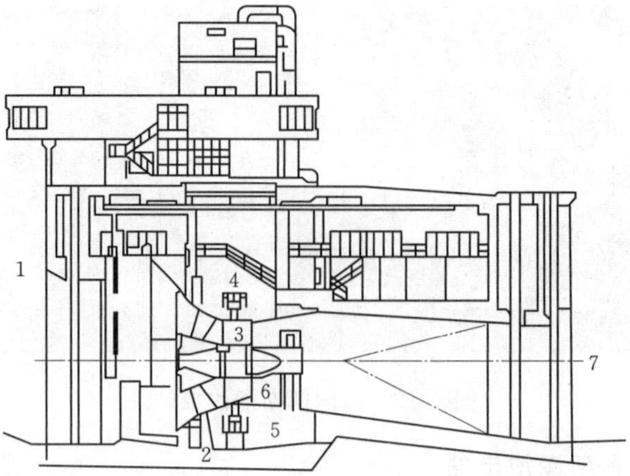

图 6.13　加拿大安纳波利斯潮汐电站剖面图

1—水库；2—导叶；3—水轮机转轮叶片；4—发电机转子；
5—发电机定子；6—水压密封；7—外海

心墙堆石坝，形成1座港湾水库，总库容490万 m^3，发电有效库容270万 m^3。图6.14为江厦潮汐试验电站。

图 6.14　江厦潮汐试验电站

电站建成后除了获得大量的电量，还包括围填海、水产养殖及旅游等综合利用效益。

【任务实施】

（1）观看法国朗斯潮汐电站视频。

（2）观看加拿大安纳波利斯潮汐电站视频。

（3）观看江厦潮汐试验电站视频。

任务6.4　中国潮汐能发电现状及前景分析

【任务目标】

（1）了解中国潮汐能发电现状。

（2）了解中国潮汐能发电前景。

【相关知识】

6.4.1　中国潮汐能的分布

我国潮汐能资源丰富，长达18000多km的大陆海岸线，北起鸭绿江口，南到北仑河口，加上5000多个岛屿的14000多km海岸线，共约32000多km的海岸线中蕴藏着丰富的潮汐能资源。据不完全统计，全国潮汐能蕴藏量为1.9亿kW，其中可供开发的约3850万kW，年发电量870亿kW·h，大约相当于40多个新安江水电站。目前我国潮汐电站总装机容量已有1万多kW。根据中国海洋能资源区划结果，我国沿海潮汐能可开发的潮汐电站坝址为426个，以浙江和福建沿海数量最多。

1. 潮汐势能的总量及分布状况

根据《中国沿海潮汐能资源普查》和《中国沿海农村海洋能资源区划》对全国426处河口港湾的坝址调查资料显示，我国可开发的装机容量在200kW以上的潮汐能蕴藏量为1.1亿kW，开发总装机容量为2179万kW，年发电量为624亿kW·h，相当于三峡大坝的年发电量的2/3。可开发的装机容量在50kW以上的站点共有191处，可开发总量为2158万kW。我国长江口、浙江、福建东海沿海的潮差较大，蕴藏量可观，共占全国的9%，其余海域潮差较小。

2. 潮流能的总量及分布状况

国家海洋局2012年完成的《我国近海海洋综合调查与评价专项》，即“908”专项，统计了我国近海99条主要的水道，潮流能蕴藏量约为833万kW，可开发的潮流能量为166万kW。我国的舟山群岛各岛之间的水道是我国潮流最大的海域，如西猴门、册子水道、金塘水道、秀山水道、龟山水道等，可达4.0m/s。自江苏斗龙港向南，经长江口、浙江、福建沿海潮汐居全国最大，潮流也有1.5～3.0m/s，渤海海峡北侧老铁山水道达3.0m/s，琼州海峡2.0～2.5m/s，其余海域只有0.5～1.5m/s。

6.4.2　中国潮汐能的开发现状

我国于20世纪50年代开始潮汐能发电试验，是世界上最早开展潮汐能发电试验的国家之一。潮汐能发电示范应用情况如表6.3所示。可以看出，我国潮汐开发利用项目基本都在百千瓦内。

表6.3　我国潮汐能示范应用情况

日　期	名　称	研制单位	装机容量/kW
1978年	潮汐发电试验	何世钧	8
80年代中期	10kW潮汐能实验电站	哈尔滨工程大学	10
2002年	“万向Ⅰ”70kW漂浮式竖轴潮汐实验电站	哈尔滨工程大学	70
2005年	“万向Ⅱ”40kW坐底式垂直轴潮汐实验电站	哈尔滨工程大学	40
2006年	固定式水平轴潮汐能装置	浙江大学	5
2008年	柔性叶片水轮机潮汐发电装置	中国海洋大学	5
2009年	独立运行式水平轴潮汐能发电系统	浙江大学	25
2012年	“海能1号”漂浮式立轴潮汐能电站	哈尔滨工程大学	2×150

我国的潮汐发电项目都还只是在示范应用阶段，距离商业化应用还有很长的路要走，还有很多技术问题有待于进一步研究。我国潮汐能开发造价较高，投入风险较大，在短时间内无法实现经济效益，因而制约我国潮汐能大规模发展。另外，潮汐能发电装置开发设计技术、潮汐能发电装置的加工制造技术、发电设施的安装和维护、电力并网技术等，也限制了潮汐能开发的发展规模和速度。

6.4.3　中国潮汐能的发展趋势和前景

潮汐能发电不需筑坝蓄水，对环境影响小，建设周期缩短，但在海上固定和安装潮汐发电机组较困难。国外已初步实现潮汐能发电站的商业化运行，然而我国在机组和装机容量上还与国外有较大差距，因此我国潮汐能电站发展趋势是向大型化商业化发展。我国舟山群岛区域的潮汐能资源丰富，应加大开发力度，开展兆瓦级以上容量的半商业化潮汐发电试验电站的建设势在必行。

潮汐发电，作为一种清洁能源，在大力发展海洋经济的今天，不仅得到政府部门的重视，更成为装备制造企业进军战略性新兴产业的新商机。潮汐能作为一种可再生能源，已成为“十三五”战略性新兴产业规划中新能源的重要组成部分。与风能和太阳能相比，潮汐能更为可靠，其发电量不会产生大的波动，而且不占用农田、不污染环境，成本只有火电的1/8，而中国的潮汐资源丰富，为发展潮汐发电提供了充足的机遇。随着煤、石油、天然气等传统化石能源日益减少，能源短缺现象日益加重，人们纷纷将能源发展重点转向面积更加辽阔的大海。潮汐发电具有资源丰富、储备量大、可再生、可预报等特点，而且环保、无污染，成为开发“蓝色能源”的重点。在我国优化电力结构，促进能源结构升级、大力发展海洋经济的背景下，潮汐发电有利于缓解东部沿海地区的能源短缺，已经被我国列为“十三五”战略新兴产业规划中新能源的重要组成部分，更是为装备制造业进军战略性新兴产业提供了巨大商机，潮汐电站建设可创造良好的经济效益、社会效益和环境效益，具有广阔的发展前景。

【任务实施】

（1）讨论潮汐位能发电站的原理。

（2）讨论潮汐动能发电站的原理。

（3）讨论潮汐位能发电站的类型有哪些？

【思考与练习】

（1）什么是潮汐能？

（2）潮汐电站的水轮发电机组的3种基本形式是什么？

项目7　生物质能发电系统的组成及案例分析

【项目说明】

生物质能是由太阳光与植物及微生物经过光合作用而产生的，再进入生态循环的一种能源，它既不同于常规的矿物能源，又有别于其他新能源，兼有两者的特点和优势，是人类最主要的可再生能源之一。本项目主要内容包括生物质和生物质能的基本概念、生物质能发电系统的组成及案例。

任务7.1　生物质和生物质能

【任务目标】

(1) 了解生物质的定义、分类及组成。

(2) 熟悉生物质能转化利用技术。

【相关知识】

7.1.1　生物质的定义、分类及组成

1. 生物质的定义

生物质是太阳能最主要的吸收器和储存器。太阳能照射到地球后，一部分转化为热能，一部分被植物吸收，转化为生物质能；由于转化为热能的太阳能能量密度很低，不容易收集，只有少量能被人类所利用，其他大部分存在于大气和地球中的其他物质中；生物质通过光合作用，能够把太阳能富集起来，储存在有机物中，这些能量是人类发展所需能源的源泉和基础。基于这一独特的形成过程，生物质能既不同于常规的矿物能源，又有别于其他新能源，兼有两者的特点和优势，是人类最主要的可再生能源之一。生物质的光合作用原理图如图7.1所示。

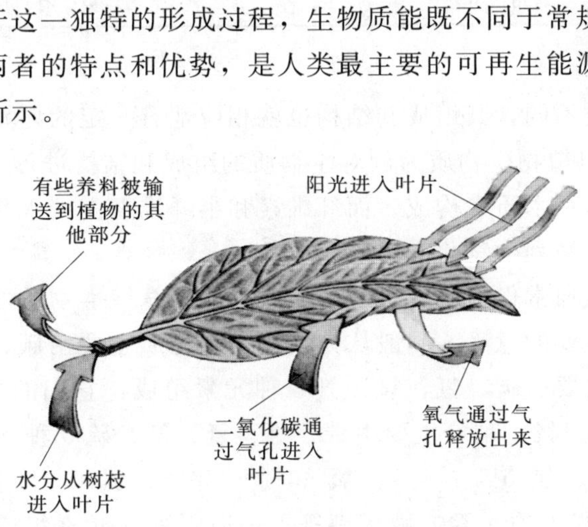

图7.1　生物质的光合作用

国内外关于生物质概念定义的内涵基本一致，维基百科认为生物质是指可用作燃料或工业生产的活生物体或者近期死亡的生物体，通常包括用于发电或生产生物燃料的能源植物，用于生产纤维、化学品或者热量的动植物，以及可通过燃烧作为燃料的生物可降解废弃物，但不包括有机物质经过地质过程形成的新物质，如煤或石油。美国能源部、农业部认为生物质不仅包括已用于食物和能源用途的淀粉、糖和油料作物，而且还包括其他所有植物以及来源于动植物体的物质，如动物粪便等。我国农业部则把生物质定义为通过光合作用而形成的各种有机体。总结起来，生物质一般指任何形式（除化石燃料及其衍生物）的有机物质，包括所有的动物、植物和微生物，以及由这些生命体所派生、排泄和代谢出来的各种有机物质，如农林作物及其残体、水生植物、人畜粪便、城市生活和工业有机废弃物等。

2. 生物质的分类

对于生物质如何进行分类，有着不同的标准。本书依据来源的不同，将适合于能源利用的生物质分为种植生产的生物质（能源作物）和未利用的生物质（残余物）两大类。详细的分类见表7.1。

表7.1　生物质分类

分类		举例
种植生产的生物质（能源作物）	陆生生物质	甘蔗、木薯、玉米、甜菜、油菜籽、甜高粱以及能源林等
	水生生物质	海藻、微生物等
未利用的生物质（残余物）	农业残余物	秸秆、稻壳、甘蔗、蔬菜残余物等
	林业残余物	伐木残余物、木材加工废弃物、建筑废物等
	渔业残余物	渔业加工残余物
	工业残余物	酒精、酿酒、制糖、食品、制药、造纸废水等
	动物粪便	禽畜粪便、屠场废弃物等
	城市废弃物	生活垃圾、有机废水等

3. 生物质的组成

由于生物质的种类不同，其组成和结构也就相应地有一定的差别。生物质主要来源于植物（图7.2），因此以植物生物质为例对生物质的组成和结构进行分析。植物生物质主要是由纤维素、半纤维素和木质素构成。而纤维素和半纤维素由碳水化合物构成，木质素则是由碳水化合物通过一系列生物化学反应合成的。

生物质的元素组成通常仅指其有机质的元素组成，掌握生物质的元素组成对研究其燃烧和热解都具有十分重要的意义。一般认为，植物生物质主要由碳、氢、氧、氮、硫5种元素组成，其中木材主要由碳、氢、氧、氮4种元素组成，它们的含量约为：碳49.5%、氢6.5%、氧43%、氮1%；秸秆主要由碳、氢、氧、氮、硫5种元素组成，它们的含量约为：碳40%～46%、氢5%～6%、氧43%～50%、氮0.6%～1.1%、硫0.1%～0.2%。还有一些数量很少的元素如磷、钾等，一般不列入元素组成之内。部分生物质燃料的工业分析成分、元素组成分析低位热值见表7.2。

图 7.2 生物质原料

表 7.2 部分生物质燃料的工业分析成分、元素组成分析低位热值

种类	工业分析成分/%				元素组成/%						低位热值/(kJ/kg)
	水分	灰分	挥发分	固定炭	H	C	S	N	P	K_2O	
杂草	5.43	9.40	68.27	16.40	5.24	41.00	0.22	1.59	1.68	13.60	16204
豆秸	5.10	3.13	74.56	17.12	5.81	44.79	0.11	5.85	2.86	16.33	16157
稻草	3.61	12.20	67.80	16.39	5.30	48.30	0.09	0.81	0.15	9.93	17636
稻壳	5.62	17.82	62.61	13.95	6.20	49.40	0.40	0.30	—	0.60～1.60	16017
玉米秸	6.10	4.70	76.00	13.20	6.00	49.30	0.11	0.70	2.60	13.80	17746
玉米芯	4.87	5.93	71.95	17.25	6.00	47.20	0.01	0.48	—	—	17730
高粱秸	4.71	8.91	68.90	17.48	6.09	48.63	0.01	0.36	1.12	13.60	15066
棉秸	6.78	3.97	68.54	20.71	5.70	49.80	0.22	0.69	2.10	24.70	18089
麦秸	4.39	8.90	67.36	19.32	6.20	49.60	0.07	0.61	0.33	20.40	18532
花生壳	7.88	1.60	68.10	22.42	6.70	54.90	0.10	1.37			21417
杉木	3.27	0.74	81.20	14.79	6.00	51.40	0.03	0.06			19194
榉木	5.90	0.60	79.00	14.50	6.20	49.70	0.01	0.28			18077
松木	6.00	0.40	79.60	17.00	6.00	51.00	0.00	0.08			19045
红木					6.00	50.80	0.03	0.05			19485

续表

种类	工业分析成分/%				元素组成/%						低位热值/(kJ/kg)
	水分	灰分	挥发分	固定炭	H	C	S	N	P	K_2O	
杨木	6.70	1.50	80.30	11.50	6.00	51.60	0.02	0.60			17933
柳木	3.50	1.60	78.00	16.90	5.90	49.50	0.04	0.42			18625
桦木	11.10	0.30	70.00	18.60	6.10	49.00	0.00	0.10			18413
枫木	5.60	3.60	74.20	16.60	6.10	51.3	0.00	0.25			18902
马粪	6.43	21.85	58.99	12.82	5.35	37.25	0.17	1.40	1.02	3.14	14022
牛粪	6.46	32.40	48.72	12.52	5.46	32.07	0.22	1.41	1.71	3.84	11627
烟煤	8.85	21.37	38.48	31.30	3.81	57.42	0.46	0.93			24300

7.1.2　生物质能转化利用技术

生物质能的利用转化方式主要有 3 种：物理化学法、热化学法、生物化学法（如图 7.3所示）。物理化学法是指通过压缩成型将生物质进行利用的转换技术。热化学法是指在高温下将生物质转化为其他形式能量的转化技术。主要包括 4 种方式：直接燃烧、气化、热裂解和液化法。直接燃烧是指直接将生物质完全燃烧放出热量；燃烧过程产生的能量可用来产生电能或者供热；生物质气化是指在介质氧气、空气或者蒸汽等参与的情况下对生物质进行部分氧化而转化为气体燃料的过程，通过气化，原先的固体生物质能被转化为更便于使用的气体燃料，可用来供热或者直接给燃气机以产生电能，其能量转化率比固态生物质的直接燃烧要高；热裂解是指在没有气体介质的条件下，单纯利用热使生物质中的有机质发生热分解从而脱除挥发性物质，最终通常转化为高能量密度的气体、固体和液体产物的过程；液化其目的在于将生物质转化为高热值的液体产物，生物质液化的实质是将固态大分子有机聚合物转化为小分子有机物质。而生物化学法是指生物质在微生物的发酵作用下产生沼气、酒精等能源产品。

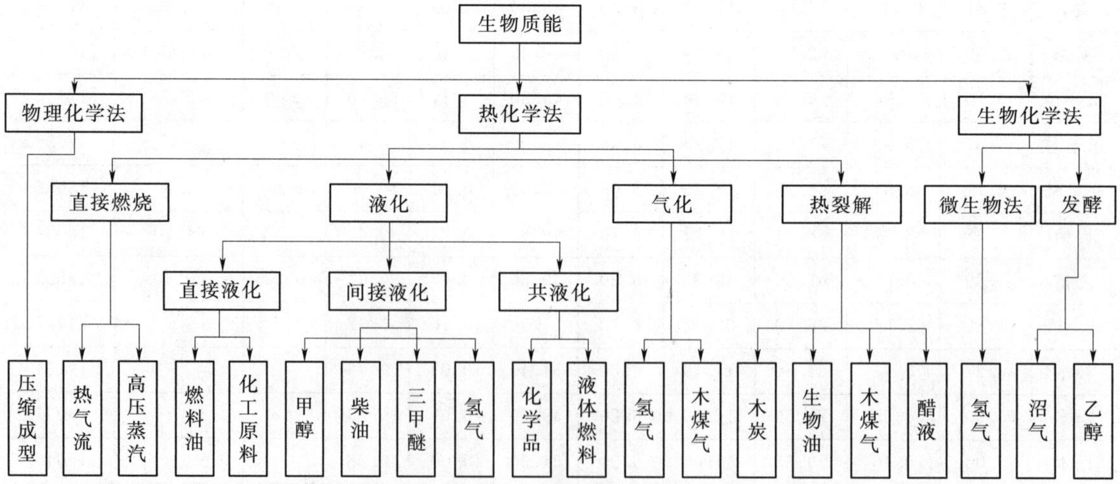

图 7.3　生物质的转化技术

【任务实施】

(1) 认识生物质，熟悉生物质种类和组成成分。

(2) 认识生物质能转化利用技术。

任务 7.2 生物质能发电原理分析

【任务目标】

(1) 了解生物质能发电的基本知识。

(2) 掌握生物质直接燃烧发电技术。

(3) 掌握生物质混煤燃烧发电技术。

(4) 了解生物质气化发电技术。

(5) 掌握垃圾焚烧发电技术。

(6) 掌握生物质沼气发电技术。

【相关知识】

7.2.1 生物质能发电概述

生物质能发电主要利用农业、林业和工业废弃物、甚至城市垃圾为原料，进行农林废弃物直接燃烧发电、生物质混合燃烧发电、生物质气化发电、垃圾焚烧发电、垃圾填埋气发电、沼气发电。近年来，国内外能源、电力供求日趋紧张，作为可再生能源的生物质能越来越突显出其必要性。

1. 生物质发电的发展

自 1973 年第一次石油危机以来，生物质能的开发利用受到了各国关注。目前在丹麦、荷兰、瑞典、芬兰等欧洲国家，利用植物秸秆作为燃料发电机组已有 300 多台，社会和经济效益都很好。尤其是北欧等发达国家已拥有较为成熟的生物质能发电技术，生物质能发电量在发达国家的电力总量中所占比重逐年上升。

1988 年，丹麦诞生了世界上第一座秸秆生物燃烧发电厂，由丹麦 BWE 公司设计制造，装机容量 5MW。从此丹麦的秸秆燃烧发电技术现向世界，被联合国列为重点推广项目。BWE 公司在西欧设计并建造了大量的生物发电厂，其中最大的发电厂是英国的 Elyan 发电厂，装机容量为 38MW。如今丹麦已有 130 家秸秆发电厂。靠新兴替代能源，丹麦由石油进口国一跃成为石油出口国。

瑞典的生物质能源利用率已占其能源消费总量的 16%左右。

芬兰本国没有化石燃料资源，因而生物质发电量占本国发电量的 11%，居世界第一位。

到 2020 年，西方工业国家 15%的电力将来自生物质发电。届时，西方将有 1 亿个家庭使用的电力来自生物质发电，生物质发电产业还将为社会提供 40 万个就业机会。

从国外情况来看，生物质发电在不同的政策激励和扶持下逐渐发展起来，并形成了目前蓬勃发展的生物质发电产业。国外鼓励生物质发电发展的政策主要体现在价格激励、财政补贴、减免税费等方面。

许多国家都制定了相应的计划，如日本的“阳光计划”、美国的“能源农场”、印度的“绿色能源工厂”等，都是把生物质能秸秆发电技术作为21世纪发展可再生能源战略的重点工程。

在我国，从1990年以来，中央和各地方政府出台了一系列法律法规，从不同层面，采取不同措施来支持包括生物质能利用的可再生能源的发展。《中华人民共和国电力法》《中华人民共和国节约能源法》《中华人民共和国大气污染防治法》等法律中，都作了有关鼓励开发利用清洁能源，包括可再生能源的原则规定。

2006年上半年，依据《中华人民共和国可再生能源法》和《中华人民共和国电力法》等有关法律法规，国家相继出台了《可再生能源发电有关管理规定》《可再生能源发电价格与费用分摊管理试行办法》和《关于可再生能源发展专项资金暂行管理办法》，明确了发电企业和电网企业的责任和义务。这些政策的出台为生物质能发电项目提供了有力的保障。

以秸秆直接燃烧发电为例，秸秆发电厂所发电量由电网全额收购；上网电价经当地省政府价格主管部门按现行电价政策提出上报国家发展和改革委员会核批后，一般在0.50～0.60元左右；进口设备的关税和进口环节增值税全免；同时，各地方省市还因地制宜地制定了其他补贴政策。

《可再生能源“十三五”规划》中明确表示，稳步发展生物质发电，在做好选址和落实环保措施的前提下，结合新型城镇化建设进程，重点在具备资源条件的地级市及部分县城，稳步发展城镇生活垃圾焚烧发电，到2020年，城镇生活垃圾焚烧发电装机容量达到750万kW。根据生物质资源条件，有序发展农林生物质直燃发电和沼气发电，到2020年，农林生物质直燃发电装机达到700万kW，沼气发电达到50万kW。到2020年，生物质发电总装机容量达到1500万kW，年发电量超过900亿kW·h。

2. 生物质能发电的问题

资源收集这在我国尤其困难。我国大部分地区都是以农户为农业生产单位，户均耕地占有面积很小，根据对我国粮食产量最大的5个省的统计，每年每户的秸秆可获得量仅为4～5t。以2.5万kW的秸秆发电厂每年消耗秸秆20万t计，需要从近5万户农户收购，这些秸秆还是分夏秋两季提供，意味每年需要完成近10万笔秸秆收购交易，无论对收购的组织还是收集成本控制都是极大的考验。

在国外，能源转换产业的规模效益非常明显，秸秆发电也有向大规模发展的趋势，由于其农业生产以农场为主，每个收购合同或收购交易可以提供的秸秆数量远远超过我国。因此，根据我国的国情，除了黑龙江、新疆等地，其他省份的秸秆发电项目规模不宜太大。

有关专家曾对收集秸秆的运输成本进行过详细的调查和测算，发现收集半径在15km以内，其运输成本增加很少。半径15km可以提供的秸秆为10km的1倍以上，所以可在此范围内有选择性地收购，以有效地防范秸秆收购价格被恶意抬升的风险。

7.2.2　生物质直接燃烧发电

生物质直燃发电简单地说是把秸秆等生物质直接燃烧产生高压蒸汽，再通过汽轮机转化为电能的过程。主要包括秸秆等生物质燃料标准化成型集储系统、连续化燃料稳定输送上料系统、锅炉燃烧及辅机系统、汽轮发电机系统、并网系统等。

直燃发电是农林剩余物消耗量最大、最直接、最容易规模化和工业化的一种能源利用方式，在我国是一项新兴产业，开展生物质直燃发电工程技术研究刚刚开始。生物质直燃发电的主要原料是农林废弃物、城市固体废弃物等，目前我国主要集中开发以农林废弃物为原料的农林生物质发电。生物质直接燃烧发电过程如图 7.4 所示。

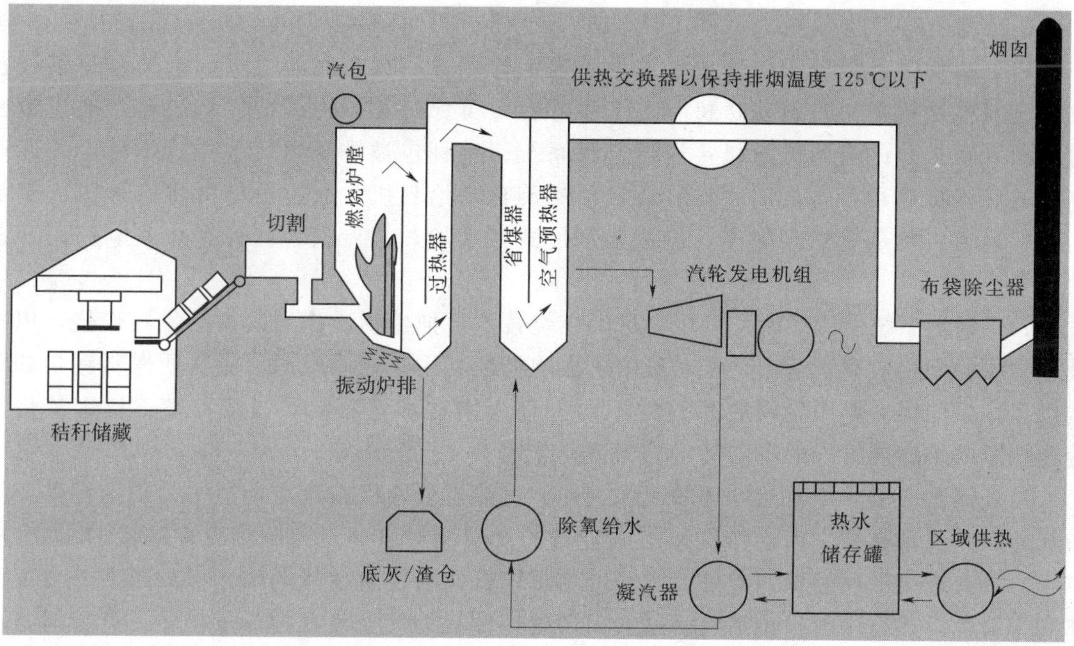

图 7.4　生物质直接燃烧发电（秸秆发电）过程示意图

图 7.5 以秸秆直接燃烧发电为例介绍生物质直接燃烧发电工艺流程。

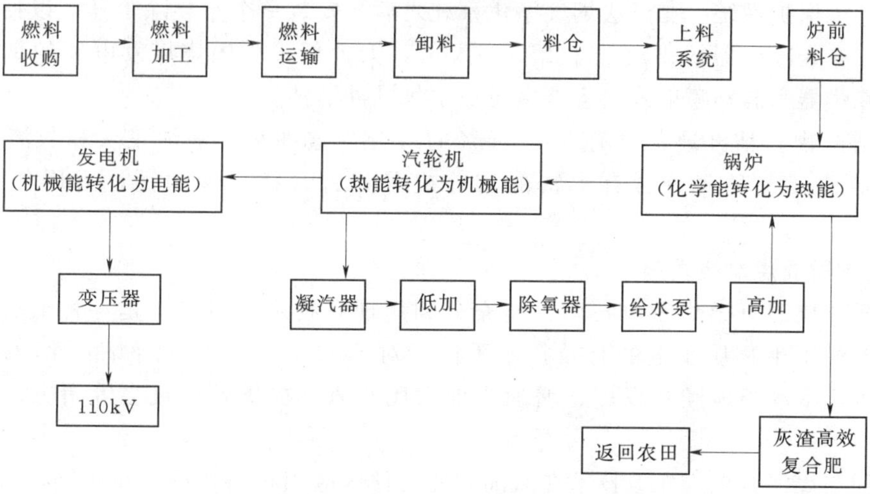

图 7.5　生物质直接燃烧发电工艺流程图

（1）秸秆的处理、输送和燃烧。发电厂内建设两个独立的秸秆仓库。每个仓库都有大门，运输货车可从大门驶入，然后停在地磅上称重，秸秆同时要测试含水量。任何一包秸秆的含水量超过25%，则为不合格。在欧洲的发电厂中，这项测试由安装在自动起重机上的红外传感器来实现。在国内，可以手动将探测器插入每一个秸秆捆中测试水分，该探测器能存储99组测量值，测量完所有秸秆捆之后，测量结果可以存入连接至地磅的计算机。然后使用叉车卸货，并将运输货车的空车重量输入计算机。计算机可根据前后的重量以及含水量计算出秸秆的净重。

货车卸货时，叉车将秸秆包放入预先确定的位置；在仓库的另一端，叉车将秸秆包放在进料输送机上；进料输送机有1个缓冲台，可保持几分钟；秸秆从进料台通过带密封闸门（防火）的进料输送机传送至进料系统；秸秆包被推压到2个立式螺杆上，通过螺杆的旋转扯碎秸秆，然后将秸秆传送给螺旋自动给料机，通过给料机将秸秆压入密封的进料通道，然后输送到炉床。炉床为水冷式振动炉，是专门为秸秆燃烧发电厂而开发的设备。

（2）锅炉系统。锅炉燃烧采用先进的燃烧技术，把生物质作为锅炉的燃料燃烧，以提高生物质的利用效率，适用于相对集中、大规模地利用生物质资源。生物质燃料锅炉的种类很多，按照锅炉燃用生物质品种的不同可分为木材炉、薪柴炉、秸秆炉、垃圾焚烧炉等，按照锅炉燃烧方式的不同又可分为流化床锅炉、层燃炉等。

秸秆锅炉一般采用自然循环的汽包锅炉，过热器分两级布置在烟道中，烟道尾部布置省煤器和空气预热器。由于秸秆灰中碱金属的含量相对较高，因此烟气在高温时（450℃以上）具有较高的腐蚀性。此外，飞灰的熔点较低，易产生结渣的问题。如果灰分变成固体和半流体，运行中就很难清除，就会阻碍管道中从烟气至蒸汽的热量传输。严重时甚至会完全堵塞烟气通道，将烟气堵在锅炉中。由于存在这些问题，因此专门设计了过热器系统，已经用在最新的发电厂中。

（3）汽轮机系统。涡轮机和锅炉必须在启动、部分负荷和停止操作等方面保持一致，汽轮机和锅炉，协调锅炉、汽轮机和空冷凝汽器的工作非常重要。

（4）环境保护系统。在湿法烟气净化系统之后，安装一个布袋除尘器，以便收集烟气中的飞灰。布袋除尘器的排放低于25mg/Nm^3，大大低于中国烧煤发电厂的烟灰排放水平。布袋除尘器为脉动喷射式，容器由压缩空气脉冲清洁。

（5）副产物。秸秆通常含有3%～5%的灰分。这种灰以锅炉飞灰和灰渣或炉底灰的形式被收集，这种灰分含有丰富的营养成分如钾、镁、磷和钙，可用作高效农业肥料。

7.2.3　生物质混煤燃烧发电

生物质与煤混合燃烧发电技术，能充分利用现有技术与设备，是一种低成本、低风险、大规模使用生物质发电的有效技术手段，对于减少常规化石能源消耗，减排CO_2、NO_x和SO_2，带动当地经济发展、增加当地农民收入、提供就业机会等诸方面都有重要意义。

生物质与煤混合燃烧发电技术在欧洲和北美地区应用相当普遍。在美国，有300多家发电厂采用生物质与煤混合燃烧发电技术，装机容量达6000MW。2002年丹麦哥本哈根

AVEDORE 电厂 105MW 发电设备采用麦秆与天然气混合燃烧技术，生物质掺烧比例 50%。1997 年奥地利 Zeltweg Biococomb 137MW 电厂利用生物质与煤混合燃烧技术发电，生物质掺烧比例 30%。

国内一些高校和科研单位对生物质与煤混合燃烧发电技术及其设备进行了开发研究，取得了有价值成果。欧盟已与中国科技部签订协议，在生物质能利用领域进行合作研究与示范推广，拟在河南、湖南、黑龙江三省建设 3 个不同技术类型的示范工程。河南省能源研究所、农业部可再生能源重点开放实验室以及郑州轻工业学院被科技部定为该项目的承担单位，经过 2002 年欧盟技术及经济专家两次到河南考察、论证，最终确定河南省的合作研究及示范项目为生物质气化燃气与煤混烧发电技术，欧盟拟采用的技术初定为英国的 DRBRE 技术和芬兰的 VTT 技术。郑州轻工业学院与英国南岸大学在能源综合利用及生物质能利用领域进行了长期的合作研究，作为英国 DRBRE 电厂的主要设计单位，双方在生物质气化燃气与煤混合燃烧发电方面有丰富的经验。2004 年 6 月 30 日，在北京中欧生物质能利用合作项目研讨会上，英国已与我国就生物质气化燃气与煤混合燃烧发电技术达成了合作研究及示范应用意向，并于 7 月中旬回函，同意开展该项目合作，使本项目的研究开发与示范工程有可能在较短的时间内达到国际先进水平。

国内外研究证明，煤粉炉混燃生物质比例不宜过大，掺烧比例小于 5%，设备基本不需要改造。对于 30 万 kW 机组，如果生物质掺烧比例 4%（发热量），则相当于建设一个 12MW 的纯生物质发电厂，其效益十分可观。

生物质与煤混合燃烧发电是指将生物质原料应用于燃煤电厂中，使用生物质和煤两种原料进行发电，主要有如下两种方式：

(1) 将生物质原料直接送入燃煤锅炉，与煤共同燃烧，生产蒸汽，带动蒸汽轮机发电。

(2) 先将生物质原料在气化炉中气化生成可燃气体，再通入燃煤锅炉，可燃气体与煤共同燃烧生产蒸汽，带动蒸汽轮机发电。

无论哪种方式，生物质原料预处理技术都是非常关键的，要将生物质原料处理成符合燃煤锅炉或气化炉的要求。

1. 生物质与煤混合燃烧发电的生产过程

生物质与煤混合燃烧发电系统，就是一个以秸秆等生物质和煤为燃料的火力发电厂，其生产过程：先将秸秆等生物质加工成适于锅炉燃烧形式（粉状或块状），和煤一起送入锅炉内充分燃烧，使储存于生物质和煤燃料中的化学能转变成热能；锅炉内的水吸热后产生饱和蒸汽，饱和蒸汽在过热器内继续加热成过热蒸汽进入汽轮机，驱动汽轮发电机组旋转，将蒸汽的内能转换成机械能，最后由发电机将机械能变成电能，其生产过程如图 7.6 所示。

2. 生物质与煤混合燃烧发电生产系统

生物质与煤燃混合烧发电主要生产系统包括燃烧系统、汽水系统和电气系统。

生物质与煤混燃发电燃烧系统由锅炉的燃烧部分，生物质加工及传输系统和除灰、除尘、除渣等部分组成，如图 7.7 所示。

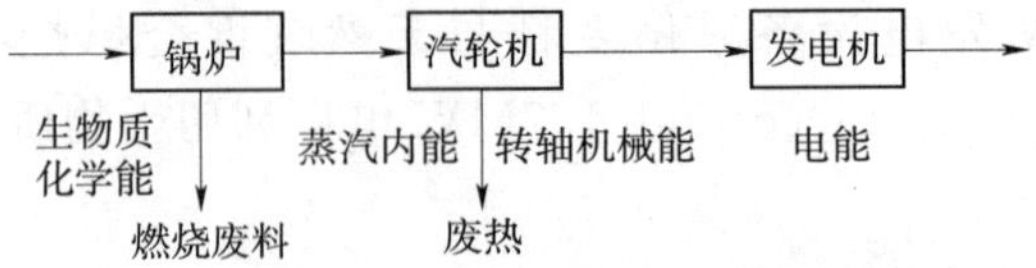

图 7.6　生物质与煤燃烧发电生产过程图

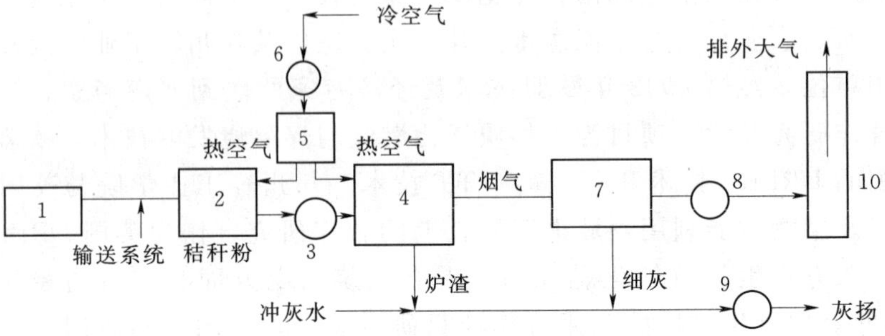

图 7.7　燃烧系统示意图

1—生物质现场储存区；2—生物质粉碎系统；3—排粉风机；4—锅炉；5—空气预热器；6—送风机；7—除尘器；8—引风机；9—灰渣泵；10—烟筒

生物质与煤混燃发电汽水系统由锅炉、汽轮机、凝汽器、给水泵以及化学水处理和冷却水系统组成，如图 7.8 所示。

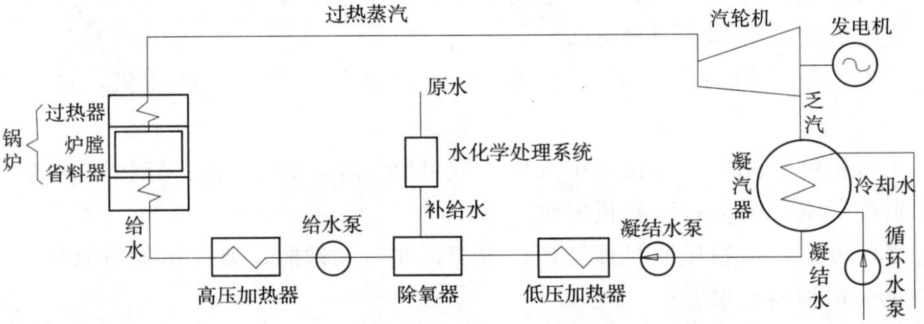

图 7.8　汽水系统示意图

生物质与煤混合燃烧发电电气系统由发电机、变压器、高低压配电装置等组成，如图 7.9 所示。

上述生产系统除燃烧系统与一般火力发电厂略有不同，其余汽水系统及电气系统均与一般火力发电厂完全相同。

3. 生物质与煤混合燃烧发电特点及存在问题

(1) 生物质与煤混合燃烧发电特点。由于生物质的能量密度低、体积大，运输过程增加了二氧化碳(CO_2)的排放，不适应集中大型生物质发电厂。而分散的小型电站，投资、人工费高，效率低，经济效益差。因此，在大型燃煤电厂，生物质与矿物燃料联合燃烧成为新的概念。它不仅为生物质和矿物燃料的优化混合提供了机会，同时许多现有设备不需太大的改动，使整个投资费用低。大多数燃煤电厂燃烧粉煤，生物质必须经过预处理。

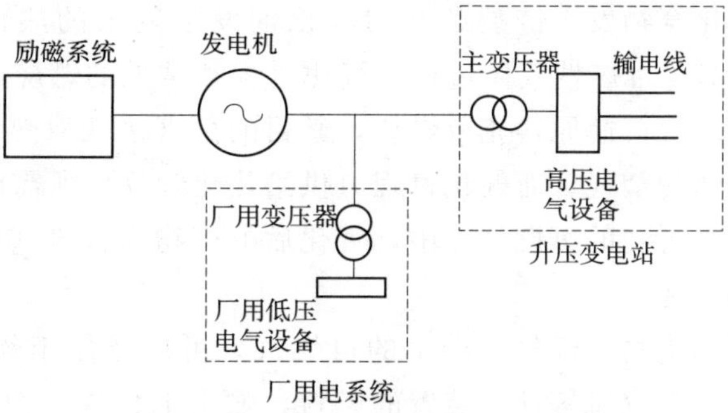

图 7.9　电气系统示意图

生物质与煤混合燃烧发电的优点有：

1）可以改善煤的着火性能。

2）生物质的挥发分初析温度远低于煤，使得着火燃烧提前，最大燃烧速率前移的趋势，获得更好的燃尽特性。

3）可以提高煤的利用率。

4）生物质在燃烧的过程中放热比较均匀，而单一煤燃烧放热几乎全部集中于燃烧后期。煤与生物质混合，可以改善燃烧放热的分布状况，对于燃烧前期的放热有增进作用。

在传统火电站中生物质与煤混合燃烧发电，可从大型传统电站中直接获利，生物质混合发电方式比较见表 7.3。

表 7.3　生物质混合发电方式比较

发电方式	直接混燃	气化混燃
技术特点	生物质与煤直接混合后在锅炉里燃烧	生物质气化后与煤在锅炉中一起燃烧
主要优点	技术简单、使用方便；不改造设备情况下投资最省	通用性较好、对原燃煤系统影响很少；经济效益较明显
主要缺点	生物质处理要求较严、对原系统有些影响	增加气化设备、管理较复杂；有一定的金属腐蚀问题

（2）生物质与煤混合燃烧发电存在的问题。

1）由于生物质含水量高，产生的烟气体积较大。而现有锅炉一般为特定燃料而设计，产生的烟气量相对稳定，所以烟气超过一定限度，热交换器很难适应。因此，混合燃烧中生物质的份额不宜太多。

2）生物质燃料的不稳定性使锅炉的稳定燃烧复杂化。

3）生物质灰的熔点低，容易产生结渣问题。

4）如果使用含氯生物质，如秸秆、稻草等，当热交换器表面温度超过 400℃时，会产生高温腐蚀。

5）生物质燃烧生成的碱，会使燃煤电厂中脱硝催化剂失活。

生物质与煤混燃发电技术在国外是成熟的技术，在北美、欧洲使用相当普遍。中国十里泉发电厂 5 号机组（140MW）秸秆发电采用生物质与煤混合燃烧发电的运行实践证明了其在中国将会有广阔的应用前景。

7.2.4　生物质气化发电

1. 生物质气化发电概述

生物质气化以生物质为原料，以氧气（游离氧、结合氧）、空气、水蒸气、水蒸气—氧气混合气或氢气为气化剂，在高温不完全燃烧条件下，使生物质中分子量较高的有机碳氢化合物发生链裂解并与气化剂发生复杂的热化学反应而产生分子量较低的CO、H_2、CH_4等可燃性气体过程。气化过程和常见的燃烧过程的区别在于燃烧过程提供充足的空气或氧气，使原料充分燃烧，其目的是直接获取热量，燃烧的产物是CO_2和H_2O等不再可燃烧的烟气。而气化过程只供给热化学反应所需的那部分氧气，而尽可能将能量保留在反应后得到的可燃气体中，气化后的产物为含氢（H_2）、一氧化碳（CO）和低分子烃类的可燃气体。

生物质经气化产生的可燃气，可广泛用于炊事、采暖和作物烘干，还可以用作内燃机、热汽机等动力装置的燃料，输出电力或动力，提高了生物质的能源品味和利用效率。在我国，尤其是农村地区，具有广阔的应用前景。生物质气化发电原理图如图7.10所示。

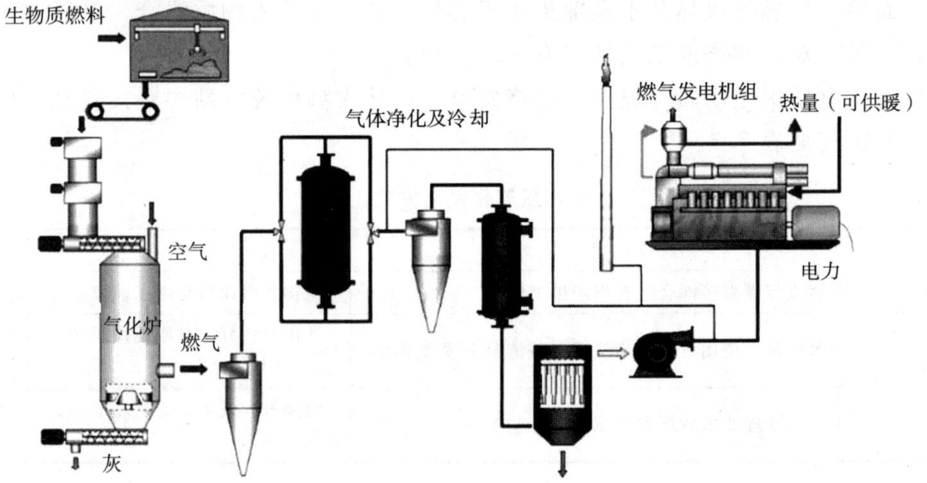

图7.10　生物质气化发电原理图

（1）生物质气化所用的原料。生物质气化所用原料主要是原木生产及木材加工的残余物、薪柴、农业副产物等，包括板皮、木屑、枝杈、秸秆、稻壳、玉米芯等，原料来源广泛，价廉易取。它们挥发组分高，灰分少，易裂解，是热化学转换的良好材料。按具体转化工艺的不同，在加入反应炉之前，根据需要应进行适当的干燥和机械加工处理。

（2）生物质气化技术应用途径。生物质气化产出的可燃气热值（低位热值），主要随气化剂的种类和气化炉的类型不同而有较大差异。我国生物质气化所用的气化剂大部分是空气，在固定床和流化床气化炉中生成的燃气的热值通常在800～1750kcal/m^3之间。

生物质燃气主要用途：①公民用炊事和取暖；②烘干谷物、木材、果品、炒茶等；③发电；④区域供热；⑤工业企业用蒸汽等。

在生物质能开发水平比较高的国家，还用生物质燃气作化工原料，如合成甲醇、氨等，甚至考虑作燃料电池的燃料。

2. 生物质气化发电工艺过程

生物质气化发电的基本原理是把生物质转化为可燃气，再利用可燃气推动燃气发电设备进行发电。它既能解决生物质难于燃用而又分布分散的缺点，又可以充分发挥燃气发电技术设备紧凑而又污染少的优点。生物质气化发电工艺主要包括 3 部分：①生物质气化，把固体生物质转化为气体燃料；②将燃料气体净化，将燃气中的杂质脱除出去，以保证燃气发电设备的正常运行；③可燃气发电，利用燃气轮机或燃气内燃机进行发电，有的工艺为了提高能源利用率，燃气轮机发电之后增加余热锅炉和蒸汽轮机提高能源利用率。

生物质气化发电生产过程示意程图如 7.11 所示。

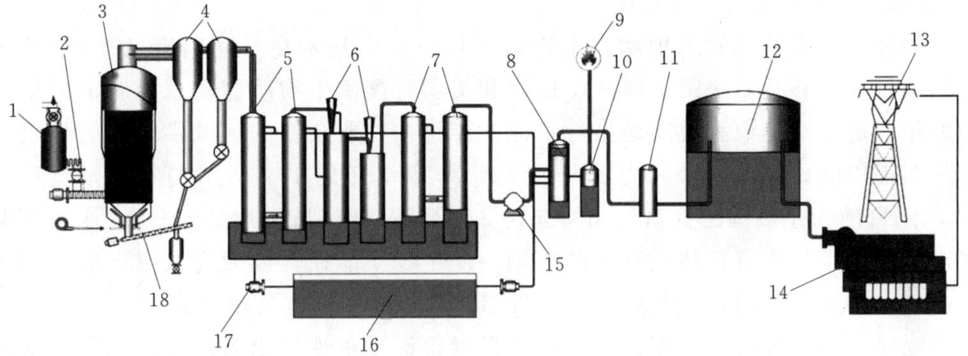

图 7.11　生物质气化发电生产过程示意图

1—料仓；2—进料器；3—气化炉；4—旋风除尘；5—喷淋塔；6—文丘里；7—洗涤塔；8—除焦器；9—放散器；10—冰封器；11—过滤器；12—储气柜；13—电网；14—发电机组；15—风机；16—循环水池；17—循环泵；18—除灰器

生物质气化发电技术有别于其他可再生能源，具有 3 个方面特点：

1）技术灵活性。由于生物质气化发电可以采用内燃机、燃气轮机、使用余热锅炉蒸汽发电，生物质气化发电可以根据规模的大小选用合适的发电设备，保证具有合理的发电效率。这一技术灵活性能很好地满足生物质分散利用的特点。

2）一定规模下具有经济性。生物质气化发电技术的灵活性，使该技术在一定规模下具有良好的经济型，合理的生物质气化发电技术比其他可再生能源发电技术投资小，综合的发电成本已接近小型常规能源的发电水平。

3）具有较好的环保型。生物质本身是可再生能源，可以有效地减少 CO_2、SO_2 等有害气体的排放。气化过程一般温度较低，NO_x 的生成量很少，可有效控制 NO_x 的排放，是生物质能最有效最洁净的利用方法之一。

由于生物质气化发电系统采用的气化技术和燃气发电技术不同，其系统构成和工艺过程有很大的差别。

1）按气化形式不同的分类。生物质气化过程可以分为固定床和流化床气化两大类。

2）按发电设备不同的分类。气化发电可分为内燃机发电系统、燃气轮机发电系统及燃气—蒸汽联合循环发电系统。

3）按规模上分类。生物质气化发电系统可分为大型、中型、小型 3 种。小型气化发电系统简单灵活，主要功能为农村照明或作为中小企业的自备发电机组，它所需的生物质数量较少，种类单一，一般发电功率小于500kW；中型生物质气化发电系统适用于一种或多种不同的生物质，所需的生物质数量较多，功率一般为500～3000kW；大型生物质气化发电系统主要作为上网电站，所需的生物质数量巨大，必须配套专门的生物质供应中心和预处理中心，大型生物质气化发电系统功率一般在5000kW以上，虽然与常规能源比，仍显得非常小，但在技术发展成熟后，它将是今后替代常规能源电力的主要方式之一。

4）按气化剂的使用又可分为空气气化、氧气气化（游离氧、结合氧）、水蒸气气化、水蒸气—氧气混合气气化、氢气气化等。

3. 国内外生物质气化发电现状

（1）国外生物质气化发电现状。生物质气化及发电技术在发达国家已受到广泛重视，如奥地利、丹麦、芬兰、法国、挪威、瑞典和美国等国家生物质能在总能源消耗中所占的比例增加相当迅速。奥地利成功地推行了建立燃烧木材剩余物的区域供电站的计划，生物质能在总能耗中的比例由原来大约2%～3%增到1999年的10%，并打算在本世纪末增加到25%，到目前为止该国已拥有装机容量为1～2MW的区域供热站80～90座。瑞典和丹麦正在实施利用生物质进行热电联产的计划，使生物质能在转换为高品位电能的同时满足供热的需求，以大大提高其转换效率。1991年，瑞典供热及热电联产所消耗的燃料，26%是生物质。一些发展中国家，随着经济发展也逐步重视生物质的开发利用，增加生物质能的生产，扩大其应用范围，提高其利用效率。菲律宾、马来西亚以及非洲的一些国家，都先后开展了生物质能的气化，成型固化、热解等技术的研究开发，并形成了工业化生产。

（2）国内生物质气化发电现状。我国原有的气化发电技术都是以谷壳为主的固定床技术，而且发电规模都较小，最大只有200kW，经济效益不显著。“九五”期间进行1MW的生物质气化发电系统研究，旨在开发适合中国国情的中型生物质气化发电技术。1MW的生物质气化发电系统已于1998年10月建成，采用一炉多机的形式，即5台200kW发电机组并联工作，2000年7月通过中科院鉴定后投入小批量使用。该系统在很多方面比200kW气化发电有了改善，但由于受气化效率与内燃机效率的限制，简单的气化-内燃机发电循环系统效率低于18%，且单位电量的生物质消耗量一般大于1.3kg（干物质）/（kW·h）。“十五”期间，以中科院广州能源所为主承担的国家863计划在1MW的生物质气化发电系统的基础上，研制开发出4～6MW的生物质气化燃气——蒸汽联合循环发电系统，建成了相应的示范工程，燃气发电机组单机功率达500kW，系统效率也提高到28%，虽然与国外的技术仍然有一定的差距，但也为我国生物质气化发电技术的产业化打下了基础。

从燃气发电过程上看，气化发电可分为内燃机发电系统、燃气轮机发电系统及燃气-蒸汽联合循环发电系统。内燃机发电系统以简单的燃气内燃机组为主，可单独燃用低热值燃气，也可以燃气、油两用，它的特点是设备紧凑，系统简单，技术较成熟、可靠，我国基本上使用的都是内燃机发电系统和内燃机燃气-蒸汽联合循环发电系统。但由于受气化效率和内燃机效率的限制，气化发电的总效率都比较低。

从纯技术的角度看，生物质IGCC（整体煤气化联合循环发电系统）可以有效地提高生物质气化发电的总效率，但由于受焦油处理技术与燃气轮机技术的限制，在中国研究发展生物质 IGCC 仍比较困难。因此，如何利用现已较成熟的技术，研制开发在经济上可行，而效率又有较大提高的系统，是目前我国发展生物质气化发电的一个主要课题。

7.2.5　垃圾焚烧发电

1. 国内外垃圾焚烧发电现状

面对全球各国城市生活垃圾的迅猛增长，各国均努力探索其处理新工艺、新方式。再纵观全球城市生活垃圾处理技术现状，目前主要有卫生填埋、焚烧、堆肥、综合处理。焚烧法是将垃圾置于高温炉中，使其中可燃成分充分氧化的一种方法，产生的热量用于发电和供暖。

垃圾焚烧处理已有 100 多年历史，1896 年和 1898 年，德国汉堡和法国巴黎先后建立了世界上最早的生活垃圾焚烧厂，1931 年，丹麦 VOLUND（伟伦）公司在丹麦的 Genohe 建造了世界上第一个垃圾焚烧发电厂，处理能力为 288t/d。1965 年，原西德就已建有垃圾焚烧炉 7 台，垃圾焚烧量每年达 7.8×10^5t，到 1985 年垃圾焚烧炉已增至 46 台，垃圾年焚烧量为 8×10^6t，供电受益人口占总人口的 34.3%。截至 2000 年，原西德共有垃圾焚烧发电厂 53 座，在规划建设中的还有 24 座。法国共有垃圾焚烧炉约 300 台，可以烧掉 40%的城市垃圾。法国建有 4 个垃圾焚烧厂，产生相当于 20 万 t 石油源的蒸汽，供巴黎市使用。美国在 20 世纪 80 年代兴建垃圾焚烧厂，年处理垃圾总能力达到 3000 万 t，90 年代新建 402 座垃圾焚烧厂，焚烧率达 18%，到 2000 年提高到 40%，美国底特律市拥有世界上最大的日处理垃圾 4000t 垃圾发电厂。日本国土面积狭小、人口密度大，生活垃圾多以焚烧为主（约占 80%以上），现有垃圾电站有 131 座，每年焚烧处理量近 4000 万 t，发电容量在 320MW 以上。因此，日本很重视如何降低废物残渣填埋数量的工艺技术，并严格控制污染气体排放标准。新加坡于 1986 年建成一座 2000t/d 大型垃圾发电厂，现新加坡垃圾焚烧率已接近 100%。

随着中国“十二五”规划对发展新能源，提倡环保型循环经济的进一步重视，国家对垃圾发电产业的政策扶持会继续加强。我国第一座垃圾焚烧发电站建在深圳市市政环卫综合处理厂，垃圾焚烧设备于 1988 年投入运行，引进的是日本三菱重工生产的两台炉排式垃圾焚烧炉，日处理垃圾 150t，配置 500kW 的汽轮发电机组发电供热。1992 年建设了一台由杭州锅炉厂（引进日本三菱重工技术）制造的垃圾焚烧炉，日处理垃圾 150t，配置 1500kW 的汽轮发电机组。珠海市环卫处在珠海市建设了 3×200t/d 锅炉，配 6000kW 发电机组的垃圾发电厂，炉排采用美国进口的四阶梯顺推式往复炉排，在试运行期间锅炉燃烧工况良好。上海浦东垃圾焚烧发电厂工程建设 3 台垃圾焚烧锅炉，2 台 8500kW 发电机组，每天可处理 1000t 城市生活垃圾。电厂烟气净化采用石灰脱酸、活性炭吸附和布袋除尘等多种方式，执行欧洲环保标准。

2. 垃圾焚烧发电技术

国内外垃圾焚烧技术主要有 3 大类：层状燃烧技术、流化床燃烧技术和旋转燃烧技术（也称回转窑式）。

（1）层状燃烧技术。层状燃烧技术发展较为成熟，一些国家都采用这种燃烧技术。为使垃圾燃烧过程稳定，层状燃烧关键是炉排。垃圾在炉排上通过三个区：预热干燥区、主燃区和燃烬区。垃圾在炉排上着火，热量不仅来自上方的辐射和烟气的对流，还来自垃圾层内部。在炉排上已着火的垃圾在炉排的特殊作用下，使垃圾层强烈地翻动和搅动，不断地推动下落，引起垃圾底部也开始着火，连续的翻转和搅动，使垃圾层松动，透气性加强，有助于垃圾的着火和燃烧。炉拱形状设计要考虑烟气流场有利于热烟气对新入垃圾的热辐射预热干燥和燃烬区垃圾的燃烬。配风设计要确保空气在炉排上垃圾层分布最佳，并合理使用一次、二次风。

（2）流化床燃烧技术。流化床燃烧技术已发展成熟，由于其热强度高，更适宜燃烧发热值低、含水分高的燃料。同时，由于其炉内蓄热量大，在燃烧垃圾时基本上可以不用助燃。为了保证入炉垃圾的充分流化，对入炉垃圾的尺寸要求较为严格，要求垃圾进行一系列筛选及粉碎等处理，使其尺寸、状况均一化。一般破碎到远小于15cm，然后送入流化床内燃烧，床层物料为石英砂，布风板通常设计成倒锥体结构，风帽为L形。床内燃烧温度控制在800～900℃，冷态气流断面流速为2m/s，热态为3～4m/s。一次风经由风帽通过布风板送入流化层，二次风由流化层上部送入。采用燃油预热料层，当料层温度达到600℃左右时投入垃圾焚烧。该炉启动、燃烧过程特性与普通流化床锅炉相似。

（3）旋转燃烧技术。旋转焚烧炉燃烧设备主要是一个缓慢旋转的回转窑，其内壁可采用耐火砖砌筑，也可采用管式水冷壁，用以保护滚筒，回转窑直径为4～6m，长度为10～20m，根据焚烧的垃圾量确定，倾斜放置。每台垃圾处理量可达到300t/d（直径4m，长14m）。回转窑过去主要用于处理有毒有害的医院垃圾和化工废料。它是通过炉本体滚筒缓慢转动，利用内壁耐高温抄板将垃圾由筒体下部在筒体滚动时带到筒体上部，然后靠垃圾自重落下。由于垃圾在筒内翻滚，可与空气得到充分接触，进行较完全的燃烧。垃圾由滚筒一端送入，热烟气对其进行干燥，在达到着火温度后燃烧，随着筒体滚动，垃圾得到翻滚并下滑，一直到筒体出口排出灰渣。当垃圾含水量过大时，可在筒体尾部增加一级炉排，用来满足燃烬，滚筒中排出的烟气，通过一垂直的燃烬室（二次燃烧室）。燃烬室内送入二次风，烟气中的可燃成分在此得到充分燃烧。二次燃烧室温度普遍为1000～1200℃。回转窑式垃圾燃烧装置费用低，厂用电耗与其他燃烧方式相比也较少，但对热值低于5000kJ/kg含水分高的垃圾燃烧有一定的难度。

3. 垃圾焚烧发电工艺流程

生活垃圾由垃圾车定期运入电厂，经设在厂区内的地磅进行计量后，自动卸入垃圾堆库。生产运行时，垃圾经桥式抓斗起重机转卸到炉前垃圾料斗，经垃圾给料机连续均匀送入焚烧炉内。同时粒度合格的辅助燃料煤，经计量后由输煤皮带送入炉前钢制大煤斗，通过炉前皮带称重式给煤机计量后送入炉膛内燃烧。炉膛整体由膜式水冷壁组成，在下部布置有水冷布风板及风帽。燃烧空气分为一、二次风，预热后的一次风经风帽小孔进入密相区使燃料开始燃烧，并将物料吹离布风板。二次风由床层上方的二次风口分层送入炉膛。烟气经悬浮段碰撞炉顶防磨层，部分粗物料返回密相区，烟气只携带细物料离开炉膛进入高温旋风筒分离器。进入高温旋风筒分离器的烟气经旋风筒分离后，细物料通过返料器返回炉膛后循环燃烧。分离后含少量飞灰的干净烟气通过上排气口流经过热器及尾部受热面后排出锅炉本体。锅炉混烧的垃圾和煤渣经燃烧后产生的炉渣，从布置的排渣口放出，直接落至冷渣器，经冷却后运至渣库，外运用于制砖。锅炉产生的高温烟气经受热面热交换产生过热蒸汽，最后接入蒸汽母管用于发电。烟气经余热锅炉进入烟气净化主系统，烟气净化主系统由反应塔、袋式除尘器、引风机和烟道管组成。净化后的烟气中烟尘和有害成分降低到符合环境允许的排放浓度后，通过烟囱排入大气。垃圾焚烧发电流程如图 7.12 所示；垃圾焚烧工序路线如图 7.13 所示；垃圾焚烧发电的系统控制过程如图 7.14 所示。

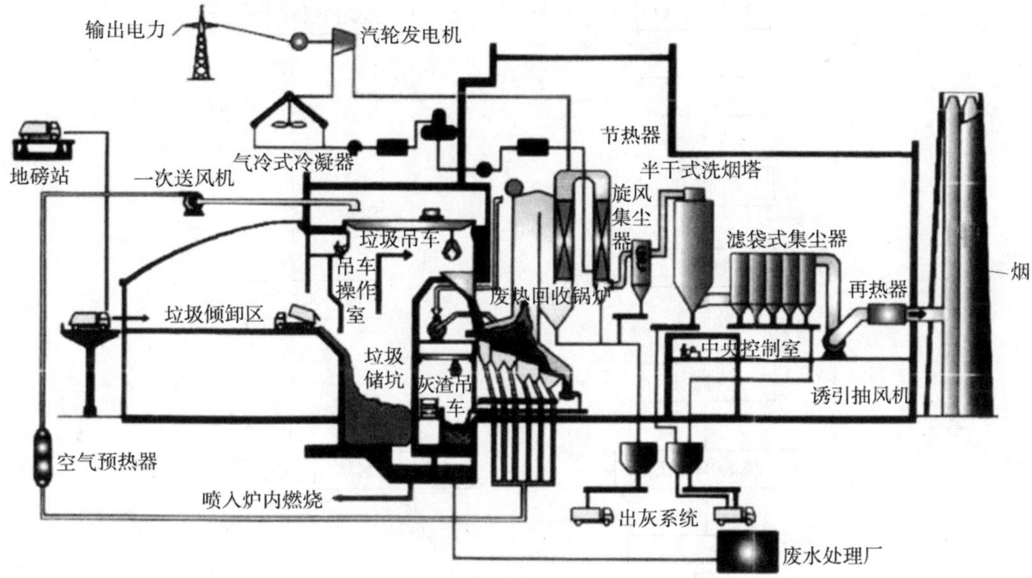

图 7.12　垃圾焚烧发电流程示意图

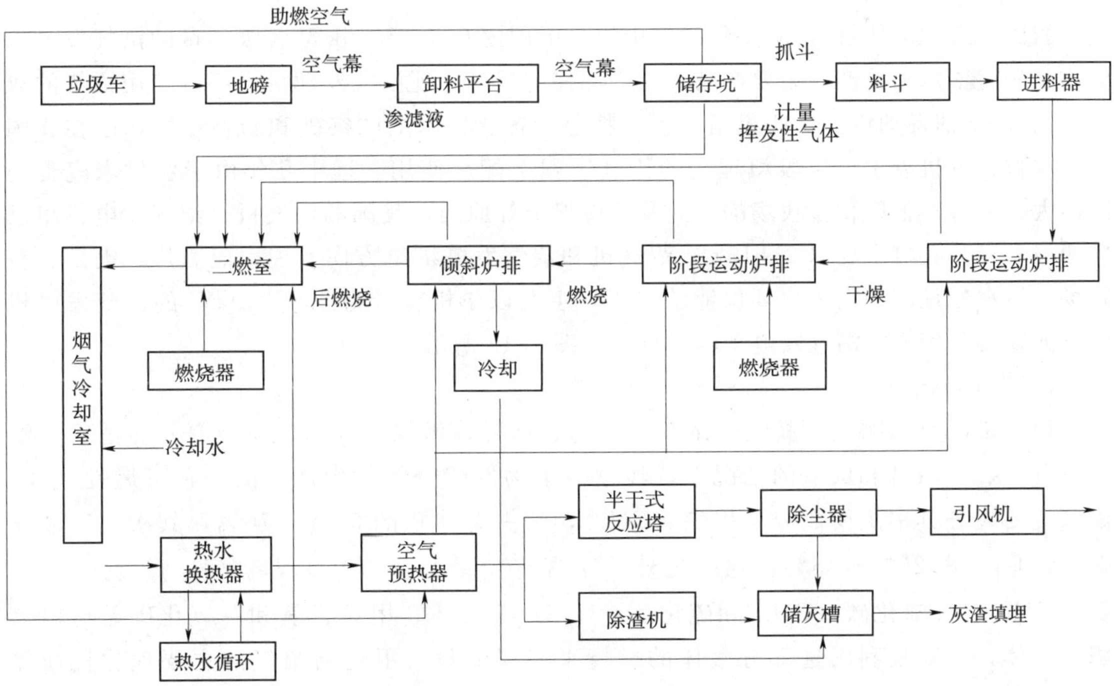

图 7.13　垃圾焚烧工序路线图

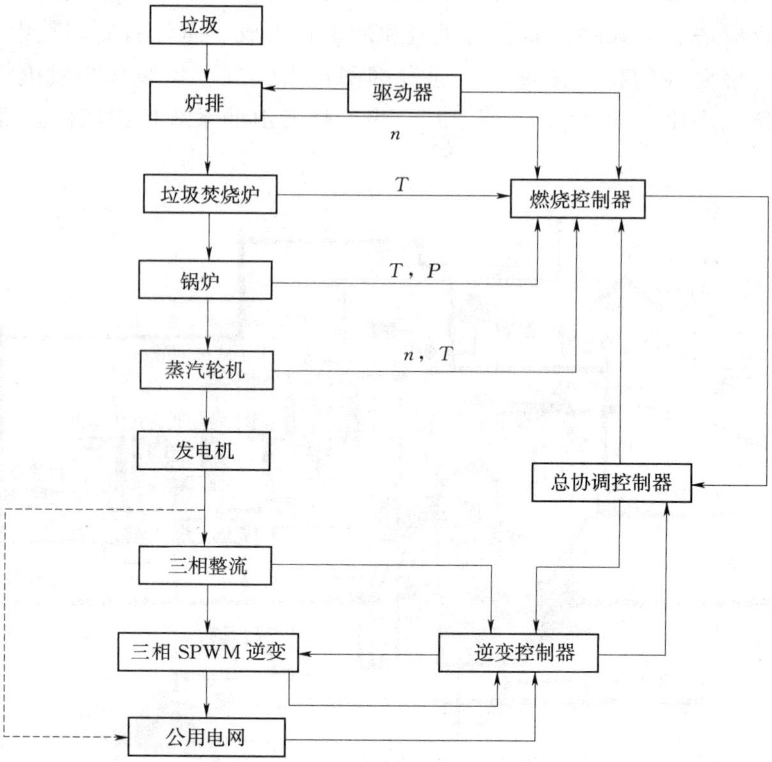

图7.14 垃圾焚烧发电的系统控制框图

7.2.6 生物质沼气发电

我国沼气发电研发有20多年的历史，目前国内0.8～5000kW各级容量的沼气发电机组均已先后鉴定和投产，主要产品又已全部使用沼气的纯沼气发动机及部分使用沼气的双燃料沼气-柴油发动机。这些机组，各具特色，各有技术上的突破和新颖结构，已在我国部分农村、有机废水、垃圾填埋场的沼气工程上配套使用。近十几年由于农村家庭责任制，大、中型的工厂化畜牧场的建立及环境保护等原因，我国的沼气机、沼气发电机组已向两极发展。农村主要以3～10kW沼气机和沼气发电机组方向发展，而酒厂、糖厂、畜牧场、污水处理厂的大中型环保能源工程，主要以单机容量为50～200kW的沼气发电机组方向发展。生物质沼气发电工程示意图如图7.15所示。

1. 沼气性质

沼气是由有机物质（粪便、杂草、作物、秸秆、污泥、废水、垃圾等）在适宜的温度、湿度、酸碱度和厌氧的情况下，经过微生物发酵分解作用产生的一种可燃性气体。沼气主要成分其中主要成分是甲烷（CH_4），约占总体积的50%～70%，其次是二氧化碳（CO_2），占25%～45%。除此之外，还含有少量的氮（N_2）、氢（H_2）、氧（O_2）、氨（NH_3）、一氧化碳（CO）和硫化氢（H_2S）等气体。甲烷、氢和一氧化碳是可以燃烧的气体，主要是利用这部分气体的燃烧来获得能量。甲烷与沼气的主要理化性质见表7.4。

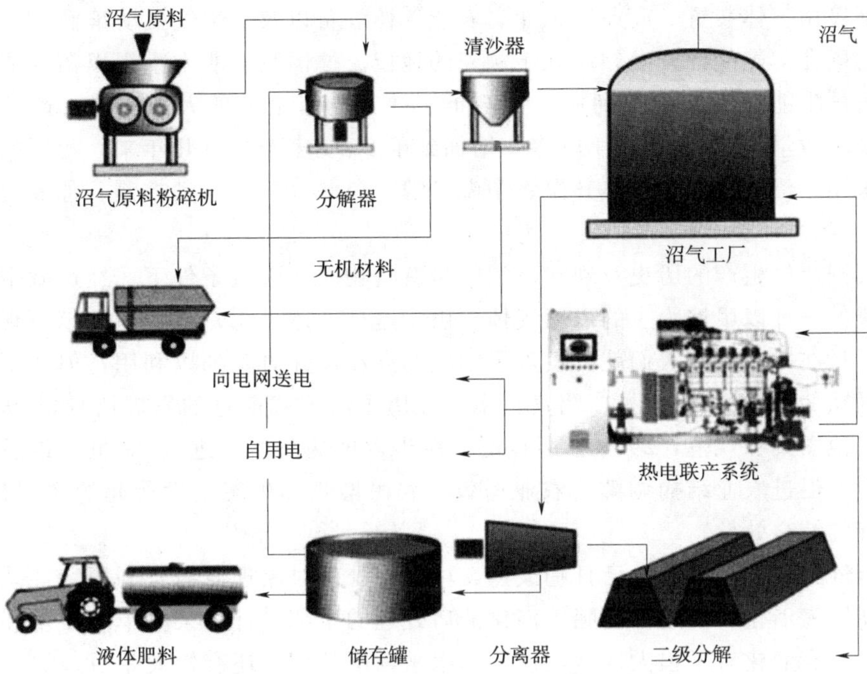

图 7.15 生物质沼气发电工程示意图

表 7.4 **甲烷与沼气的主要理化性质**

特　　性	CH_4	标准沼气（CH_4含 60%，CO_2含 40%）
体积百分比/%	54～80	100
热值/（kJ/L）	35.82	21.52
爆炸范围（与空气混合体积百分比）/%	5～15	8.33～25
密度/（g/L）（标准状态）	0.72	1.22
临界温度/℃	−82.5	−25.7～−48.42
临界压力/10^5Pa	46.4	59.35～53.93
气味	无	微臭

2. 沼气生产的历史及现状

（1）国外沼气生产的历史及现状。1896 年，在英国埃克塞特市，用马粪发酵制取沼气点燃街灯是人类首次开发应用经济型生物能源。1936 年，英国首先在泰晤士河畔的废水工厂中应用厌氧消化技术，并将回收的沼气用作为本厂的补充能源。第二次世界大战后，欧洲许多国家都大力发展厌氧消化处理废水和污泥的技术。但是，直到 20 世纪 70 年代，随着世界性能源危机和环境污染问题的产生，利用厌氧消化器分解各种有机物来获得能源并资源化处理利用废弃物的沼气发酵系统才真正引起人们的关注。由于天然的沼气热值和转化率都较低且应用范围受限，而利用浓缩净化技术使沼气变成高热值的生物质甲烷，并将生物质甲烷作为天然气的直接替代物，用于以天然气为燃料的交通运输设备中，现已成为国外沼气行业开发应用的新方向，当前美国将生物质甲烷用于天然气应用的相关领域，包括民用气体装置、商业、工业、农业气体设备以及天然气机动车辆。

目前德国在沼气能源开发领域处于领先的地位。德国政府非常重视以沼气能源为代表的一系列可再生能源的开发与利用，并给予了政策和资金上的大力支持。截至 2005 年，德国沼气农场数量从 1992 年的 100 多个增加到了 2500 多个。近几年来，德国的农场沼气工程普遍采用“沼气发电、余热升温、中温发酵、免储气柜、自动控制、加氧脱硫、沼液施肥”的模式。

(2) 我国沼气生产的历史及现状。沼气是有机物质在厌氧条件下，经过微生物的发酵作用而生成的一种以甲烷为主的可燃气体。由于这种气体最初是在沼泽地带发现，故名为沼气。我国早在几千年前人们就已发现了沼气的存在，并对其加以利用，但并不知道它的成分。我国从 20 世纪初研究推广沼气技术，经历了波浪式前进的发展历程，1985 年形成了标准沼气池图集和规范，2004 年逐步走上稳步发展的阶段。进入 21 世纪以后，户用沼气系统建设对促进农业结构调整、农业增效、农民增收和生态建设所起的作用日益突出，产生了良好的综合效益。

我国沼气工程的成套技术已日趋成熟，可根据处理对象理后综合利用特性差异进行包括预处理、厌氧消化、沼配、制肥、消化液后处理的全部设计。某些单项技术和已接近国际先进水平，产业化有了很大发展，但总体水平与国外相比还有较大差距。

目前，世界经济正朝着可持续发展、循环型经济和可再生能源的方向发展，沼气技术在实现废弃物资源循环利用，改善农村能源、环境、卫生条件和有利于温室气体减排方面的作用日益受到世界各国政府的重视，而沼气发酵处理畜禽粪污的卫生效果和缓解能源危机的潜力，正在成为许多国家应用和推广沼气技术的重要动因。

3. 沼气发酵过程原理

沼气发酵的理论有二段理论、三段理论和四段理论等：二段理论认为沼气发酵分为产酸阶段和产气阶段；三段理论把沼气发酵分为 3 个阶段，即水解发酵，产氢产乙酸，产甲烷阶段；四阶段理论比较复杂，在此不予叙述。

沼气发酵过程比较复杂，现以三段理论为例介绍沼气发酵理论。一般参与沼气发酵的微生物分为 3 类：发酵细菌、产氢产乙酸菌、产甲烷菌，相应根据 3 类微生物的不同作用将沼气发酵的生化过程分为 3 个阶段：

第一阶段是水解阶段：由多种厌氧或兼性厌氧的水解性或发酵性细菌把纤维素、淀粉等糖类水解成单糖，并进而形成丙酮酸；把蛋白质水解成氨基酸，并进而形成有机酸和氨；把脂类水解成甘油和脂肪酸，并进而形成丙酸、乙酸、丁酸、H_2和 CO_2的过程。

第二阶段是产酸阶段：由厌氧的产氢产乙酸细菌群把第一阶段产生的各种有机酸分解成乙酸、H_2和 CO_2的过程，其中乙酸约占 80%。

第三阶段是产甲烷阶段：由严格厌氧的产甲烷菌群利用一碳化合物（CO_2、甲醇、甲酸、甲基胺或 CO)、二碳化合物（乙酸）和 H_2产生甲烷的过程。

事实上，在发酵过程中，上述 3 个阶段的界限和参与作用的沼气微生物都不是截然分开的，尤其是水解和产酸两个阶段，许多参与水解的微生物也会参与产酸过程，所以有的学者把沼气发酵基本过程分为产酸（含水解阶段）和产甲烷两个阶段。

沼气发酵的基本历程示意图如图 7.16 所示。

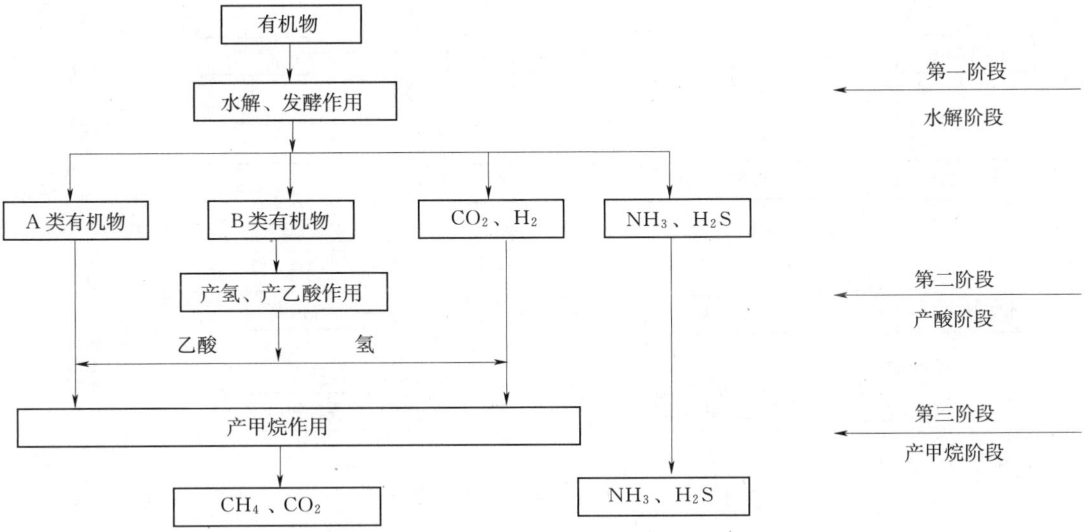

图 7.16　沼气发酵的基本历程

4. 沼气的效用

每立方米纯甲烷的发热量为 34000kJ，每立方米沼气的发热量约为 20800～23600kJ，即 1m^3 沼气完全燃烧后，能产生相当于 0.7kg 无烟煤提供的热量。沼气的主要效用分为民用、共用和发电 3 种。图 7.17 为生物质沼气发电示意图，生物质沼气家用示意图如图 7.18 所示。

图 7.17　生物质沼气发电示意图

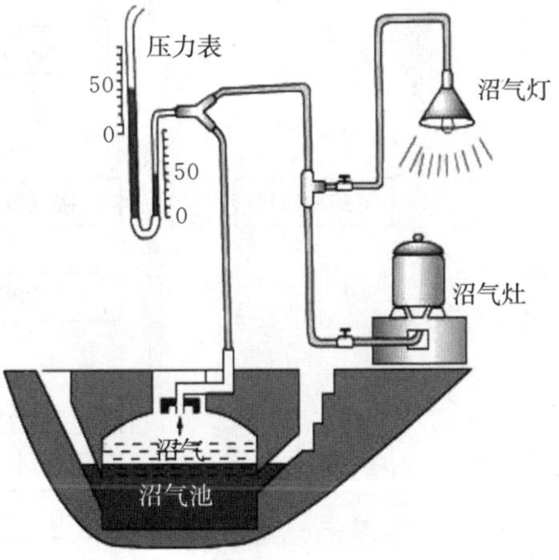

图 7.18　生物质沼气家用示意图

5. 沼气工程工艺流程

(1) 沼气发酵基本工艺流程。沼气发酵基本工艺流程如图 7.19 所示。

(2) 能源环保型工艺流程。这种工艺流程的特点是畜禽场的畜禽污水处理后直接排入自然水体或以回收利用为最终目的。能源环保型工艺流程如图 7.20 所示。

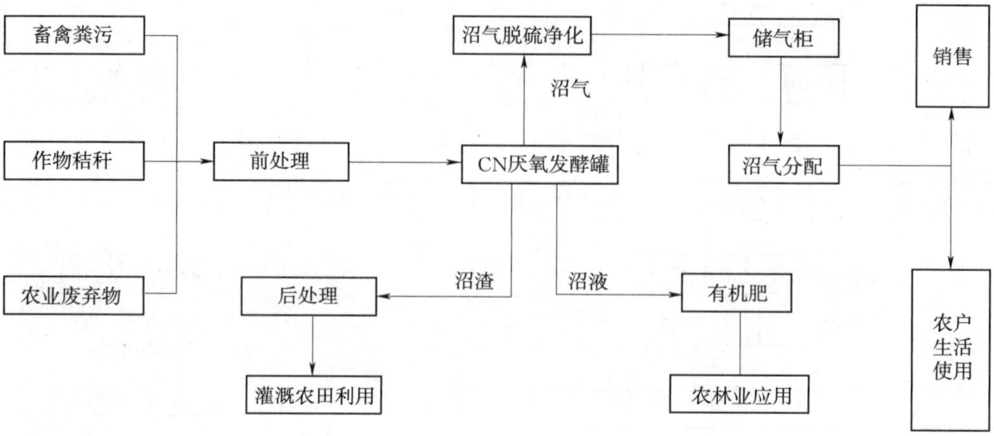

图 7.19　沼气发酵基本工艺流程图

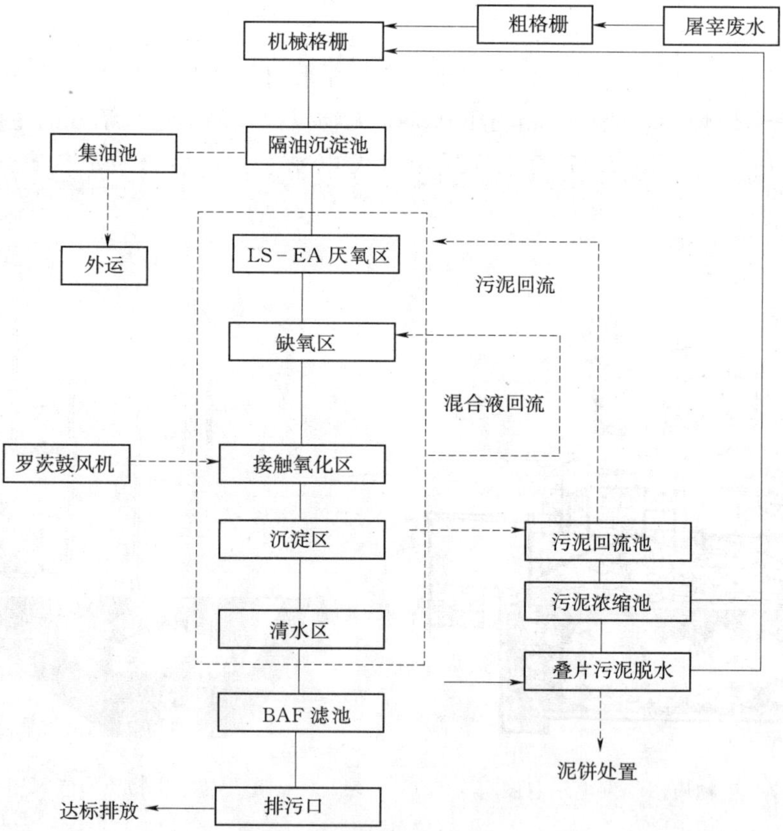

图 7.20　能源环保型工艺流程图

（3）能源生态型工艺流程。这种工艺流程的特点是畜禽场污水经厌氧无害化处理后不直接排入自然水体，而作为农作物有机肥料，能源生态型工艺流程如图 7.21 所示。

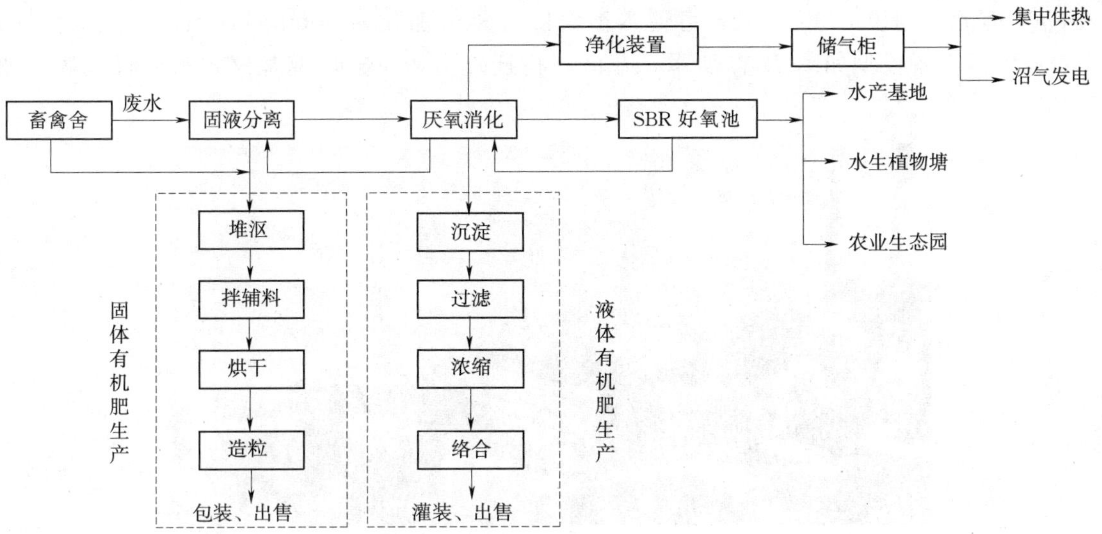

图 7.21　能源生态型工艺流程图

【任务实施】

（1）学习生物质能发电的基本知识。

（2）认识生物质直接燃烧发电技术。

（3）认识生物质混煤燃烧发电技术。

（4）认识生物质气化发电技术。

（5）认识垃圾焚烧发电技术。

（6）认识生物质沼气发电技术。

任务 7.3　生物质能发电技术案例分析

【任务目标】

（1）了解生物质燃烧发电工程。

（2）了解垃圾焚烧发电工程。

（3）了解生物质沼气发电工程。

（4）了解生物质气化发电工程。

【相关知识】

7.3.1　生物质燃烧发电工程

1. 生物质直燃发电示范项目

（1）中节能生物质能公司宿迁秸秆直燃发电示范项目。中节能生物质能公司宿迁秸秆直燃发电示范项目是我国投入点火运行的第一个国产秸秆直燃发电项目。该项目一期工程占地面积 200 亩，总投资 2.48 亿元，建设规模为 2 台 75t/h 中温中压燃烧秸秆锅炉，配置 1 台 12MW 冷凝式汽轮发电机组和 1 台 12MW 抽凝式汽轮发电机组以及相应的辅助设施。每年可燃烧秸秆约 17 万～20 万 t，节约标准煤 9.8 万 t，外供电力 13200kW・h，销售收入 8500 万元，利税 1500 万元，可使本地农民每年增加收入 5000 多万元。节能（宿迁）生物质电厂全景模型如图 7.22 所示，节能（宿迁）生物质电厂奠基仪式和运行现场如图 7.23 所示。

图 7.22　节能（宿迁）生物质电厂全景模型

图 7.23　节能（宿迁）生物质电厂奠基仪式和运行现场

（2）山东单县的生物质能秸秆发电工程。国能单县生物发电有限公司是国家发改委首批核准的国家级生物质发电示范项目，由国能生物发电集团有限公司投资兴建，引进丹麦 BWE 公司的世界先进秸秆发电技术，总投资 3.4 亿元，规模为 1×25MW 单级抽凝式汽轮发电机组，配一台 130t/h 生物质专用振动炉排高温高压锅炉，燃料以破碎后的秸秆等农林废弃物为主。项目于 2006 年 12 月 1 日正式投产。自并网发电以来，每年可发出绿色电力 2 亿多 kW·h，消耗秸秆 30 多万 t，减排二氧化碳 10 万 t 以上，替代标煤约 10 万 t，为当地农民提供就业岗位 1000 多个，增收 7000 多万元。燃烧产生的灰分每年可达 5000t 左右，作为较好的草木灰钾肥可以加工后还田使用。项目通过利用当地农民手中剩余的秸秆为燃料，节约能源，避免了农作物秸秆焚烧引发的大气污染，燃烧后的灰渣可作为肥料，增加了农民的收入，是一件利国利民的好事，具有良好的经济效益、社会效益和环保效益。

单县项目于 2007 年被认定为“资源综合利用电厂”。“秸秆发电技术应用”被菏泽市经贸委评为“2007 年度菏泽市优秀节能成果”。2009 年被山东省政府评为“节能先进企业”。2010 年山东省经济和信息化委员会、山东省人民政府节约能源办公室授予 2010 年度“清洁生产先进企业”。国能单县生物质能发电有限公司如图 7.24 所示。国能单县生物质能发电有限公司运行现场如图 7.25 所示。

图 7.24　国能单县生物质能发电有限公司

图 7.25　国能单县生物质能发电有限公司运行现场

2. 山东十里泉发电厂秸秆与煤混合燃烧发电工程

中国首台秸秆与煤混合燃烧发电机组于2005年12月6日在山东枣庄华电国际十里泉电厂5号机组顺利投产。2006年3月21日，中国电力企业联合会在华电国际十里泉发电厂主持召开了“400t/h煤粉炉直燃掺烧秸秆发电技术研究与应用”技术成果鉴定会，鉴定委员会经过认真讨论考评，一致认为该项燃烧技术为国内首创，目前在国内处于领先水平。山东十里泉发电厂如图7.26所示。

图7.26 山东十里泉发电厂

十里泉发电厂5号机组（140MW）秸秆发电采用生物质与煤混合燃烧技术，该技术在欧洲等国家已有成功先例。本工程总建筑面积3383m^2，投资约8000万元。改造的主要内容是增加一套秸秆粉碎及输送设备，增加两台额定输入热量为30MW的秸秆燃烧器，同时对供风系统及相关控制系统进行改造。改造后的锅炉即可秸秆与煤粉混烧，也可继续单独燃用煤粉，每年可燃用秸秆10万t左右。改造后两台新增加的燃烧器所输入的热负荷能达到锅炉额定负荷时的20%。

十里泉发电厂5号机组秸秆发电工程主要是引入了丹麦BWE公司的生物质发电理念，并结合十里泉发电厂自身特点，对国外技术进行了全面的消化和改进，使改进后的生物质秸秆直燃发电技术适用于中国中小型燃煤发电机组四角切圆煤粉炉的改造。该工程实施解决了一系列技术难题和难点。

7.3.2 垃圾焚烧发电工程

1. 上海浦东垃圾焚烧厂

我国首座生活垃圾焚烧电厂——上海浦东垃圾焚烧厂于1998年12月正式开工，2001年12月26日下午3时55分，发电机组首次并网发电成功。浦东垃圾焚烧电厂投资6.7亿元，是上海市重大环保设施工程。工程建设3台垃圾焚烧锅炉，2台8500kW发电机组。主厂房分为5个区域：垃圾卸料区、焚烧区、烟气净化区、发电区和技术楼。卸料区可储存5000t垃圾，3条垃圾焚烧处理系统，每天可处理1000t城市生活垃圾，为当年全国最大的生活垃圾焚烧处理系统。该厂烟气净化采用石灰脱硫、活性炭吸附和布袋除尘等多种方式，执行欧洲环保标准。至于许多市民关心的垃圾焚烧中产生的二噁英，该厂的排放量仅为我国允许值的 1/10。上海浦东垃圾焚烧厂如图 7.27 所示。

图 7.27　上海浦东垃圾焚烧厂

2. 武汉绿色环保能源有限公司

武汉绿色环保能源有限公司生活垃圾焚烧发电工程项目位于武汉市江夏区郑店街雷竹村，西侧紧邻武汉市长山口生活垃圾卫生填埋场，占地面积为 6.1433 万 m^2，以处理江夏区、武昌区、洪山区及东湖开发区的生活垃圾为主要目的。

武汉城市生活垃圾焚烧发电工程项目设计日处理生活垃圾 1000t，工程总投资 3.7343 亿元，主要设备包括 3 台蒸发量为 45t/h 的循环流化床锅炉，配套 2 台 12MW 汽轮发电机组，年处理生活垃圾为 365000t，年发电为 1.608 亿 kW·h，本工程 2010 年 6 月正式投入使用，使用年限为 25 年。武汉绿色环保能源有限公司厂区如图 7.28 所示。

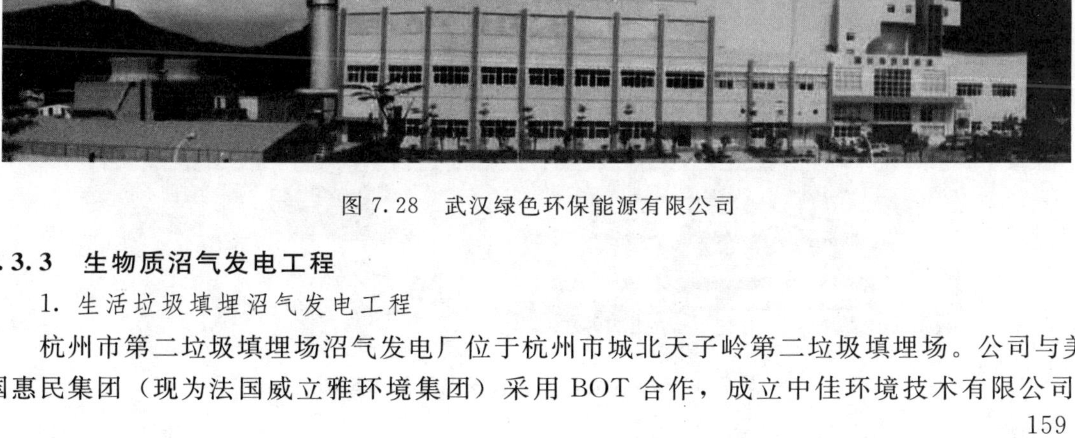

图 7.28　武汉绿色环保能源有限公司

7.3.3　生物质沼气发电工程

1. 生活垃圾填埋沼气发电工程

杭州市第二垃圾填埋场沼气发电厂位于杭州市城北天子岭第二垃圾填埋场。公司与美国惠民集团（现为法国威立雅环境集团）采用 BOT 合作，成立中佳环境技术有限公司，引进了两台美国发电机组，对填埋气体进行变废气为电的综合利用。这不仅是国内第一家城市生活垃圾填埋气体发电厂，也是国家再生能源鼓励与支持项目。中佳沼气发电厂占地面积 1250m^2，1998 年 10 月投入运营，由气体收集系统、气体压缩净化系统、填埋气体发电机组系统和发电机发电与升压上网四大系统组成，达到了生产全过程计算机控制的国际先进水平。发电厂采用了独特的填埋气体回收与净化技术，将有害易爆的填埋气体转化成为优质、稳定的燃气资源；采用了先进连续自动探测系统，24h 全天候检测，确保填埋气体发电厂的生产安全。平均每日处理填埋气体 4.6 万 m^2，日减少二氧化碳排放 108 万 m^2，相当于 300 个杭州植物园的净化吸收功能。日发电 5 万余 kW・h，可供约 8000 户居民使用，节约燃煤 80t。1998 年至今，利用填埋气体发电量累计达 1.87 亿 kW・h，相当于减少约 87 万 t 二氧化碳的排放，成功实现了垃圾填埋气体的无害化处理和资源利用。图 7.29 为杭州市第二垃圾填埋场沼气发电厂，生活垃圾填埋气发电工程示意图如图 7.30 所示。

图 7.29 杭州市第二垃圾填埋场沼气发电厂

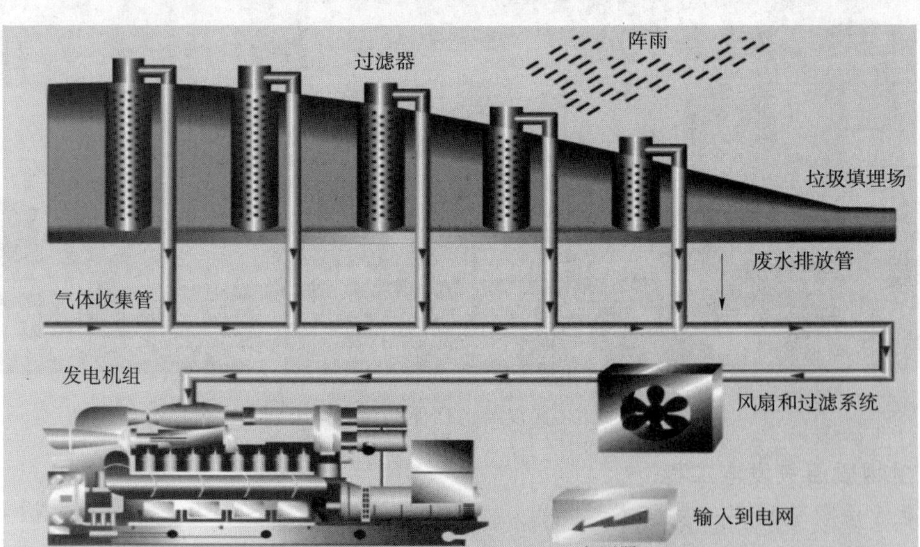

图 7.30 生活垃圾填埋气发电工程示意图

2. 上海老港垃圾填埋气发电项目

目前亚洲最大的垃圾填埋气发电项目——上海老港垃圾填埋气发电项目于 2012 年 10 月 10 日正式并网，标志这一上海生活垃圾处理处置的重要基地，逐渐由单一的无害化处理基地向资源回收和循环利用的固废基地转变。本项目建设规模为 15MW 级燃气内燃机发电机组，并网后每年可向上海电网输送“绿色电力”约 1.1 亿 kW·h，每年可节约标准煤约 3.78 万 t，解决约 10 万户居民的日常用电，为缓解上海电网高峰时段供电压力发挥作用。从经济与环境结合角度上测算，每年可减少填埋场区约 8100 余万 m^3 可燃易爆填埋气体直接向大气中排放，对减少臭气和改善填埋场周边空气环境起到积极作用，年均减排量约 66 万 t，按目前市场价估算，每年可获得约 330 万美元的碳减排收入。图 7.31 为上海南汇老港垃圾填埋场。

图 7.31　上海南汇老港垃圾填埋场

3. 天冠集团日产 50 万 m^3 沼气集中供气项目

河南省南阳市日元贷款项目——天冠集团日产 50 万 m^3 沼气工程于 2009 年 3 月正式开工建设。该项目是目前全球投建的最大的生物天然气工程。

该工程是南阳市利用日元贷款建设城市环境综合治理工程的子项目，总投资 4.39 亿元，其中利用日元贷款 1.56 亿日元。项目主要以天冠集团年产 30 万 t 燃料乙醇项目和年产 30 万 t 玉米深加工项目的有机废水为来源，日处理高浓度有机废水 2.5 万 m^3，通过厌氧处理产生沼气。所产生的生物天然气主要作为清洁能源供南阳市城市居民生活燃气使用，同时用于热电联产和沼气发电使用。项目可日产沼气 50 万 m^3，可满足安阳市中心城区 80 万居民的生活用气需求，年可新增销售收入 2 亿元，实现利税 5000 万元。减少温室

气体 CO_2 排放 110 万 t，年节约标煤 12 万 t，节约清水 300 万 t。天冠集团日产 50 万 m^3 沼气集中供气项目如图 7.32 所示。

图 7.32　天冠集团日产 50 万 m^3 沼气集中供气项目

4. 蒙牛澳亚牧场 1MW 沼气发电工程

内蒙古蒙牛生物质能有限公司是内蒙古蒙牛乳业（集团）股份有限公司的下属公司，位于呼和浩特市和林格尔县经济开发区内，占地面积 42000m^2。大型沼气发电综合利用工程属于蒙牛澳亚示范牧场配套工程，总投资 4500 万元，已于 2007 年 11 月正式并网发电，日处理鲜牛粪 3000t、尿冲洗污水 450t，日生产沼气 1.1 万 m^3、沼气发电量 2.3 万 kW·h、固体有机肥 35t、液态有机肥 490t。蒙牛澳亚示范牧场占地面积 8848 亩，奶牛养殖规模为 10000 头，每日产生大量的鲜牛粪、牛尿及污水。为了发展循环经济，满足国家的环境保护及再生能源政策要求，推动地区发展生态型奶牛养殖业，蒙牛集团将蒙牛澳亚示范牧场作为推广示范项目。该项目采用厌氧发酵方式处理牧场的粪便污水，生产沼气，沼气发电上网；沼液和料渣经处理后成为有机肥，部分有机肥施入牧场牧草和青贮种植地，牧草作为奶牛饲料提供给牧场，部分有机肥作为商品向社会出售；部分污水经过净化处理用于冲洗牛舍。实现粪便污水的无公害、无污染、零排放的目标，创造较好的经济和社会效益。最终形成牧场种植、养殖良性循环的经济体系，成为全区循环经济的样板工程。图 7.33 为蒙牛澳亚牧场 1MW 沼气发电工程。

图 7.33　蒙牛澳亚牧场 1MW 沼气发电工程

7.3.4　生物质气化发电工程

1. 美国 Battelle

美国在利用生物质能发电方面处于世界领先地位。美国建立的 Battelle 生物质气化发电示范工程代表生物质能利用的世界先进水平，生产一种中热值气体，不需要制氧装置，此工艺使用两个实际上分开的反应器：①气化反应器，在其中生物质转化成中热值气体和残炭；②燃烧反应器，燃烧残炭并为气化反应供热。两个反应器之间的热交换载体由气化炉和燃烧室之间的循环沙粒完成。表 7.5 给出了 Battelle 示范电厂气化炉的产气组分和热值，图 7.34 的工艺流程图则表明了两个反应器以及它们在整个气化工艺中的配合情况。

表 7.5　Battelle 示范电厂气化炉产气组分和热值

气体组分/%						热值/(MJ/m^3)
CO	H_2	CH_4	CO_2	C_2H_4	C_2H_6	
44.4	22	15.6	12.2	5.1	0.7	17.3

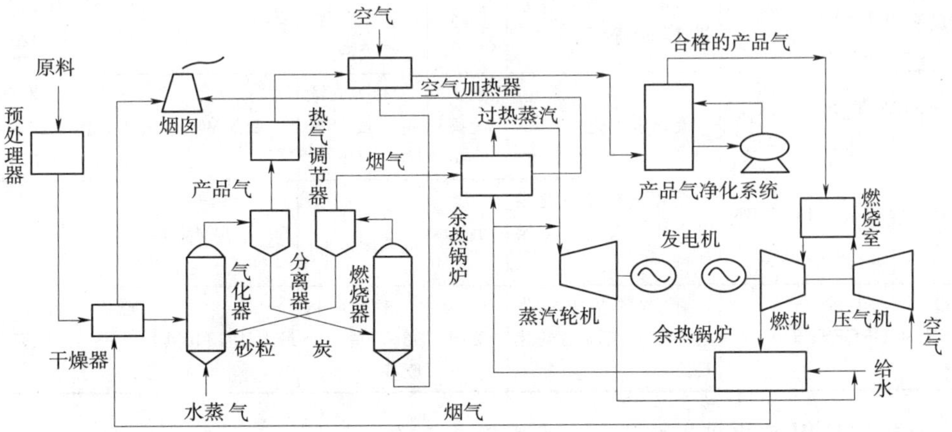

图 7.34　Battelle/FERCO 工艺流程图

这种Battelle/FERCO工艺与传统的气化工艺不同，它充分利用了生物质原料固有的高反应特性。生物质的气化强度超过146000kg/h·m^2，而其他气化系统的气化强度通常小于1000kg/h·m^2。Battelle气化工艺的商业规模示范建在弗蒙特州的柏林顿McNeil电站，该项目的一期工程，用Battelle技术建造日产200t燃料气的气化炉，在初始阶段生产的燃料气用于现有的McNeil电站锅炉。二期工程，将安装一台燃气轮机来接受从气化炉来的高温燃气，组成联合循环。该气化设备于1998年完成安装并投入运行。

2. 国外生物质气化项目概括

大型生物质气化循环发电系统包括原料预处理、循环流化床气化、催化裂解净化、燃气轮机发电、蒸汽轮机发电等设备，适合于大规模处理农林废物。表7.6给出了国外生物质气化项目的概括。

表7.6　　国外生物质气化项目概括

工程组织/项目名	工程概况	国家	原　料	规　模	备　注
FOSTER WHEELER公司，原奥斯龙公司	常压/压力CFB气化发电	芬兰	木片，树皮，泥煤	2～27t/h	该公司的全尺寸CFB气化炉，以MSW为原料已在瑞典投入商业运行
THERMIE能源农场项目Bioelettica S. P. A.	速生能源林示范，Lurgi公司CFBIGCC技术	意大利	木片	11.9MW	1994年开始计划组织，常压鼓空气循环床气化
Varnamo IGCC项目（Sydkraft）	压力循环流化床IGCC，空气气化	瑞典	废木材	6～9MW	第一座成功运行的生物质IGCC电厂
BGF项目（Westinghouse，PICHTR/IGT，DOE）	压力鼓泡流化床IGCC	美国	蔗渣，能源林	100t/d	在1997年8月到11月期间试运行
B IOSYN项目	氧气气化产品气合成甲醇	加拿大	木头		已投运
VERMONT工程BURLINGTON电力公司	Battelle工艺的IGCC示范	美国	木片	200t/d	Battelle Columbus双流化床工艺，燃气热值16～18MJ/Nm^3
IMTRAN VOIMA	水蒸气干燥，注水蒸气联合循环	芬兰	高水分木柴，泥煤，造纸废液		鼓空气压力气化，注水蒸气联合循环
JWP ENEPGY PRODUCTS公司	流化床气化	美国	木头，农业废弃物，RDF	25MW	已有3台木柴流化床气化装置分别在Oregon，Califomia and Missouri
LURGI UMWELTTECHNIK GMBH	循环流化床气化发电、水泥、石灰窑供热	德国	RDF，木头，树皮等	50～100MW	
POWER SOURCES，INC.	不同的供热、发电、产蒸汽商用气化装置	美国	木片，稻壳，造纸废液	最大达330t/d	已有2台废木材气化器，一台稻壳气化器投运

3. 济南200kW固定床生物质气化发电示范系统

济南200kW固定床生物质气化发电示范系统位于我国济南市历城区董家镇柿子园村。

该气化发电示范系统是由山东省科学院能源研究所设计建造的，发电容量为200kW，年消耗秸秆约2000t，年发电量约为140万kW·h，可替代燃煤700t（标煤），该系统的单位投资约为7000元/kW，投资回收期为10年左右。采用的是“二步法生物质固定床气化发电技术”，该技术可以使秸秆气化过程中产生的有害物质焦油再次裂解，一定程度上克服了原有气化技术中燃气净化困难、易造成二次污染的缺点且回收利用了发动机尾气的部分余热，提高了能源的利用率，气化效率比其他固定床气化器提高8～10个百分点。

该系统的工艺流程图如图7.35所示。系统采用螺旋推进式生物质进料方式，原料不需进行精细的破碎处理，粒度在10～100mm均可顺畅地进料，原料适应范围广，如玉米芯、花生壳、棉柴、玉米秸和刨花锯末等均可作为原料。生物质原料首先经过简单破碎后被送入加料器中，然后由螺旋推进器送入气化炉中。生物质原料首先被隔绝空气间接加热而发生热解反应；热解后的产物（热解气和残炭）与预热的空气发生强烈的氧化反应而产生高温区，热解气在高温区域发生二次裂解，其中的焦油被消除；二次裂解后的气体通过下部炭层，经还原反应完成气化，得到含一氧化碳、氢、甲烷等可燃成分的低热值燃气。燃气经过冷却净化后送入内燃式发电机组，通过缸内燃烧驱动曲轴旋转装置，从而带动发电机产生电力。发动机的高温排气提供热解过程所需要的热量。两步法生物质固定床气化发电机组流程图如图7.35所示。

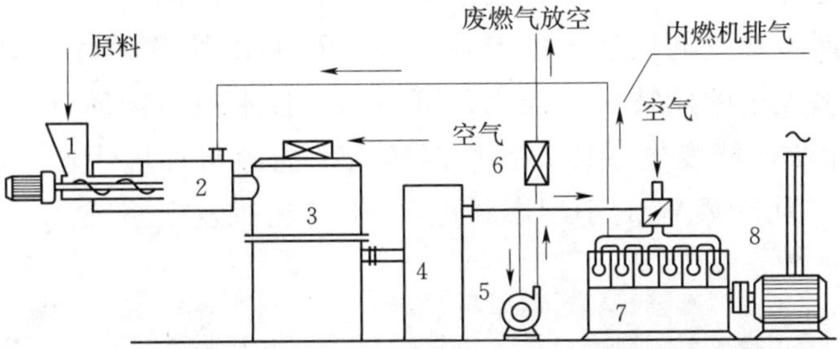

图7.35 两步法生物质固定床气化发电机组流程图

1—定量加料器；2—裂解器；3—气化炉；4—过滤器；5—风机；6—阻火器；7—内燃机；8—发电机

【任务实施】

（1）认识生物质燃烧发电工程。

（2）认识垃圾焚烧发电工程。

（3）认识生物质沼气发电工程。

（4）认识生物质气化发电工程。

任务7.4 生物质能利用现状及前景分析

【任务目标】

（1）了解国外生物质能利用现状。

（2）了解我国生物质能利用现状。

（3）熟悉我国“十二五”时期生物质能发展目标。

（4）生物质能利用前景分析。

【相关知识】

7.4.1　国外生物质能利用现状

目前，世界上技术较为成熟、实现规模化开发利用的生物质能利用方式主要包括生物质发电、生物液体燃料、沼气和生物质成型燃料等。

自从1981年8月在内罗毕召开联合国新能源和可再生能源会议以来，许多国家对能源、环境和生态问题越来越重视，特别是利用现代新能源技术和新材料来开发包括生物质能在内的新能源，备受各国关注。目前，生物质能的技术研究和开发利用已成为世界重大热门课题之一，许多国家都制定了相应的开发研究计划，如日本的阳光计划、印度的绿色能源工程、巴西的酒精能源计划等，其中生物质能源的开发利用都占有相当大的比重。现在，国外有许多生物质能利用技术与设备已达到了商业化应用的程度，实现了规模化产业经营。以下就几个具有代表性的国家的开发与利用现状加以叙述。

1. 美国

美国生物质能利用占一次能源消耗总量的4%左右。用生物质能发电总装机容量已超过10000 MW，单机容量达10～25 MW；纽约的斯塔藤垃圾处理站投资20000万美元，采用湿法处理垃圾（图7.36），回收沼气，用于发电，同时生产肥料；开发出利用纤维素废料生产酒精技术，建立了1MW的稻壳发电示范工程，年产酒精2500t；STM公司是美国通用汽车公司发展斯特林发动机技术的专业公司，研制出的STM4－120发动机被美国能源部评价为世界上最先进的斯特林发动机，可与沼气技术或生物质气化技术相结合，构成50kW左右的村级生物质能发电系统；普林斯顿大学能源与环境中心，在研制以生物质燃气为燃料，发电功率为200kW的小型燃料电池/燃气轮机发电系统。

图7.36　纽约斯塔藤垃圾处理站

2. 巴西

巴西生物质能在巴西能源利用量中约占25%左右，其中薪柴和甘蔗占生物质能的50%～60%，其余是农业废弃物。巴西是乙醇燃料开发应用最有特色的国家，实施了世界上规模最大的乙醇开发计划（原料主要是甘蔗、木薯等），目前乙醇燃料已占该国汽车燃料消费量的50%以上（图7.37）。巴西是个盛产甘蔗的国家，而在1965年制定了《中华人民共和国森林法》，开始大量营造薪炭林，在巴西的东北部有1/3的土地（5000万hm^2）适宜营造薪炭林，在该地区的巴伊亚州，已用桉树作原料兴建了一座25 MW生物发电站，并投入商业运营，以薪炭林木材作燃料的发电潜力将超过甘蔗。截至2005年，巴西的生物质发电量将可能达到600MW·h左右。1980年，巴西颁布了一项应用植物油燃料的国家计划，目的在于加快植物油代替柴油的进程。

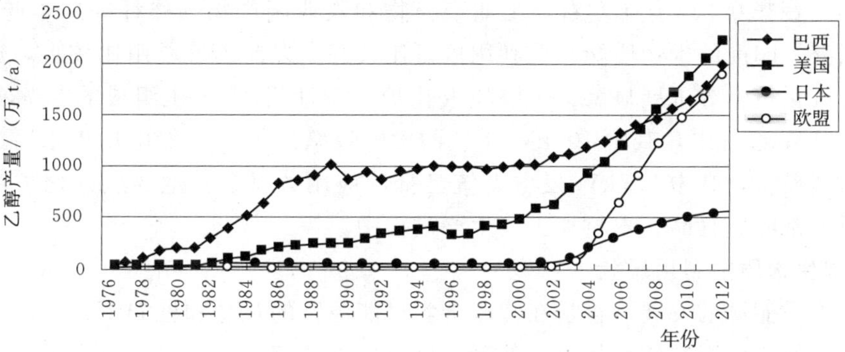

图 7.37　1976—2012年世界乙醇产量图

3. 欧洲

欧洲是生物质能开发利用非常活跃的地区，新技术不断出现，并且在较多的国家得以应用。1991年，在瑞典瓦那茂兴建了世界上第一座生物质气化燃气轮机/发电机-汽轮机/发电机联合发电厂，净发电6MW·h，净供热量9MW，系统总效率达80%以上；该国家用催化裂解法处理生物质燃气中的焦油水平处于世界领先地位。在芬兰，使用上流式气化炉生产生物质燃气，用于区域集中供热已达到商业化水平，该国家的生物质气化设备制造厂在1988年前生产的9套设备，分别安装在芬兰、瑞典各地运行；在芬兰有世界上第一个以泥炭为原料用气化合成氨的方法来生产化肥的厂家。近十多年来，欧共体开展了将木料气化合成甲醇的研制工作，先后已有数个示范厂，德国已广泛应用含1%～3%甲醇的混合汽油供汽车使用，在法国、捷克、瑞典、西班牙、苏联等国家，都在开发应用甲醇和乙醇的液体燃料。在荷兰、英国、比利时、希腊、葡萄牙等国家，开展了用生物质热解

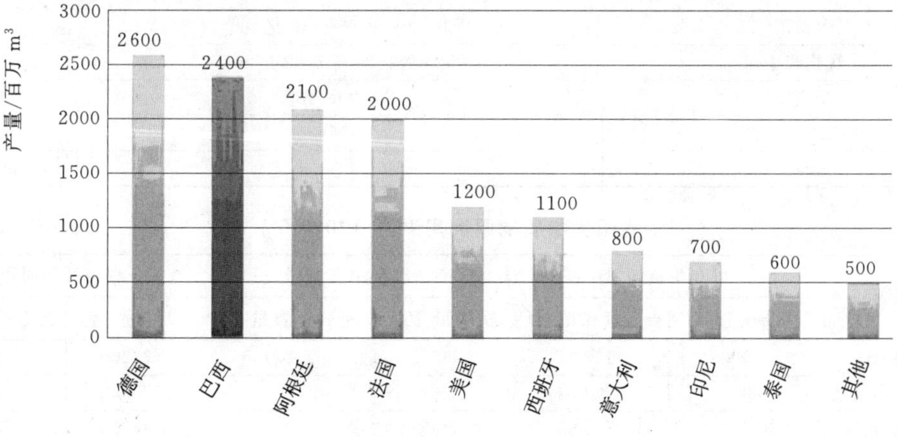

图 7.38　2010年世界生物柴油产量

法制取生物油的研究，生物油经改性后可作液体燃料。欧洲有的国家，还利用植物油作燃料的开发和研究，英国在研究应用基因技术改良油菜品种，以期提高产量，并使菜子中的脂肪酸碳链由18个碳原子缩短到8个左右，获得优质菜子燃油；瑞典在研究用适当配比菜籽油和甲醇的方法，获得生物柴油。2010年世界生物柴油产量如图7.38所示。

4. 印度

印度年产薪柴0.284亿t左右，工业废弃物和农业副产物（秸秆等）年产2.46亿t。在发展中国家，印度的生物质能开发利用搞得比较好，以前沼气应用比较多，近期生物质压缩成型、气化技术等进展显著。生物质气化炉与柴油机/发电机组成的3.7kW、25kW、70kW及100kW系统中，其中100kW系统的发电效率为35%。发电用于水泵、磨谷机和其他小型电气设备，其中3.7kW发电系统已推广应用数百台。生物质气化炉产出的燃气还用于烟草、茶叶、食品、木材加工等生产过程中。

7.4.2　我国生物质能利用现状

我国生物质能源的发展一直是在“改善农村能源”的观念和框架下运作，较早地起步于农村户用沼气，以后在秸秆气化上部署了试点。近两年，生物质能源在中国受到越来越多的关注，生物质能源利用取得了很大的成绩。沼气工程建设初见成效。截至2005年年底，全国共建成3764座大中型沼气池，形成了每年约3.41亿m^3沼气的生产能力，年处理有机废弃物和污水1.2亿t，沼气利用量达到80亿m^3。截至2006年年底，建设农村户用沼气池的农户达2260万户，占总农户的9.2%，占适宜农户的15.3%，年产沼气87.0亿m^3，使7500多万农民受益，直接为农民增收约180亿元。生物质能源发电迈出了重要步伐，发电装机容量达200万kW。液体生物质燃料生产取得明显进展，全国燃料乙醇生产能力达到102万t，已在河南等9个省的车用燃料中推广使用乙醇汽油。

我国生物质能开发利用量（2004年）和我国生物质能源利用潜力（2010年）见表7.7和表7.8。

表7.7　　我国生物质能开发利用量（2004年）

生物质利用方式标	实　物　量	准煤量/万t
生物质能传统利用	299.0Mtce	299.0
户用沼气池	1446万户，产气55.7亿m^3	4.01
大中型沼气	1900处，产气12亿m^3	0.85
秸秆气化集中供气	525处，产气1.82亿m^3	0.03
生物质发电	1800MW	1.67
生物质制乙醇	1Mt	0.92
合计		306.48

表7.8　　我国生物质能源利用潜力（2010年）

资料来源	可利用资源量		已利用资源量		剩余可利用资源量	
	实物量/万t	折合标煤量/万t	实物量/万t	折合标煤量/万t	实物量/万t	折合标煤量/万t
农作物秸秆	34000	17000	800	400	33200	16600
农产品加工剩余物	6000	3000	200	100	5800	2900
林业木质剩余物	35000	20000	300	170	34700	19830
畜禽粪便	84000	2800	30000	1000	54000	1800

续表

资料来源	可利用资源量		已利用资源量		剩余可利用资源量	
	实物量/万 t	折合标煤量/万 t	实物量/万 t	折合标煤量/万 t	实物量/万 t	折合标煤量/万 t
城市生活垃圾	7500	1200	2800	500	4700	700
有机废水	435000	1600	2700	10	432300	1590
有机废渣	95000	400	4800	20	90200	380
合　　计		46000		2200		43800

注　加上生产燃料乙醇的陈化粮等，已利用资源量为 2400 万 t 标准煤。

1. 固体生物质燃料

固体生物质燃料分生物质直接燃烧或压缩成型燃料及生物质与煤混合燃烧为原料的燃料。生物质燃烧技术是传统的能源转化形式。省柴节煤炉灶比普通炉灶的热效率提高一倍以上，极大缓解了农村能源短缺的局面。生物质成型燃料是把生物质固化成型后采用略加改进后的传统设备燃用，这种燃料可提高能源密度，但由于压缩技术环节的问题，成型燃料的压缩成本较高。目前，中国（清华大学、河南省能源研究所、北京美农达科技有限公司）和意大利（比萨大学）两国分别开发出生物质直接成型技术，降低了生物质成型燃料的成本，为生物质成型燃料的广泛应用奠定了基础。此外，中国生物质燃料发电也具有了一定的规模，主要集中在南方地区的许多糖厂利用甘蔗渣发电。广东和广西两省（自治区）共有小型发电机组 300 余台，总装机容量 800MW，云南也有一些甘蔗渣电厂。中国第一批农作物秸秆燃烧发电厂在河北石家庄晋州市和山东菏泽市单县建设，装机容量分别为 2×12MW 和 25MW，发电量分别为 1.2 亿 kW·h 和 1.56 亿 kW·h，年消耗秸秆 20 万 t。

2010 年，生物质成型燃料产量约 300 万 t，主要用于农村居民和城镇供热锅炉燃料及生物质木炭原料。成型燃料设备能耗显著降低，易损件寿命和可维护性明显提高，成型燃料已初步具备较大规模产业化发展条件。

2. 气体生物质燃料

气体生物质燃料包括沼气、生物质气化制气等。中国沼气开发历史悠久，但大、中型沼气工程发展较慢，还停留在几十年前的个体小厌氧消化池的水平，2004 年，中国农户用沼气池年末累计 1500 万户，北方能源生态模式应用农户达 43.42 万户，南方能源生态模式应用农户达 391.27 万户，总产气量 45.80 亿 m^3，相当于 300 多万 t 标准煤。截至 2004 年年底，中国共建成 2500 座工业废水和畜禽粪便沼气池，总池容达到了 88.29 万 m^3，形成了每年约 1.84 亿 m^3 沼气的生产能力，年处理有机废物污水 5801 万 t，年发电量 63 万 kW·h，可向 13.09 万户供气。

截至 2010 年年底，农村户用沼气保有量超过 4000 万户，年产沼气约 130 亿 m^3。建成畜禽养殖场沼气工程 5 万多处，年产沼气约 10 亿 m^3。农村沼气技术不断成熟，产业体系逐步健全，许多地方建立了物业化管理沼气服务体系。

3. 液体生物质燃料

液体生物质燃料是指通过生物质资源生产的燃料乙醇和生物柴油，可以替代由石油制取的汽油和柴油，是可再生能源开发利用的重要方向。近年来，中国的生物质燃料发展取得了很大的成绩，特别是以粮食为原料的燃料乙醇生产已初步形成规模。

但是，受粮食产量和生产成本制约，以粮食作物为原料生产生物质燃料大规模替代石油燃料时，也会产生如同当今面临的石油问题一样的原料短缺。因此，中国近期不再扩大以粮食为原料的燃料乙醇生产，转而开发非粮食原料乙醇生产技术。目前开发的以木薯为代表的非食用薯类、甜高粱、木质纤维素等为原料的生物质燃料，既不与粮油竞争，又能降低乙醇成本。广西是木薯的主要产地，种植面积和总产量均占全国总量的80%，2005年木薯乙醇产量30万t。从生产潜力看，目前，木薯是替代粮食生产乙醇最现实可行的原料，全国具有年产500万t燃料乙醇的潜力。

截至2010年年底，以陈化粮和木薯为原料的燃料乙醇年产量超过180万t，以废弃动植物油脂为原料的生物柴油年产量约50万t。培育了一批抗逆性强、高产的能源作物新品种，木薯乙醇生产技术基本成熟，甜高粱乙醇技术取得初步突破，纤维素乙醇技术研发取得较大进展，建成了若干小规模试验装置。

4. 生物质发电

2006年以前，我国生物质发电总装机容量约为2000MW，其中蔗渣发电约占1700MW以上，主要是蔗糖厂蔗渣发电，其余是碾米厂稻壳气化发电，装机容量一般为160～200kW；以农业废弃物为原料的规模化并网发电项目几乎是空白。

2006年1月1日《中华人民共和国可再生能源法》实施，随后相继出台了《可再生能源发电有关管理规定》《可再生能源发电价格和费用分摊管理试行办法》及《可再生能源发展专项资金管理办法》等一系列有关生物质发电的实施细则，极大地激发了各地发展生物质发电产业的积极性。

截至2017年年底，全国共有30个省（自治区、直辖市）投产了747个生物质发电项目，并网装机容量1476.2万kW（不含自备电厂），年发电量794.5亿kW·h。其中农林生物质发电项目271个，累计并网装机容量700.9万kW，年发电量397.3亿kW·h；生活垃圾焚烧发电项目339个，累计并网装机容量725.3万kW，年发电量375.2亿kW·h，沼气发电项目137个，累计并网装机容量50.0万kW，年发电量22.0亿kW·h。

由于世界各国的国情不同，生物质能的利用技术在水平和方式上存在较大的差异，见表7.9。综合研究水平说明，我国生物质能利用技术同世界先进水平相比仍有较大的差距，在技术设备的产业化生产能力和商业化生产能力的差距显得更为明显。目前，国外这些技术基本上都实现了工业化生产，有的已达到商业化生产水平，如大、中型沼气工程和垃圾填埋发电技术等；而我国一般还处于商业化的前期，有的还停留于示范阶段。

表7.9　生物质利用技术发展情况综合比较

项　目	热解气化	热解液化	生物乙醇	沼气发酵	燃烧
国外现状	已充分开发	示范阶段	技术成熟	技术成熟	完全商业化
目标	商业化发电	实现商业化	寻求廉价原料及酵母菌替代品	技术推广	商业化发电
存在问题	气化效果及经济性低；气体热值较低；碱金属的沉积问题	产油率及稳定性较低；热解油精制及清洗技术；灰分影响；经济性	预处理成本较高；废液和废料处理	发酵时间长；沼气洁净度较低；沼气综合利用；远距离输送	提高效率；高温腐蚀和床凝结；燃烧技术有待完善

续表

项　　目	热解气化	热解液化	生物乙醇	沼气发酵	燃烧
国内现状	较充分开发	试验研究阶段	技术成熟	技术成熟	技术尚需完善
目标	实现商业化发电及供热	技术上成熟	技术推广	技术推广	商业化发电及供热
存在问题	机组容量较小；气体净化及焦油、灰分和废水处理	基础性技术研究有待进一步发展	成本较高；对粮食储备的影响	同国外	同国外

7.4.3　生物质能利用前景分析

地球上每年植物光合作用固定的碳达 2×10^{11} t，含能量达 3×10^{21} J，因此每年通过光合作用储存在植物的枝、茎、叶中的太阳能，相当于全世界每年耗能量的 10 倍。生物质遍布世界各地，其蕴藏量极大，仅地球上的植物，每年生产量就相当于现阶段人类消耗矿物能的 20 倍，或相当于世界现有人口食物能量的 160 倍。虽然不同国家单位面积生物质的产量差异很大，但地球上每个国家都有某种形式的生物质，生物质能是热能的来源，为人类提供了基本燃料。同时，生物质能源作为一种能够进行物质生产的可再生能源正日益受到世界各国的青睐和重视，发展生物质能源对于缓解能源危机、保护国家安全等都有着极其重要的意义。

我国发展生物质能源有四大好处：

(1) 再造绿色大庆，增加能源供给。我国有大量以淀粉、油脂、纤维素、半纤维素及木质素等为主要成分的生物资源。我国粮食年产量为 4.5 亿～5 亿 t，还有大量不易种农作物的土地，可以作为能源等专用植物种植的土地约有 1 亿 hm^2，再加上南方 10 亿亩山坡和 3 亿亩冬闲田的利用，每年可生产 10 亿～15 亿 t 生物质，可产酒精和生物柴油约 1 亿 t 左右，至少相当于大庆油田的产量。

(2) 减少 CO_2 排放，改善生态环境。生物质能不但在使用过程中不会大量产生 CO_2，而且绿色植物在进行光合作用时还要吸收大量 CO_2，从而大幅度减少 CO_2 的排放量。利用生物技术可使畜禽粪便、秸秆类木质纤维素转化为沼气、燃料乙醇或其他产品，既有利于根治"畜牧公害"和"秸秆问题"，又能缓解农村能源短缺的问题。

(3) 创造就业岗位，增加农民收入。发展生物质能最大的意义在有利于解决"三农"问题，可以创造就业岗位，增加农民收入，保持农村社会的稳定。

(4) 发展生物化工，推动化工革命。延长生物质能的产业链，利用生物乙醇生产乙烯、聚乙烯、环氧乙烷等生物化学材料，大幅度提高生物能源工业的附加值。

近年来，我国加速能源结构调整，积极推进生物质能源开发利用，生物质发电、生物质燃气、生物质液体燃料等重点领域蓬勃发展。我国陆续突破了厌氧发酵过程微生物调控、沼气工业化利用、秸秆类资源高效生物降解、高值化转化为液体燃料等关键技术，建立了兆瓦级沼气发电、万吨级生物柴油、千吨级纤维素乙醇及气化合成燃料示范工程。其中生物质发电与生物质燃料乙醇产业都已有一定的产业政策支持，至于生物天然气以及生物质固体燃料等领域，尚待更明确的政策支持，发展潜力也非常大。2012 年 3 月我国出台了利于生物质能发展的政策《可再生能源电价附加补助资金管理暂行办法》，其明确指出对可再生能源（包括生物质能发电）进行一定的电价补贴。

【任务实施】

（1）分析国外生物质能利用现状。

（2）分析我国生物质能利用现状。

（3）进行生物质能利用前景分析。

【思考与练习】

（1）请分析生物质转化和利用的技术有哪些？

（2）生物质能发电的应用技术主要是哪几种？

（3）简单分析生物质直接燃烧发电的生产过程。

（4）简单分析垃圾焚烧发电的生产过程。

（5）简述生物质能源的利用现状。

（6）应用生物质能源有哪些优点？

项目 8 燃料电池的组成及案例分析

【项目说明】

燃料电池是一种化学电池，是一种不经过燃烧而以电化学反应方式将燃料的化学能直接变为电能的高效、环保的发电装置。国际能源界预测，燃料电池是 21 世纪最有吸引力的发电方法之一。

任务 8.1 燃料电池的基本原理

【任务目标】

（1）了解燃料电池。

（2）掌握燃料电池的基本原理。

（3）了解燃料电池发电效率。

【相关知识】

8.1.1 燃料电池简介

燃料电池是一种化学电池，是一种不经过燃烧而以电化学反应方式将燃料的化学能直接变为电能的高效、环保的发电装置。燃料电池为积木式结构，容量可小到只为手机供电、大到可与目前的火力发电厂相比，非常灵活。

作为一种发电方式，燃料电池被称为是继水电、火电、核电之后的第四代发电装置。作为一种可移动的能源，燃料电池可以作为电子产品和电器设备的电源（例如手机、笔记本电脑），在交通工具（例如汽车和航天器）中是可以替代内燃机的动力装置。

国际能源界预测，燃料电池是 21 世纪最有吸引力的发电方法之一。

8.1.2 燃料电池的基本原理

燃料电池和其他化学电池不同的是工作时需要连续地向其供给反应物——燃料和氧化剂，所以被称为燃料电池。

只要能保证连续不断地供给反应物，燃料电池便可在工作时源源不断向外部输电，所以可称它为一种“发电机”。

常规的火力发电，需要先把燃料的化学能转化为热能，再转化为机械能，最终才能转化成电能。燃料电池的发电过程，燃料不经过燃烧，而是在其中的氢与空气中的氧发生化学反应，反应的过程中产生电能，其实质是化学能发电。

在特定条件下，通电可以将水分解为氢气和氧气，这一过程称为水的电解。

燃料电池是利用水电解的逆反应实现的“发电机”。它由阳极、阴极和夹在这两个电极中间的电解质以及外接电路组成。

阳极也称为燃料极，阴极也称为空气极。燃料极与空气极统称为电极。电极由金属或炭等制成，而且为了给电极提供氢与氧，并排出化学反应生成的水，电极中有相当多的细小毛孔。

电解质由不透气的、能通过离子导电的物质构成。电解质可以是液态的，也可以是固态的。对于液态电解质，需要有电解质保持材料，即电解质膜。电解质膜的作用是分隔氧化剂和还原剂，并同时传导离子。固态电解质直接以电解质膜的形式出现。电化学反应在电解质两边的电极进行。

外接电路可以是简单的负载，也可以是复杂的电网。连接外电路的双极板还具有收集电流、疏导反应气体的作用。燃料电池的一般构成如图 8.1 所示。

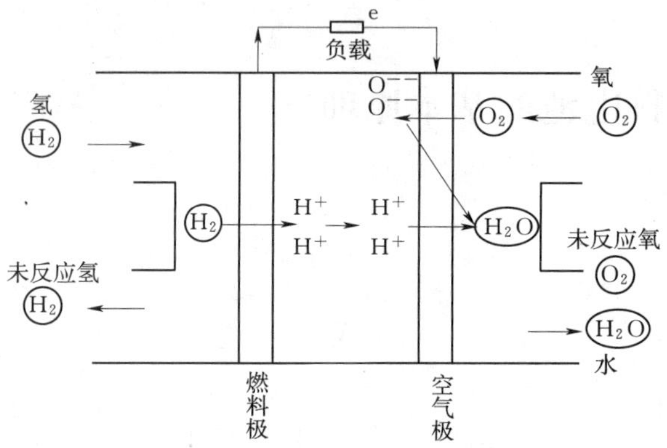

图 8.1　燃料电池的构成

一般在工作时，向燃料电池的阳极供给燃料（氢或其他含氢元素的燃料），向阴极供给氧化剂（空气或氧气），氢在阳极（燃料极）分解成氢离子（H^+）和电子（e），即在阳极发生如下的化学反应：

$$H_2 \longrightarrow 2H^+ + 2e$$

电子（e）沿外部电路移向阴极（空气极）。氢离子（H^+）进入电解质，最后也到达阴极。

在阴极上，氧和电解质中的氢离子（H^+）吸收抵达阴极上的电子（e），形成水，即在阴极发生如下的化学反应：

$$2H^+ + 2e + \frac{1}{2}O_2 \longrightarrow H_2O$$

以上化学反应，最终只有一个由氢与氧反应生成水的结果，这正是水的电解反应的逆过程。

阳极所产生的电子从阳极出发经外部电路向阴极移动，就会形成电流，接在外部电路中的用电负载即可因此获得电能。

由一个阳极（燃料极）、一个阴极（空气极）和相关的电解质、燃料、空气通路组成的最小电池单元称为单体电池；多个单体电池重叠连接形成的整体，称为电堆。实用的燃料电池均由电堆组成。

8.1.3　燃料电池的效率

电极材料、电解质性质、电池构造等对于燃料电池的能量转换效率都有影响。

例如，氢氧燃料电池在工作温度为 80℃时，最大电压为 $V_{max}=1.18V$，效率 $\eta=83\%$；在 100℃时，$V_{max}=1.17V$，$\eta=80\%$；在 200℃，$V_{max}=1.14V$，$\eta=77\%$。可见，氢氧燃料电池在较低温度下能达到较高的能量转换效率。

为了尽可能提高能量转换效率，可以采取以下方法：

（1）提高燃料气的压力，根据电解质的类型，选择适当的工作温度。

（2）为了加速电极上的电化学反应，燃料电池的电极上可以添加催化剂。催化剂多为某种特殊金属，例如白金或镍，还可以开展新型高效电极催化剂的研制。

（3）电极做成多孔形状，以增大燃料、空气与电极、电解质之间的接触截面。这种包含催化剂的多孔电极也称为气体扩散电极。

（4）电极中的结构设计应使氢、氧、水（水蒸气）易于流动。

【任务实施】

结合一个实际的燃料电池，识别阳极、阴极等设备，记下该设备的型号，说明其作用，填入表 8.1 中。认识燃料电池的构成，分析燃料电池的工作原理。

表 8.1　　燃料电池的组成及作用表

序　号	设 备 名 称	设 备 型 号	设 备 作 用
1	阳极		
2	阴极		

任务 8.2　燃料电池系统的构成

【任务目标】

（1）掌握燃料电池系统的构成。

（2）了解燃料电池系统各子系统的作用。

【相关知识】

除了燃料电池本体之外，完整的燃料电池发电系统还包括一些外围装置，主要包括：燃料重整供给系统、氧气供给系统、水管理系统、热管理系统、交-直-交逆变系统、控制系统、安全系统等。燃料电池系统的构成，如图 8.2 所示。

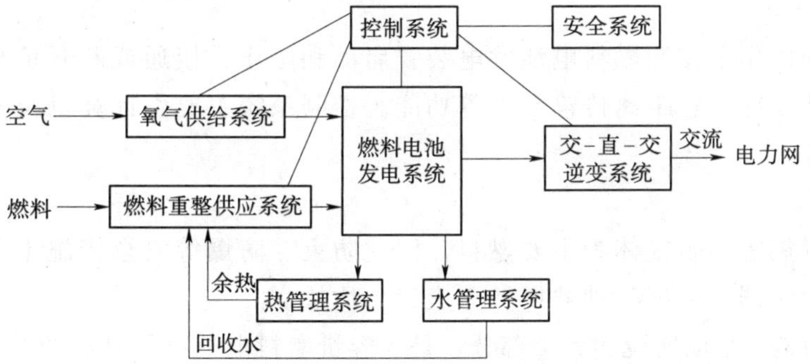

图 8.2　燃料电池系统的构成

燃料电池的发电系统，就是燃料电池本体，前面已经详细说明，接下来简单介绍燃料电池系统的其他部分。

1. 燃料重整供应系统

燃料重整供应系统，作用是将外部供给的燃料转化为以氢为主要成分的燃料，供给燃料电池使用。如果直接以氢气为燃料，供应系统可能比较简单。若使用天然气等气体碳氢化合物或者石油、甲醇等液体燃料，需要通过水蒸气重整等方法对燃料进行重整。而用煤炭作燃料时，则要先转换为以氢和一氧化碳为主要成分的气体燃料。用于实现这些转换的反应装置分别称为重整器、煤气化炉等。

2. 氧气供给系统

氧气供给系统的作用是向燃料电池提供发生反应所需的氧，可以是纯氧，也可以是空气。氧气供给系统可以用马达驱动的送风机或者空气压缩机，也可以用回收排出余气的透平机或压缩机的加压装置。

3. 水管理系统

在电池的阴极会生成水，需要及时地将这些水带走，否则会造成燃料电池失效。对于质子交换膜燃料电池，质子是以水合离子状态进行传导的，需要有水参与，而且水少了还会影响电解质膜的质子传导特性，进而影响电池的性能。可见，水的管理在燃料电池中也是至关重要的。

4. 热管理系统

燃料电池具有内电阻，外电路接通形成电流时就会发热，通常燃料电池产生的热量与其发电量大体相当。而燃料电池是有工作温度限制的（例如质子交换膜燃料电池，温度应控制在 80℃），需要及时将电池生成的热量带走，否则就会因温度过高，烧坏电解质膜。常用的传热介质是水和空气。此外，热管理系统中还包括泵（或风机）、流量计、阀门等部件。

5. 交-直-交流逆变系统

燃料电池本体产生的是直流电。作为电子产品的电源或交通工具的动力设备时，直流电可以直接使用。作为发电设备，向电力用户和电网供电时，就要根据需要输出交流电，例如 220V、50Hz 的居民用电。当作“交流发电机”使用的燃料电池，应配有将直流电变换成交流电的逆变装置。

6. 控制系统

控制系统的作用是控制燃料电池发电装置启动和停止、接通或断开负载，往往还具有实时监测和调节工况、远距离传输数据等功能。控制系统主要由计算机及各种测量和控制执行机构组成。

7. 安全系统

燃料电池以氢等易燃气体为主要燃料，因此防火、防爆等安全措施十分重要。安全系统主要由氢气探测器、数据处理器以及灭火设备构成。

需要说明的是，上面所说的各个部分，是大容量燃料电池可能具有的结构。对于不同类型、容量和适用场合的燃料电池，其中有些部分可能被简化甚至取消。例如，微型燃料电池就没有独立的控制系统和安全系统。手机和笔记本电脑的燃料电池，就不需要逆变装置。

【任务实施】

结合一个实际的燃料电池系统，认识燃料重整供应系统、氧气供应系统、水管理系统、热管理系统、交-直-交逆变系统、控制系统、安全系统等设备，记下这些设备的型号，说明其作用，填入表 8.2 中。

表 8.2 燃料电池发电系统表

序　号	设备名称	设备型号	设备作用
1	燃料重整供应系统		
2	直-交流逆变系统		

任务 8.3 燃料电池的特点分析

【任务目标】

(1) 了解燃料电池与其他电池的区别。

(2) 掌握燃料电池与其他发电方式的区别。

【相关知识】

8.3.1 与其他电池的区别

燃料电池不同于常见的干电池与蓄电池，它不是能量储存装置，而是一个能量转化装置。

一方面，干电池与蓄电池没有反应物质的输入与生成物的排出，在其“电量用光”之前，可以将其存储的电能持续提供出来；而燃料电池需要不断地向其供应燃料和氧化剂，才能维持持续的电能输出，供应中断，发电过程就结束。

另一方面，干电池与蓄电池工作寿命有限，一旦“电量用光”也就不能再用了；而燃料电池可以连续地对自身供给反应物（燃料）并不断排出生成物（水等），因此只要供应不断，就可以连续地输出电力。

8.3.2 与其他发电方式的区别

燃料电池被认为是 21 世纪全新的高效、节能、环保的发电方式之一。与其他发电方式相比，燃料电池具有很多独特的优点。

1. 能量转换效率高

燃料电池发电过程不涉及燃烧，不受卡诺循环限制，又没有过多的中间转换环节（例如火电厂需要锅炉燃烧释放热量产生蒸汽、汽轮机将高温高压蒸汽的能量转换为机械能，发电机将机械能转换为电能），也就没有中间转换损失，因而能量转换效率高。无论大小，燃料电池本体的发电效率均可达 40%～60%。

组成的联合循环发电系统在 10～50MW 规模即可达 70%以上，若进一步将化学反应产生的热能加以利用，燃料电池的总效率可达到 80%以上。实际使用效率是普通内燃机的 2～3 倍。

此外，燃料电池的发电效率受负荷和容量的影响较小，不论装置的规模大小，在满负荷或低负荷下运行，均能保持高发电效率。

2. 污染少，清洁友好

由于燃料电池发电过程没有燃烧，几乎不排出 NO_x 与 SO_x，更没有固体粉尘，CO_2 的排出量也大大减少。使用天然气和煤气等为燃料，CO_2 的排出量也比常规火电减少 40%～60%，SO_x（小于 $1.293mg/cm^3$）和 NO_x（小于 $2.586mg/cm^3$）的排放量比火电减少 90%以上。

燃料电池排放的气体污染物仅为严格的环保标准的1/10左右。在污染日益严重的今天，这是最适宜的发电方式之一。

3. 噪音小，可靠性高

燃料电池系统中，能量转换的主要装置没有运动部件，因此设备可靠性高，噪音极小，在距发电设备1.044m处噪音小于60dB。

4. 燃料多，资源广泛

可用于燃料电池发电的燃料种类众多，有氢气、甲醇、煤气、沼气、天然气、轻油、柴油、含氢废气等，资源广泛。

5. 限制少，建设灵活

采用组件化设计、模块化结构，建设灵活，扩容和增容容易，电站建设工期短（平均仅需2个月左右）；无需大量的冷却水，占地面积小（小于$1m^2/kW$）；选址几乎没有限制。很适合于内陆及城市地下应用，并可按需要装配成要求的发电系统安装在海岛、边疆、沙漠等地区。

6. 负荷适应性强

燃料电池对负荷的适应能力强，过载或欠载都能承受而效率基本不变，负荷变化的范围为20%～120%。

负荷响应速度很快，每分钟可变化8%～10%，用于电网调峰优于其他发电方式。

发电出力由电池堆的出力和组数决定，机组容量的自由度大；自动程度高，可实现无人操作。

总之，燃料电池是一种高效、洁净、方便的发电装置，既适合于作分布式电源，又可在将来组成大容量中心发电站，对电力工业具有极大的吸引力。

【任务实施】

结合一个实际的燃料电池发电系统，认识燃料电池与其他电池的区别，认识燃料电池发电与其他发电方式的区别，分析燃料电池发电的优点。

任务8.4　燃料电池的类型

【任务目标】

（1）掌握燃料电池的分类方法。

（2）了解各种燃料电池的特性。

（3）掌握各种燃料电池的特点。

【相关知识】

8.4.1　燃料电池的分类方法

燃料电池，因电池本体的形式、燃料的类型和电池的用途的不同而有所区别，主要有以下几种分类方式。

1. 按运行机理分类

根据运行机理的不同，燃料电池可分为酸性燃料电池，例如磷酸燃料电池（PAFC）；

碱性燃料电池，例如液态氢氧化钾燃料电池（LPHFC）。

2. 按电解质种类分类

根据所使用电解质的种类，燃料电池可分为碱性燃料电池（AFC）、磷酸燃料电池（PAFC）、熔融碳酸盐燃料电池（MCFC）、固体氧化物燃料电池（SOFC）和质子交换膜燃料电池（PEMFC）等。

3. 按燃料类型分类

燃料电池的燃料有氢气、甲醇、甲烷、乙烷、甲苯、丁烯、丁烷等有机燃料和汽油、柴油以及天然气等气体燃料，有机燃料和气体燃料必须经过重整器"重整"为氢气，才能成为燃料电池的燃料。

研发中的几类燃料电池所需的燃料，见表8.3。

表8.3　燃料电池的燃料

燃料电池种类	可用气体燃料
碱性燃料电池	高纯度氢气
质子交换膜燃料电池	高纯度氢气
磷酸燃料电池	甲烷、天然气、氢气

根据燃料电池使用燃料类型的不同，可分为直接型燃料电池、间接型燃料电池和再生型燃料电池。

4. 按工作温度分类

根据工作温度的不同，燃料电池可分为低温型（工作温度低于100℃）、中温型（温度一般为100～300℃）、高温型（工作温度在600℃以上）。

碱性燃料电池、质子交换膜燃料电池属低温型，工作温度80～100℃；直接甲醇型燃料电池和磷酸型燃料电池属中温型，工作温度在200℃左右；熔融碳酸盐燃料电池和固体氧化物燃料电池工作温度在650～1000℃之间，属高温型燃料电池。

8.4.2 各种燃料电池的比较

各种燃料电池及其特性，见表8.4。

表8.4　燃料电池的分类及特性

性能	类型					
	碱性（AFC）	磷酸型（PAFC）	熔融碳酸盐型（MCFC）	固体电解质型（SOFC）	固体高分子型（PEFC/PEMFC）	直接甲醇型（DMFC）
工作温度	60～80℃	约100℃	600～700℃	800～1000℃	约100℃	约100℃
电解质	KOH	磷酸溶液	熔融碳酸盐	固体氧化物	全氟磺酸膜	全氟磺酸膜
反应离子	OH^-	H^+	$CO_3{}^{2-}$	O^{2-}	H^+	H^+
可用燃料	纯氢	天然气、甲醇	天然气、甲醇、煤	天然气、甲醇、煤	氢、天然气、甲醇	甲醇
适用领域	移动电源	分散电源	分散电源	分散电源	移动电源、分散电源	移动电源
备注	无	CO中毒	无	无	CO中毒	CO中毒

碱性燃料电池是最先研究成功的，多用于火箭、卫星上，但其成本高，因此不宜大规模研究开发。磷酸型燃料电池目前已进入实用化阶段，在研究上已不再花费很多财力、物力与人力。固体高分子型燃料电池又称为质子交换膜燃料电池，是目前研制的热点。直接甲醇型燃料电池特别适合于作为小型电源（如手提电话、笔记本电脑等的电源），因而很受重视，目前已开始对其进行基础研究。

在燃料电池中，磷酸燃料电池（PAFC）、质子交换膜燃料电池（PEMFC）可以冷启动和快启动，可以用作为移动电源，满足燃料电池电动汽车（FCEV）使用的要求，很有竞争力。

8.4.3　各种类型的燃料电池

迄今为止，已研究开发出了多种类型的燃料电池。最常见的分类方法是按电池所采用的电解质分类。据此分类方法，可将燃料电池分为碱性燃料电池、磷酸型燃料电池、熔融碳酸盐型燃料电池、固体氧化物型燃料电池、质子交换膜型燃料电池等。

1. 碱性燃料电池（AFC）

碱性燃料电池（Alkaline Fuel Cell，AFC），以 KOH 等碱性溶液为电解质，以高纯度氢气（H_2）作为燃料，以纯氧气（O_2）作为氧化剂，工作温度 60～80℃。

总的来说，在所有的应用领域中，AFC 燃料电池都可以和其他燃料电池相竞争。特别是它的低温快速启动特性，在很多应用场合更具有优势。但是由于 AFC 需要纯 H_2 和 O_2 作为燃料和氧化剂，气化净水和排水排热系统庞大，限制了 AFC 的广泛应用。

2. 磷酸型燃料电池（PAFC）

磷酸型燃料电池（Phosphorus Acid Fuel Cell，PAFC），以磷酸水溶液为电解质，以天然气或者甲醇等气体的重整气为燃料，以空气为氧化剂，一般用白金作催化剂，对燃料气和空气中的 CO_2 具有耐受能力，工作温度约为 200℃。

磷酸型燃料电池的发电效率为 30％～40％，如再将其余热加以利用，其综合效率可达 60％～80％。

3. 熔融碳酸盐燃料电池（MCFC）

熔融碳酸盐型燃料电池（Molten Carbonate Fuel Cell，MCFC），以碳酸锂（Li_2CO_3）、碳酸钾（K_2CO_3）及碳酸钠（Na_2CO_3）等碳酸盐为电解质；以 O_2（混有 CO_2）为氧化剂；由于进行内部调整，可以使用天然气、甲醇、煤等原料的重整气（含有 H_2 和 CO_2）为燃料，电极采用镍的烧结体。由于电池阳极生成 CO_2 而阴极消耗 CO_2，所以电池中需要 CO_2 的循环系统。

MCFC 的工作温度为 600～700℃。由于工作温度高，电极反应活化能小，不需要采用贵金属作为催化剂。而且电池工作过程中放出的高温余热可以进行回收利用，电池本体的发电效率为 45％～60％，而整体效率可以再提高。

基于上述优点，MCFC 电池具有较好的应用前景。

不过，高温条件下电解质的腐蚀性较强，对电池材料有严格要求，在一定程度上会制约 MCFC 的发展，而且用来利用废热复合废热回收装置，体积大，质量重，MCFC 只适合应用于大功率的发电厂中。

4. 固体氧化物燃料电池（SOFC）

固体电解质型燃料电池（Solid Oxide Fuel Cell，SOFC），电解质常采用氧化钇稳定的氧化锆基（$ZrO_2+Y_2O_3$）固体电解质，以重整气（H_2和CO）为燃料，以空气为氧化剂，其两侧是多孔的电极。工作温度为1000℃左右，运行压力0.33～1.0MPa，是所有燃料中温度最高的。

固体氧化物燃料电池在高温下工作，因此不需要采用贵金属作为催化剂。但由于工作温度高，需要采用复合废热回收装置来利用废热，体积大，质量重，只适合应用于大功率的发电厂中，限制了其应用范围。

5. 质子交换膜燃料电池（PEMFC）

质子交换膜燃料电池（Proton Exchange Membrane Fuel Cell，PEMFC或PEFC），也称固体高分子型燃料电池或聚合物电解质燃料电池。所用的燃料一般为高纯度的氢气，采用以离子导电的固体高分子电解质膜。

固体高分子电解质膜具有以氟的树脂为主链、以能够负载质子（H^+）的磺酸基为支链的构造。这是一种阳离子交换膜，其离子导电体为H^+。

PEMFC最佳工作温度为80℃左右，在室温下也能正常工作。由于工作温度低，这类燃料电池需要采用贵金属作为催化剂。

PEMFC中，燃料的化学能绝大部分都能转化为电能，其理论发电效率是83%，但实际效率约为50%～70%。

PEMFC的特点之一是电极反应生成的是液态的水，而不是水蒸气。此外，在工作时，每迁移一个H^+离子，需要同时迁移4～6个水分子。为了提高电流密度，必须对阳极燃料气加湿以增大阳极的含水量。水分不足会造成膜的脱水甚至干涸，湿度太大又会堵塞膜电极通道，造成电极淹没。因此，在PEMFC电池运行中，水的管理是一项特别重要的任务，它直接影响电池的性能。

不过，PEMFC只产生少量的废热和水，不产生污染大气环境的氮氧化物。

PEMFC的最大优越性还体现在它的工作温度低。启动快、功率密度高，使其成为汽车动力的理想电源之选。

6. 直接甲醇型燃料电池（DMFC）

直接甲醇型燃料电池（Direct Methanol Fuel Cell，DMFC）是质子交换膜燃料电池（PEMFC）的一种，其工作原理与质子交换膜燃料电池的工作原理基本相同，氧化剂为空气或纯氧。

直接甲醇型燃料电池的特别之处就在于其燃料为甲醇（气态或液态），而不是氢气。而且也不通过重整甲醇来生成氢，而是直接把蒸汽与甲醇变换成质子（氢离子）来发电。

由于不需要重整器，可以做得更小，所以更适合于汽车等移动式应用。

直接甲醇型燃料电池具有潜在的高效率、设计简单、内部燃料直接转换、加燃料方便等诸多优点。

【任务实施】

结合实际的各种燃料电池，了解燃料电池的分类，认识各种燃料电池，分析其特点，填入表 8.5 中。

表 8.5 燃料电池的分类及特性

类型	性能					
	工作温度	电解质	反应离子	可用燃料	适用领域	备注
碱性（AFC）						
磷酸型（PAFC）						
熔融碳酸盐型（MCFC）						
固体电解质型（SOFC）						
固体高分子型（PEFC/PEMFC）						
固体高分子型（PEFC/PEMFC）						

任务 8.5 燃料电池的应用现状及前景分析

【任务目标】

（1）了解发展燃料电池的意义。

（2）了解各种燃料电池的应用领域。

（3）了解燃料电池的发展前景。

【相关知识】

8.5.1 发展燃料电池的意义

燃料电池发电技术是电力工业中的高新技术，已受到普遍重视，对国家电源结构调整、技术创新、形成高新技术产业、实现跨越式发展、提高国际竞争能力都具有重要意义。

燃料电池可与水电、风电和太阳能发电等结合，在高出力时，利用电解水制氢，低出力时用燃料电池发电，达到既储能，又高效发电的目的。采取气化或厌氧处理的方法，将生物质变为燃料气，通过燃料电池发电，提高能源转换效率，并降低污染物排放量。对一些经济欠发达但有丰富沼气资源的地区，利用燃料电池发电技术有可能会更有效地解决这些地区的电力供应问题。

与传统的矿物燃料相比，燃料电池的高效和低排放量使其对用户具有极大的吸引力。此外，燃料电池技术的独立性对于那些电网不能覆盖，或电网不够稳定而需要备用电力设备的地区而言，这种能源具有特殊的意义。鉴于有些燃料电池的工作温度可低达 80℃，它们可安装在私人家庭、小型的商业活动场所，甚至满足大型企业活动的所有能源需求。

现在的燃料电池生产商的注意力均集中于非居民的应用。当前唯一提供商业化燃料电池的国际燃料电池公司已在学校、办公室和银行设施安装了 200 多个磷酸燃料电池装置。另外，诸如熔融碳酸盐燃料电池和固态氧化物燃料电池等高温燃料电池也正在开始试用于大型的工业设施和兆瓦级的发电厂。

8.5.2 燃料电池的应用领域

燃料电池由于具有节能、高效、洁净、功率密度高及模块化结构等突出的特点，决定了它在很多方面有着广阔的应用前景。

1. 固定电站和分散式电站

燃料电池电站具有效率高、噪声小、污染少、占地面积小等优点，有可能是未来最主要的发电技术之一。从长远来看，有可能对改变现有的能源结构、能源的战略储备和国家安全等具有重要意义。

燃料电池既可用于大型集中式发电站，又可用于分布式电站。大型集中式电站，以高温燃料电池为主体，可建立煤炭气化和燃料电池的大型复合能源系统，实现煤化工和热、电、冷联产。中小型分布式电站，可以灵活的布置在城市、农村、企事业单位甚至居民小区，也可以安装在缺乏电力供应的偏远地区和沙漠地区，磷酸盐型和高温型燃料电池都是可能的选择。

2. 交通运输上的应用

使用燃料电池的车辆不会或者极少排出污染物，解决了常规汽车的尾气污染问题，而且还没有机械噪音。只要燃料供应充足，车辆行驶的里程是可以不受限制的。所以燃料电池车的发展前途光明。

目前普遍认为，质子交换膜燃料电池（特别是直接甲醇燃料电池），由于具有优越的起动特性和环保特性，而且供料支持系统简单，作为车载燃料电池，最有希望在将来取代内燃机。

3. 仪器和通信设备电源

手机、数码相机和摄像机、笔记本电脑等电子产品的主要难题就是电源问题，电源寿命短，且电池供电的维持时间也短。燃料电池正好可以克服这一缺陷。

便携式燃料电池以碱性燃料电池和质子交换膜燃料电池为主，其关键技术是氢燃料的储存和携带。

4. 军事上的应用

军事应用也是燃料电池最为适合的主要市场。效率高，类型多，使用时间长，工作无噪声，这些特点都非常符合军事装备对电源的需求。从战场上移动手提装备的电源到海陆运输的动力，都可以由特定型号的燃料电池来提供。

自 20 世纪 80 年代以来，美国海军就使用燃料电池为其深海探索的船只和无人潜艇提供动力。

8.5.3 燃料电池的应用状况

据美国有关部门资料统计，当建设费用达到每瓦 3 美元时（1994 年已达到），燃料电池便可进入市场；当降到 2 美元左右时，便能在边远地区作为独立发电的电力系统；当降到 1 美元左右时，市场将迅猛扩大。要达到 1 美元这一目标，就必须将燃料电池的使用寿命提高到 4 万 h。由于燃料电池成本过高，经济效益也不如其他发电方式，所以至少目前还未能得到大规模的推广。只有成本明显降低和使用寿命进一步提高，燃料电池才会增强竞争力。

由于燃料电池取代传统的发电机和内燃机，能大大降低空气污染，因而有望部分取代传统发电机及内燃机而广泛应用于发电及汽车上。值得注意的是，这种重要的新型发电方式实现电能的终点是生产与消费同步，可以大大提高燃料利用率、降低空气污染及解决电力供应、提高电网的安全性。

现在燃料电池的发展速度非常之快。燃料电池这种新型能源，作为继火电、水电、核电之后的第四代发电方式，将在能源领域里占据举足轻重的地位，具有广阔的发展前景。

【任务实施】

（1）讨论分析为什么要发展燃料电池。

（2）分组讨论燃料电池已在哪些领域得到了广泛运用。

【思考与练习】

（1）燃料电池的基本原理是什么？

（2）燃料电池有哪些类型？

（3）燃料电池运用领域有哪些？

参 考 文 献

［1］ 詹新生，吉智．光伏发电工程技术［M］．北京：机械工业出版社，2014.

［2］ 于国强．新能源发电技术［M］．北京：中国电力出版社，2009.

［3］ 尹忠东．可再生能源发电技术［M］．北京：中国水利水电出版社，2010.

［4］ 王长贵，王斯成．太阳能光伏发电实用技术［M］．北京：化学工业出版社，2010.

［5］ 吴治坚．新能源和可再生能源的利用［M］．北京：机械工业出版社，2006.

［6］ 姚兴佳，宋俊．风力发电机组原理与应用［M］．北京：机械工业出版社，2011.

［7］ 芮晓明，柳亦兵，马志勇．风力发电机组设计［M］．北京：机械工业出版社，2010.

［8］ 卢为平，卢卫萍．风力发电机组装配与调试［M］．北京：化学工业出版社，2011.

［9］ 周超，朱熀秋，魏杰，等．我国风力发电发展现状和问题分析［J］．能源研究与信息，2012，28（2）：69－75.

［10］ 欣源．中国将加快风电等可再生能源的发展［J］．可再生能源，2012，30（1）：96.

［11］ 侯喆瑞，张鑫，张嵩．风力发电的发展现状与关键技术研究综述［J］．智能电网，2014，2（2）：22－27.

［12］ 李志茂，朱彤．世界地热发电现状［J］．太阳能，2007（8）：7－10.

［13］ 松柏．蔚蓝澎湃的海洋能［J］．农村电气化，2005（4）：51.

［14］ 刘刚，谢建，尹芳．沼气发电技术及沼气燃料电池在我国的应用状况与前景［J］．实用技术，2005（1）：38－40.

［15］ 洪明子，崔明灿．燃料电池发电技术［J］．吉林化工学院学报，2005，22（3）：23－27.